數位通訊系統演進之理論與應用
－4G/5G/pre6G/IoT 物聯網

程懷遠、程子陽　編著

全華圖書股份有限公司

作者序

數位通訊系統演進之理論與應用－4G/5G/pre6G/IoT 物聯網

通訊科技的運用是現代人每天必須接觸的一部分，簡單從親朋好友的通話、手機電玩、上網看電視、資料的查詢、GPS定位或Line/YouTube等，其實我們已經擺脫不了手機的強大功能。

這是科技一日千里的時代，數位通訊的腳步由早期類比訊號的1G時代，快速演進到數位訊號的2G、3G、4G及5G。手機速度愈來愈快，6G已將衛星通訊亦納入了涵蓋範疇。功能愈來愈多，應用層面愈來愈廣，而人們也愈來愈依賴手機帶給我們的生活便利。未來，數位通訊會走到什麼地步，沒有人能預測，所以一個無限可能的創意，將等著我們去開拓！

這本書結合基本的通訊理論及實際的案例運用。通訊理論與實務應用是相輔相成，缺一不可的兩種面像，希望大家由不同的角度與觀點來看，對通訊系統有更深一步的了解與認識。基礎理論的部分，僅以目前手機系統真正使用的內容做介紹，一般教科書所提及的諸多數學推算將予以略過，有興趣的讀者，可以依不同的喜好到網際網路做更進一步的深度探索；而對應用層面較有興趣的讀者，可依書中的實際案例得到一些知識的啓發。

希望這本書可讓每位讀者吸收一些通訊的知識，並對它產生興趣。別忘了，興趣是人類文明發展的重要源頭。

將這本書獻給我親愛的父母與我的家人，感謝你們的用心栽培與全力支持，謝謝！

作者 程懷遠

編輯部序

「系統編輯」是我們的編輯方針，我們所提供給您的，絕不只是一本書，而是關於這門學問的所有知識，它們由淺入深，循序漸進。

全球最新的數位通訊概況，完整的數位通訊架構，初學者或專研者均可由本書得到諸多收穫，且對手機系統與現代數位通訊架構有一完整清晰的觀念。本書適用於大學、科大電子、電機科系「數位通訊系統」等課程使用，亦適合業界及一般工程技術人員參考使用。

同時，爲了使您能有系統且循序漸進研習相關方面的叢書，我們以流程圖方式，列出各有關圖書的閱讀順序，以減少您研習此門學問的摸索時間，並能對這門學問有完整的知識。若您在這方面有任何問題，歡迎來函連繫，我們將竭誠爲您服務。

相關叢書介紹

書號：06088
書名：訊號與系統(附部分內容光碟)
編著：王小川

書號：05536
書名：行動通訊與傳輸網路
編著：陳聖詠

書號：06486
書名：物聯網理論與實務
編著：鄒耀東.陳家豪

書號：06218
書名：無線網路與行動計算
編著：陳裕賢.張志勇.陳宗禧
石貴平.吳世琳.廖文華
許智舜.林匀蔚

書號：06361
書名：快速建立物聯網架構與智慧資料擷取應用(附範例光碟)
編著：蔡明忠.林均翰
研華股份有限公司

書號：05973
書名：天線設計－IE3D 教學手冊(附範例光碟)
編著：沈昭元

書號：06428
書名：物聯網概論
編著：張博一.張紹勳.張任坊

流程圖

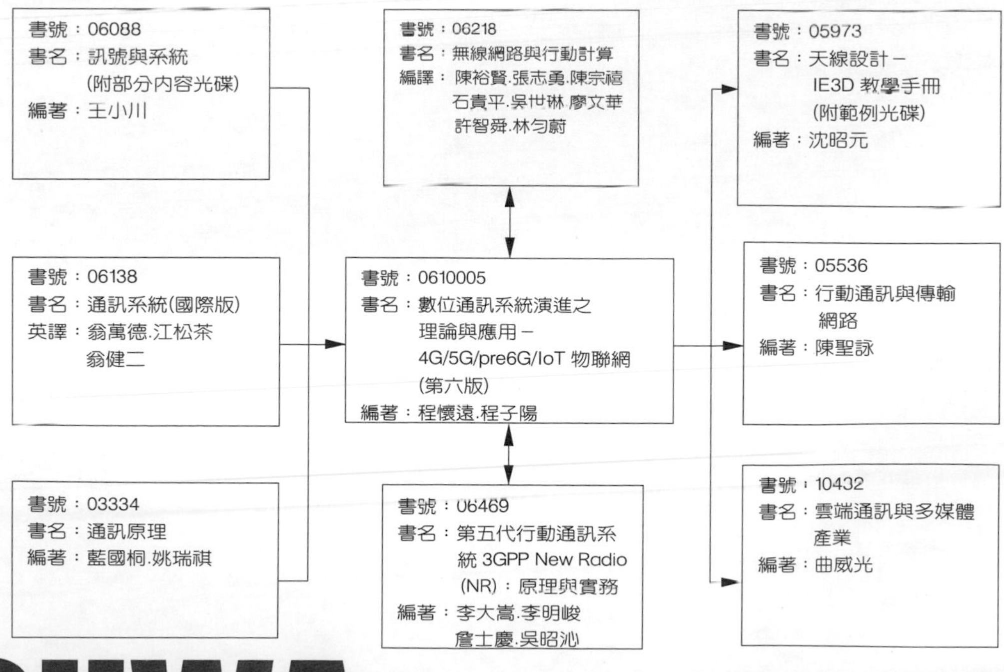

目錄

CONTENTS

實務應用篇

理論架構篇

CHAPTER 1

通訊系統頻道規劃與電波特性

1-1 簡介

溝通(communication)，一直是人類傳遞情感與文明進步的主要工具。隨著時代得進步，科學家也一直努力研發更快更穩定的技術來滿足人們的需求。

古代的中國，以飛鴿傳書及烽火台及驛馬站等方式開啓遠距傳輸的濫觴。時至近代，美國愛迪生發明電話機的運用，自此以後，通訊技術有了突飛猛進的發展。

1-2 近期通訊發展歷史

近代通訊的發展演進，是由有線通訊(家用電話)進展到無線通訊(傳呼機或手機)，無線通訊中則由類比訊號(analog signal 訊號連續變化)進展到數位訊號(digital signal 訊號僅有 0 與 1)。在數位訊號中，則在既有的資源下，讓傳送的資料量(data rate)更大量、更快、更安全及更多變化。

先進國家的通訊發展，大約可分成歐洲與美國兩大體系，其演進歷史可見圖 1-1。

由圖 1-1，第一代(1G，Generation 1)與第二代(2G，Generation 2)的通訊系統只純粹做語音訊息(Voice)的傳遞，自西元 1997 年開始，網際網路(Internet)逐漸在市場盛行，數據資訊(Data)的傳遞日趨重要，因此從 2.5 代(2.5G)開始系統加入了新的功能，可分別傳遞語音訊息(voice)與數據訊息(data)，讓通訊的種類更臻完備。

2G 的演進，可概略分爲由歐洲研發的 GSM 系統(Global System for Mobile Communications)與美國研發的 IS-95 系統(亦可稱 CDMA-one)。訊號處理方式由 1G 的類比訊號(Analog 訊號連續變化)改進爲數位訊號(Digital 訊號僅有 0 與 1)，因此對訊號品質及加密方式(encrypt)都有長足的進步。

2.5G 的 GPRS (General Packet Radio Service)與 EDGE (Enhanced Data rates for GSM Evolution)系統，是以 2G-GSM 通訊架構爲基礎進一步改進的技術，除了可傳送傳統語音訊息(voice)外，另增通道可單獨傳送數據資料(data)，其速率可從初期 GPRS 的 50kbps (50k bits per second 每秒 50,000 位元)到後期 EDGE 的 150kbps；其中後期的 EDGE 系統因爲使用 8-PSK (Phase Shift Keying)調變方式，所以傳送速率可達原來 GPRS 的 3 倍。

2G 演變至 3G 的 WCDMA (Wide-band Code Division Multiple Access 寬帶分碼多工技術)系統，初期速度已大幅領先 2.5G(極速 150Mbps)，最快的下傳速度可至 384kbps。

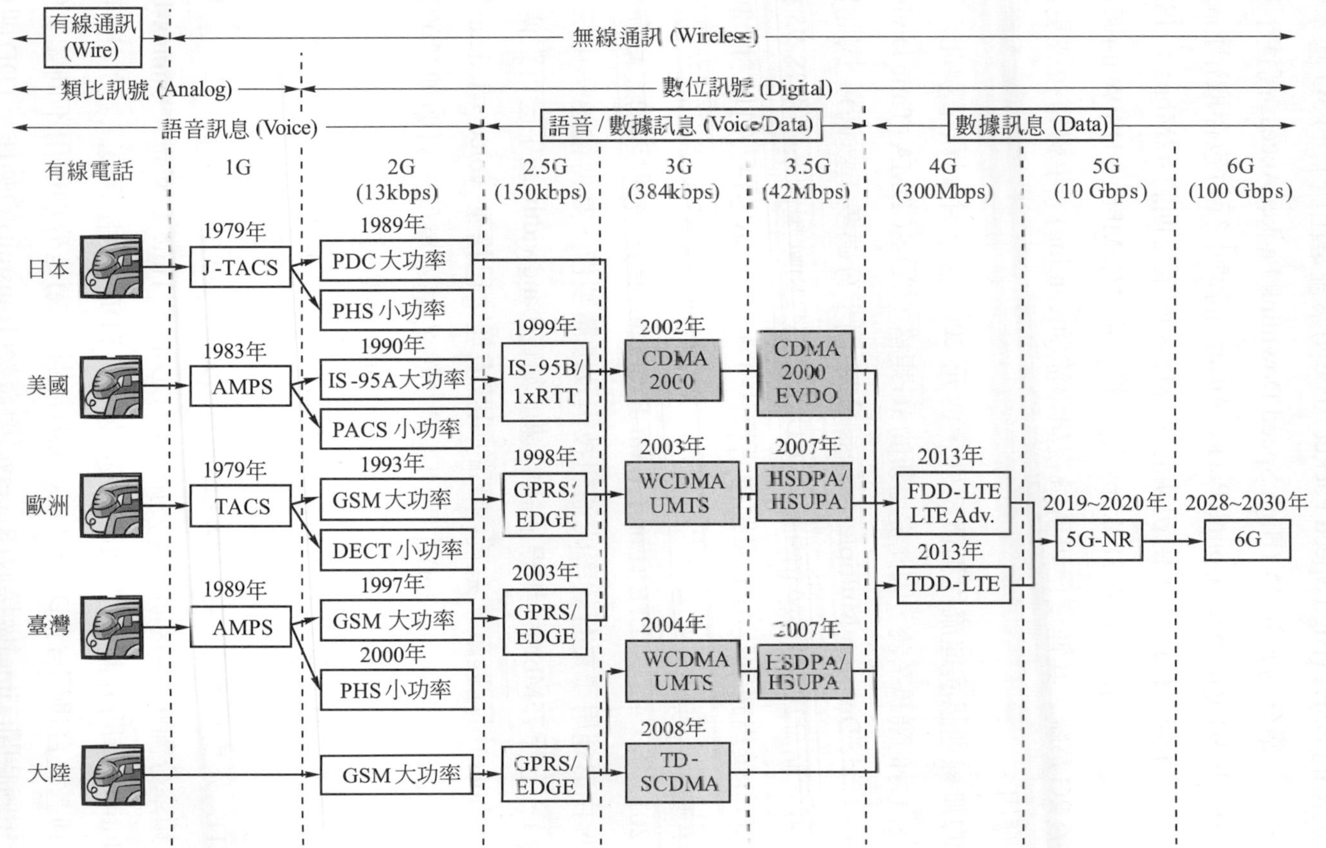

圖 1-1 2G～5G 系統演進

3.5G 之後的 HSPA (High Speed Packet Access)系統是由既有的 3G 基本架構演進而來，可概略分爲 HSDPA (High Speed Downlink Packet Access 高速下行封包存取)與 HSUPA(High Speed Uplink Packet Access 高速上行封包存取)兩部分。HSDPA 主要是加強下行速率，由初期的 7.2Mbps 增至後期的 42Mbps；HSUPA 則是加強上行速率，由初期的 384kbps 增至後期的 11.5Mbps。HSPA 的傳送速度遠遠高於 2G 系統，其速度已可傳遞視訊串流(streaming)、手機電視或更高流量之資訊應用。

中國的無線通訊演進流程稍微特殊，西元 2008 年，中國藉舉辦北京奧運之便，研發自身的通訊系統，因此提出新的 3G 規格：TD-SCDMA (Time Division-Synchronous Code Division Multiple Access 分時-同步分碼多工技術)。因此世界 3G 規格，可大略分爲由 GSM 衍生的 WCDMA(UMTS)歐規體系；由 IS-95 衍生的 CDMA2000 美規體系及由中國獨自研發的 TD-SCDMA 體系。此三個 3G 系統各有其優缺點，若以全球使用人數而言，WCDMA 是最多人使用的 3G 系統。

西元 2013 年，4G 之 LTE (Long Term Evolution 長期演進技術)逐漸在世界各國啓用，由於運用了更有效率的通訊技術及硬體製作，其傳輸速率可快至下行 300Mbps，上行 75Mbps，無線通訊的速度頻寬(bandwidth)幾乎已可跟傳統骨幹傳輸(backbone)相互匹敵。系統內部的訊號處理，已捨棄 voice 與 data 的差異，完全以 data 的封包(packet)作爲傳送及加密的基本單位，只要傳送的速度夠快且夠多，以使用者(user)的角度，語音(voice)與數據資料(data)是一樣的，幾乎沒有延遲的感覺。此觀念與目前大家熟悉的 VoIP (Voice over IP 網路通話)模式類似。

4G-LTE 分爲兩大派系：FDD-LTE(Frequency Division Duplex-Long Term Evolution 頻率分割雙工-長期演進技術)與 TDD-LTE(Time Division Duplex-Long Term Evolution 時間分割雙工-長期演進技術)。FDD 意指手機訊號的上行(Up Link 手機到基地台)與下行(Down Link 基地台到手機)是分別使用不同頻率(Frequency)，相同時間(Time)做接收(Receive)與發送(Transmit)的動作。TDD 則是指手機訊號的上行(Up Link 手機到基地台)與下行(Down Link 基地台到手機)是在相同頻率(Frequency)，不同時間(Time)做接收(Receive)與發送(Transmit)的動作。

FDD-LTE 由於發展較早，而且是世界通訊組織 3GPP 主力推廣的架構，所以在世界上有較多國家使用，最快的下行(DL)傳送速度可達到 300Mbps，因此可輕易用手機觀看 YouTube 視訊節目及 FTP 傳送大量公司檔案。而 TDD-LTE 是由中國結合 TD-SCDMA(3G)與 LTE 的核心理論，發展出獨自的 4G 架構。

以世界大眾目前的使用程度，若以 2G 爲例，歐規 GSM 爲大宗，美規 IS-95 次之；若以 3G 爲例，WCDMA 爲大宗，CDMA2000 次之，TD-SCDMA 仍僅限少數區域。

4G 的使用區域，大部分由國際 3GPP 組織所發表的 LTE_Advanced 較被重視。至於 TDD-LTE 則僅限於中國境內及少數國家使用。

台灣於 2014 年開始商用 FDD-LTE 系統，並於 2015 年底再引入 TDD-LTE 系統。

西元 2018 年後，韓國等國家積極投入 5G 技術的實際網路建置，5G 基本空氣介面架構由 4G 演變而來，而於實用面上運用了更多的傳送天線及更精進的細部技術，因此理論上最快下行(DL)傳送速度可達到 10Gbps 以上，因此可輕易用手機傳送兩小時片長的 HD(high definition)高畫質影音檔案。

6G 系統於 2028 年-2030 年完成，它比 5G 更新增了衛星通訊的部分，可以讓全球每個角落幾乎都能無縫通訊(seamless communications)。

1-3 各國通訊系統頻譜分佈

隨著大哥大系統的進步，各國對於空氣中頻道的需求也日益增加，如圖 1-2 顯示目前 2G、3G、4G、5G 頻譜使用分佈。圖中並顯示電波於不同之頻率會有不同之物理特性。

台灣自 1997 年引進 2G_GSM 系統，初始 GSM 系統(Global System for Mobile Communications)使用之頻率介於 900MHz 附近，而同系統使用頻段 1800MHz 則稱爲 DCS(Digital Cellular Service)，DCS 與 GSM 除了空氣介面的射頻頻率(Radio Frequency)不同外，其餘的數位資料處理方式完全相同，因此隨著世界上使用此系統的國家逐漸增多，最後則將 DCS 通稱爲 GSM-1800，而原始的 900 頻段則稱爲 GSM-900。GMS 推廣之際，使用此系統的國家頗多，後來亦有 1900MHz 頻段的規劃使用(GMS-1900)。

爲了方便各國對頻道的統一規劃，因此國際組織將每個頻道給予一個編號 ARFCN (Absolute Radio Frequency Channel Number 射頻編號)，相鄰的 ARFCN 之間相距頻寬爲 200kHz (= 0.2MHz)。如圖 1-3 將台灣 2G 頻段作更進一步細分，每家業者於 GSM-1800 頻段中各有 56 個頻道數。

西元 2017 年 6 月台灣的 2G 頻帶將正式被交通部 NCC(國家通訊傳播委員會)回收，因此 GSM 系統在台灣整整使用了 20 個年頭。回收後的頻寬則改爲 4G 所使用。

台灣的 3G 系統可分爲兩大類：CDMA2000 及 WCDMA，其中 CDMA2000 由亞太電信(共 1 家業者)提供服務，使用頻率介於 825MHz 至 890MHz 之間(見圖 1-2)；而 WCDMA 由中華電信/台灣大哥大/遠傳電信/台灣之星電信(共 4 家業者)提供服務，使用頻率介於 1920MHz 至 2165MHz 之間(見圖 1-4)。由於此兩大系統運用不同的通訊方式，所以手機不能互換，但同系統的手機則能互換，例如中華的手機與遠傳可互換，但不能跟亞太手機互換。

如圖 1-4 顯示台灣 3G-WCDMA 頻段之分佈，由於 WCDMA 的每個頻道寬度爲 5MHz，因此遠傳電信(FET)有 3 個頻道可用，台灣之星(TST)有 2 個頻道可用，台哥大(TWM)有 3 個頻道可用，中華電信(CHT)亦有 3 個頻道可用。而每個頻道的中心頻率，可將 ARFCN 編號除以 5 得之。例如台哥大的第 3 個頻道的 ARFCN 爲 10737，此頻道的中心頻率即爲 $10737 \div 5 = 2147.4$MHz。

由於 3G 之 ARFCN 頻道編號方式沿用自 2G 的頻道編號，因此 WCDMA 相鄰之頻道，頻寬相差 5MHz，故 ARFCN 相差 25($25 \times 0.2 = 5$MHz)，例如台哥大第 3 個頻道爲 10737，中華電信之第 1 個頻道編號則爲 $10737+25 = 10762$。

西元 2018 年 12 月 31 日，台灣 NCC 要求單純 3G 手機結束使用，所有手機必須至少升級至 4G 網路功能。

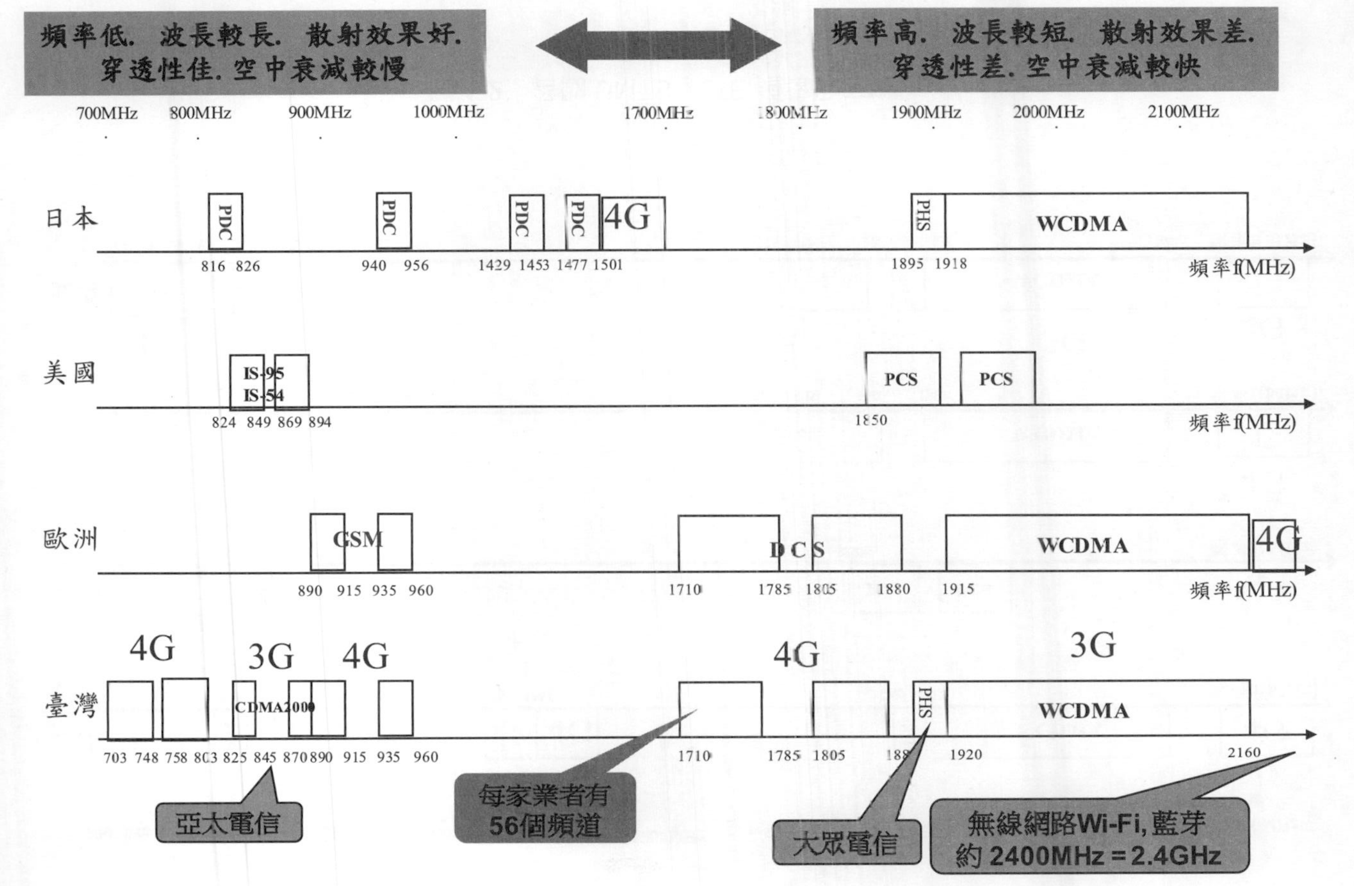

圖 1-2　各國 UMTS、LTE 頻譜分佈

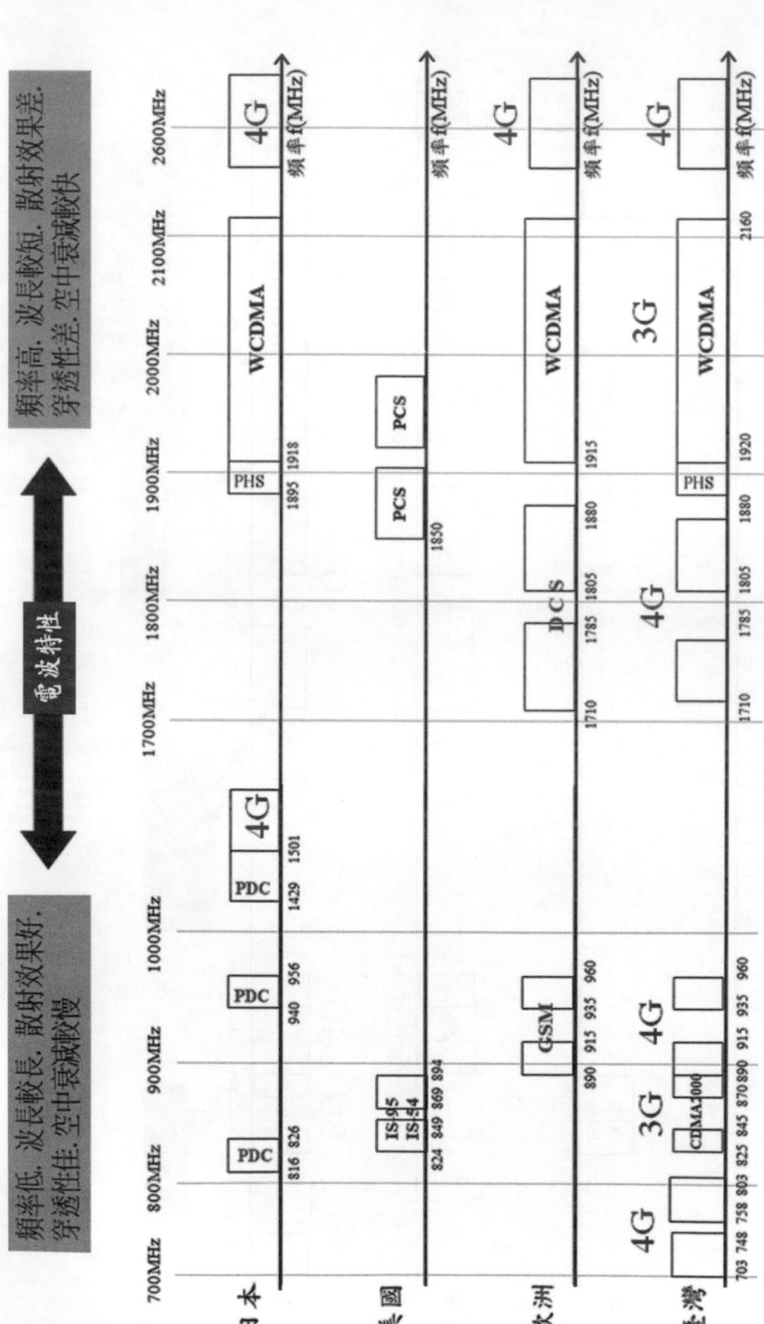

圖 1-2 各國 UMTS、LTE 頻譜分佈(續)

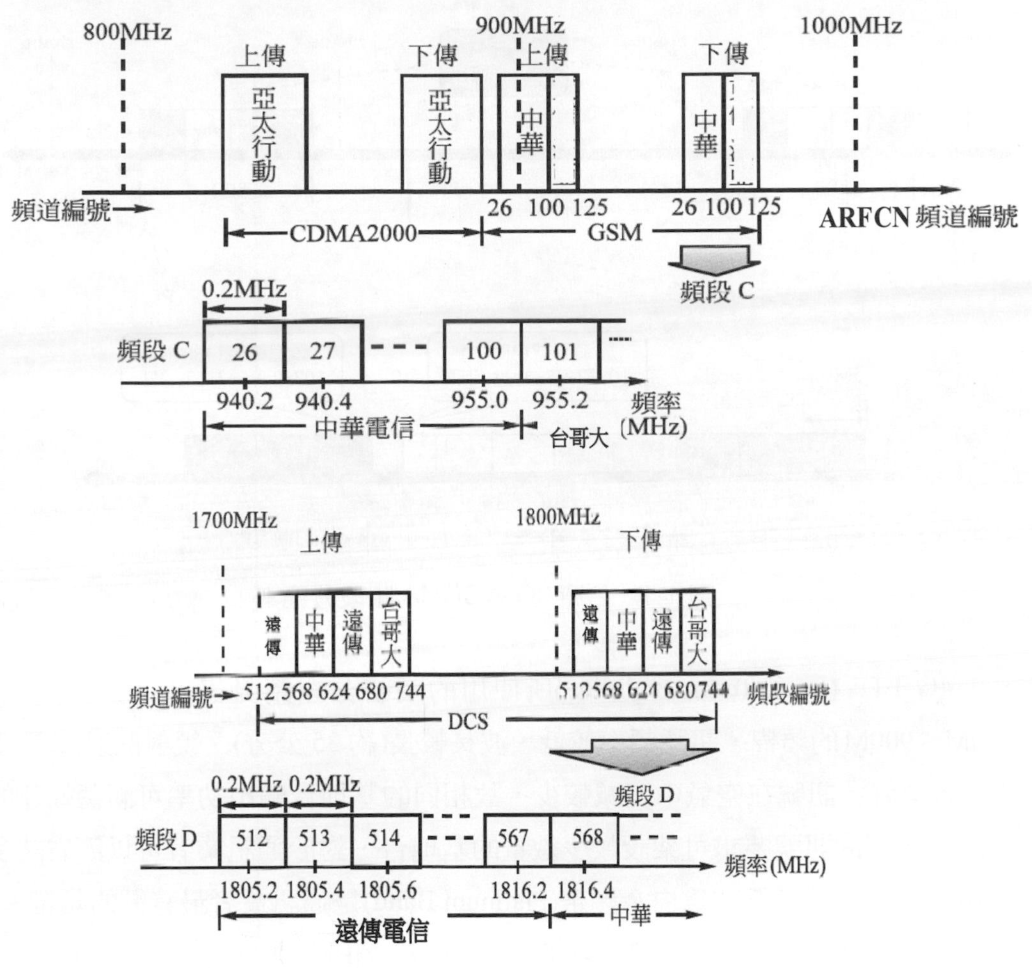

圖 1-3　台灣 2G 頻段分佈

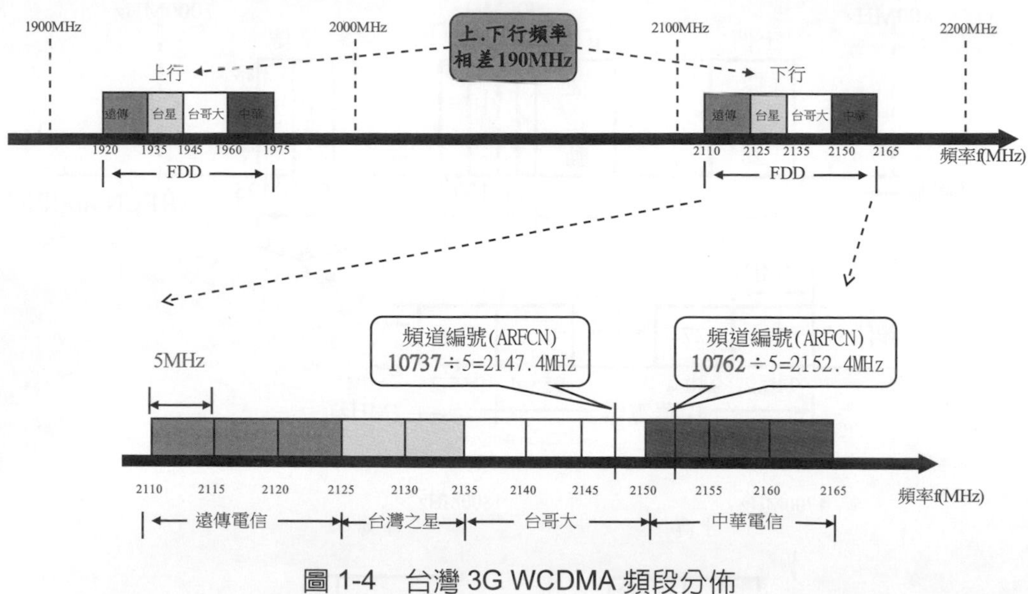

圖 1-4　台灣 3G WCDMA 頻段分佈

4G_LTE (Long Term Evolution)所使用的頻譜分布請見表 1-1。其中介於 700M～900M的頻帶，訊號頻率較低、波長較長(約 35 公分)、繞射散射(diffraction)效果好，訊號在空氣中衰減較少，故相同的基地台輸出功率可涵蓋較遠的距離，相同的訊號要求可架設較少數量的基地台，對於通訊業者可以節省諸多費用，因此，此頻帶稱爲白金頻帶(Platinum Band)是通訊業者最喜歡的頻帶。

台灣於 2013 年 10 月做第一次的 FDD-LTE 頻段公開標售，並於 2014 年 5 月由中華電信正式啓用運作，得標結果如表 1-2 所示，此次政府開放 Band_28 (700 頻帶，見表 1-1)及 Band_8 (900 頻帶)及 Band_3 (1800 頻帶)共 3 個頻帶供電信業者競標。由於其中某些頻段已有 2G 業者使用，必須延至 2017 年 6 月才能正式釋放出來，所以標金較低。

表 1-1　LTE 頻帶分佈及雙工技術

Band 頻帶編號	Name 頻帶名稱	Downlink 下行頻率範圍				Uplink 上行頻率範圍				頻帶寬 (MHz)	下行/上行 相距 (MHz)	主要使用區域
		Low	High	Low	High	Low	High	Low	High			
		Frequency(MHz)頻率		E-ARFCN 頻率編號		Frequency(MHz)頻率		E-ARFCN 頻率編號				
	FDD											
1	2100	2110	2170	0	599	1920	1980	18000	18599	60	190	全球
2	1900PCS	1930	1990	600	1199	1850	1910	18600	19199	60	80	北美洲
3	1800+	1805	1880	1200	1949	1710	1785	19200	19949	75	95	全球
4	AWS-1	2110	2155	1950	2399	1710	1755	19950	20399	45	400	北美洲
5	850	869	894	2400	2649	824	849	20400	20649	25	45	北美洲
6	UMTS only	875	885	2650	2749	830	840	20650	20749	10	45	亞洲太平洋區
7	2600	2620	2690	2750	3449	2500	2570	20750	21449	70	120	歐洲/中東/非洲
8	900 GSM	925	960	3450	3799	880	915	21450	21799	35	45	全球
9	1800	1844.9	1879.9	3800	4149	1749.9	1784.9	21800	22149	35	95	亞洲太平洋區
10	AWS-1+	2110	2170	4150	4749	1710	1770	22150	22749	60	400	北美洲
20	800 DD	791	821	6150	6449	832	862	24150	24449	30	-41	歐洲/中東/非洲
21	1500 Upper	1495.9	1510.9	6450	6599	1447.9	1462.9	24450	24599	15	48	日本
22	3500	3510	3590	6600	7399	3410	3490	24600	25399	80	100	歐洲/中東/非洲
23	2000 S-	2180	2200	7500	7699	2000	2020	25500	25699	20	180	北美洲
24	1600 L-	1525	1559	7700	8039	1626.5	1660.5	25700	26039	34	-101.5	北美洲
25	1900+	1930	1995	8040	8689	1850	1915	26040	26689	65	80	北美洲
26	850+	859	894	8690	9039	814	849	26690	27039	35	45	北美洲
27	800 SMR	852	869	9040	9209	807	824	27040	27209	17	45	北美洲
28	700 APT	758	803	9210	9659	703	748	27210	27659	45	55	亞洲太平洋區
29	700 d	717	728	9660	9769	Downlink only				11		北美洲
30	2300 WCS	2350	2360	9770	9869	2305	2315	27660	27759	10	45	北美洲
31	450	462.5	467.5	9870	9919	452.5	457.5	27760	27809	5	10	東非
32	1500 L-	1452	1496	9920	10359	Downlink only				44		歐洲/中東/非洲
	TDD											
33	TD 1900	1900	1920	36000	36199					20		歐洲/中東/非洲
34	TD 2000	2010	2025	36200	36349					15		歐洲/中東/非洲
35	TD PCS	1850	1910	36350	36949					60		北美洲
36	TD PCS	1930	1990	36950	37549					60		北美洲
37	TD PCS	1910	1930	37550	37749					20		北美洲
38	TD 2600	2570	2620	37750	38249					50		歐洲/中東/非洲
39	TD 1900+	1880	1920	38250	38649					40		中國
40	TD 2300	2300	2400	38650	39649					100		中國

頻譜標售過程，C5 頻段屬於 1800MHz 範圍，已在世界廣泛使用，因此手機及基地台設備均屬成熟穩定，再加上沒有 2G 業者佔用，頻譜乾淨，因此受到大家的青睞，標金最高。

而 Band_28 的 700 頻帶，若依物理特性，此頻段涵蓋效果最好，理應標金最爲昂貴，但因爲標售期間全世界幾乎沒有使用此頻帶的國家，通訊業者害怕多款手機及設備無法及時支援，因此投標的意願及標金都較低。不過事後顯示，700 頻帶的手機及設備供應迅速完整，所以在很短的時間內，全世界使用 700 頻帶的國家亦快速增加。

台灣於 2015 年 12 月 7 日完成第二次的 LTE 頻段公開標售，結果見表 1-3 及圖 1-5，此次標售頻段介於 2600MHz 附近，分別是 Band_7 (表 1-1)共 140MHz (70x2)頻寬的 FDD-LTE，以及 Band_38 (表 1-1)共 50MHz 頻寬的 TDD-LTE。由於 2600 頻帶其頻率較高、波長較短，長距離涵蓋效果較差，因此此頻帶的運用一般多用於都會密集區的基地台或特殊熱點(hot sopt)涵蓋之用。而遼闊的鄉下地方或偏遠的山區則運用 700 或 900 頻帶，其涵蓋效果較佳。

以此兩次標售頻段爲例，中華電信共標得 B2、C2、C5、D2 與 D4 共 5 個頻段，頻寬共 130MHz(20+20+30+40+20)；台哥大共標得 A4 與 C1 二頻段，頻寬共 60MHz(30+30)；遠傳電信共標得 A2、C3、C4、D3 與 D6 共 5 個頻段，頻寬共 125MHz(20+20+20+40+25)，其中的 D6 是 TDD 系統。由於某些業者彼此合作運用頻寬，因此各家實際頻寬會稍有變化。

表 1-2　台灣第一次 4G 頻段標售結果

分類	頻帶 Band (MHz)	頻帶 Band 編號	頻段編號	4G 得標業者	4G 得標金額 (億元)	既有 2G 業者	DL 下行頻段範圍(MHz)		DL 上行頻段範圍(MHz)		頻寬 (MHz)	下行/上行相距 (MHz)
							低	高	低	高		
FDD	700	Band 28	A1	亞太	64.15	無	758	768	703	713	10×2	55
			A2	遠傳	68.1	無	768	778	713	723	10×2	55
			A3	國碁	68.1	無	778	788	723	733	10×2	55
			A4	台哥大	104.85	無	788	803	733	748	15×2	55
	900	Band 8	B1	台灣之星	36.55	亞太	930	940	885	895	10×2	45
			B2	中華	33.2	中華	940	950	895	905	10×2	45
			B3	國碁	23.7	中.台.遠	950	960	905	915	10×2	45
	1800	Band 3	C1	台哥大	185.25	遠傳	1805	1820	1710	1725	15×2	95
			C2	中華	100.7	中華	1820	1830	1725	1735	10×2	95
			C3	遠傳	127.9	遠傳	1830	1840	1735	1745	10×2	95
			C4	遠傳	117.15	台哥大	1840	1850	1745	1755	10×2	95
			C5	中華	256.85	無	1850	1865	1755	1770	15×2	95

表 1-3　台灣第二次 4G 頻段標售結果

分類	頻帶 Band (MHz)	頻帶 Band 編號	頻段編號	4G 得標業者	4G 得標金額 (億元)	既有 2G 業者	DL 下行頻段範圍(MHz)		DL 上行頻段範圍(MHz)		頻寬 (MHz)	下行/上行相距 (MHz)
							低	高	低	高		
FDD	2600	Band 7	D1	台灣之星	66.15	無	2620	2640	2500	2520	20×2	120
			D2	中華	69.5	無	2640	2660	2520	2540	20×2	120
			D3	遠傳	69.5	無	2660	2680	2540	2560	20×2	120
			D4	中華	30.05	無	2680	2690	2560	2570	10×2	120
TDD	2600	Band 38	D5	亞太	22.25	無	2570	2595			25	
			D6	遠傳	21.8	無	2595	2620			25	

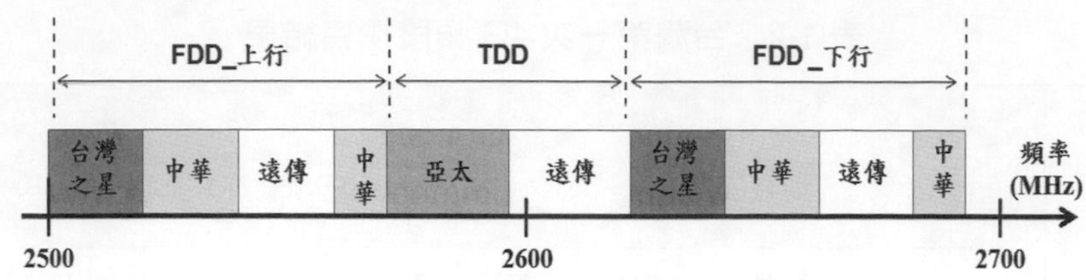

圖 1-5　台灣第二次 4G 頻段圖示

5G NR(New Radio)SA(Standalone 獨立版)的第一版規格標準(standards)於 2018 年 6 月由 3GPP-R15 正式公布，由於 5G的應用層面遠高於 4G的範圍，從物聯網、自駕車、擴充實境、智慧城市、高速連網等，幾乎擴充到生活的每個面向，因此各國政府也積極安排 5G 頻段的配置，配置完成後，5G 手機及其他硬體軟體設備才能接續快步發展。

5G 頻段的使用，大概可分爲三個部分：低頻(小於 3GHz)、中頻(介於 3GHz 至 6GHz 之間)、高頻(高於 24GHz，屬於毫米波)。

低頻的特性是有利於涵蓋(波長介於 10 至 50 公分)但不利於 MIMO(高速多通道)。天線涵蓋範圍可達數公里，傳輸速率大約可達 500Mbps (每秒傳送 500000000 位元)，使用於大範圍或鄉村地區的涵蓋。

高頻的特性是不利於涵蓋(波長小於 1 公分，又稱爲毫米波 mmWave)，但有利於 MIMO(高速多通道)。天線涵蓋範圍大約僅有 100 公尺，高速傳輸速率大約可達 10Gbps(每秒傳送 10000000000 位元)，故使用於都市人口特別密集或特殊熱點(hot spot)的涵蓋。

中頻(介於 3GHz 至 6GHz 之間)的電波特性，則介於低頻與高頻之間。

世界各國 5G 頻段分布請見圖 1-6，低頻部分，大約在 600M～700MHz 之間；中頻部分，大約 3.5GHz 或 5.8GHz；高頻部分，大約在 28GHz 或 38GHz。

台灣的 5G 頻段則於 2020 年公開標售 3.5GHz(中頻)與 28GHz(高頻)。

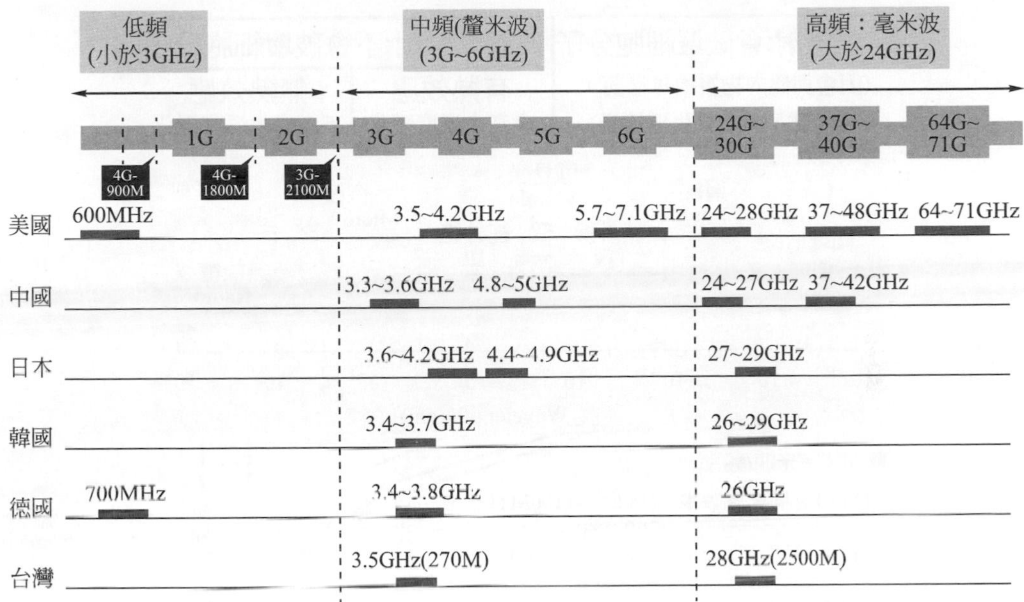

圖 1-6　各國 5G 頻段分布

1-4 電波之分類與特性

目前政府將電波分類，如圖 1-7 所示。

以物理學的角度，電波(或稱爲電磁波)便是由光子(photon)所構成的波動能量(energy)，它們以符合「光速=波長×頻率」的物理特性在空中傳播。它們屬於一種能量(電熱器的熱也是一種能量)，並非一般核電廠內部鈾原子分裂所放射的「放射線粒子(中子)」。

圖中可見光、陽光、X-光、大哥大電波及廣播電台電波，其均屬於電磁波一族，隨時存在於我們的四周，其波長與電波特性可由圖中得知，在可見光右方的電波(紅外線、微波及無線電波)只要能量在規定範圍內，它們是安全的。

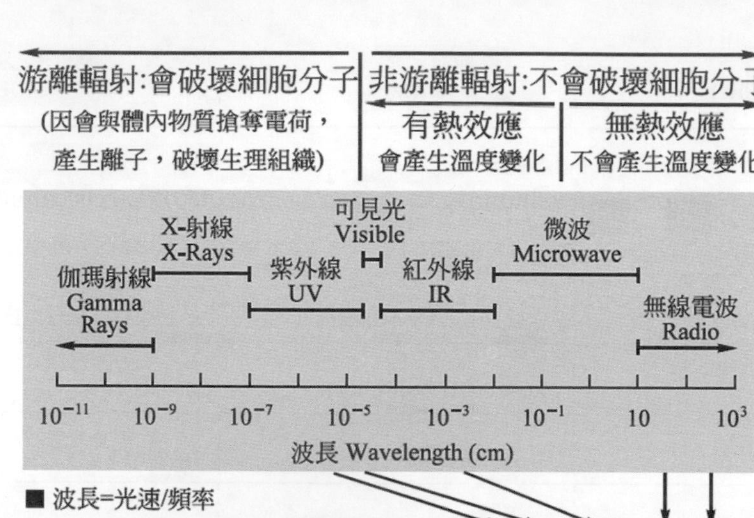

圖 1-7 電波分類

1-5 通訊標準之訂定機構

通訊技術日新月異，隨著時間的推進，某些國家或研究機構可能對通訊技術產生全新的發現或特殊的需求，因此國際上必須有一個統籌的單位，來集結全球對通訊領域的訊息，進而訂定統一，並爲大眾所認可的標準(standards)，目前全球的通訊標準體系請見圖 1-8。

國際電信聯盟 ITU(International Telecommunication Union)於西元 1865 年成立於法國巴黎，是世界上最悠久也最有公信力的國際通訊組織，它主要任務是制定通訊標準，分配無線電資源，組織各個國家之間的國際長途互連方案。它屬於聯合國的一個專門機構，目前總部設於瑞士日內瓦。

ITU 定期舉行 WRC(World Radio Conference)及 MWC(Mobile World Congress)等國際會議，作爲全球無線電標準的調整修訂宣達及新技術的研討發表。ITU 類似無線電標準的宣達公布單位，而眞正研發制定通訊細部內容的組織則是 3GPP(3rd Generation Partnership Project)及 IEEE(Institute of Electrical and Electronics Engineers)等專業通訊電子組織。

IEEE 位於美國紐澤西州，主要制定了 802.11(WiFi)及 802.16(WiMAX)等通訊標準，此些標準的應用產品則包含電腦、印表機、家電及手機等中短距離連繫。

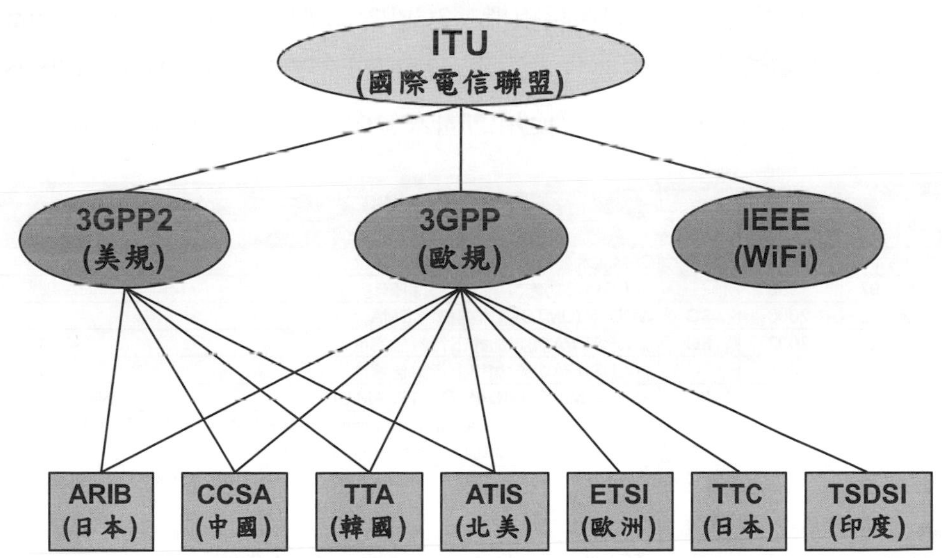

圖 1-8　全球訂定通訊規格之組織

3GPP 主中心位於歐洲，目前成員包括 ETSI(歐洲)、CCSA(中國)、ARIB(日本)、TTA(韓國)及 ATIS(北美)等共 7 個通訊組織。3GPP 的目標是在 ITU 的計劃範圍內(IMT-2020)，製訂和實現全球性的行動電話系統規格標準。3GPP 主要訂定的通訊標準包含了 2G 的 GSM、3G 的 UMTS、4G 的 LTE 與 5G 的 NR，是目前全世界最多人使用的通訊標準，細部時程可見圖 1-9。

3GPP 從 1992 年(R1)開始釋出 2G-GSM 基本架構的規格標準，歷經數十年的演進，世界上諸多的新技術觀念與新環境需求融合至 3GPP 的標準之中，並於 2018 年(R15)釋出 5G-NR 的全新規格。

3GPP2 主中心位於美國，目前成員包括 ATIS(北美)、CCSA(中國)、ARIB(日本)與 TTA(韓國)等共 4 個通訊組織。3GPP2 以美國高通公司(Qualcomm)的 CDMA 專利技術為核心，主要訂定的通訊標準包含了 2G 的 CDMAone(IS95)、3G 的 CDMA2000 1xEvDO，主要使用的國家包含美國、韓國及日本等。

3GPP研發標準(standards)之演進			
釋出之版本	時間(西元)	主階段	重要特色
Phase 1	1992	2G	GSM基本架構: FDMA+TDMA
Release 97	1998	2G	加入GPRS功能:下行封包資料傳送
Release 99	2000	3G	WCDMA(UMTS)基本架構: CDMA
Release 5	2002	3G	加入HSDPA功能:加速下行封包速度
Release 6	2004	3G	加入HSUPA功能:加速上行封包速度
Release 7	2007	3G	HSPA+: MIMO, 64QAM DL, 16QAM UL
Release 8	2008	4G	LTE基本架構: OFDMA與IP core network與MIMO(4x4)與FDD/TDD模式
Release 9	2009	4G	LTE新增功能:MBMS與Beam forming(波束成型)
Release 10	2011	4G	LTE Advanced功能:Carrier Aggregation(載波聚合)與Relaying與MIMO(8x8)
Release 11	2012	4G	LTE Advanced功能:CoMP與IDC與HetNet.
Release 12	2015	4G	LTE Advanced功能:Small cell與CA(2UL+3DL)與Massive MIMO
Release 13	2016	4G	LTE-U (LTE in unlicensed spectrum), Cat-NB1, Cat-M1
Release 14	2017	4G	Multimedia Broadcast Supplement for Public Warning System (MBSP), Cat-NB2
Release 15	2018	5G	NR(New Radio) SA(Standalone) 基本架構, IP Multimedia CN Subsystem (IMS)
Release 16	2021	5G	Unlicensed Spectrum, High-precision Positioning, Advanced Power Saving
Release 17	2023	5G	Reduced Capa. Devices, NTN, mmWave Expansion, Device Enhancemwnt
Release 18	2025	5G-Adv	5G-Advanced, NR with AI(Artificial Intelligence), Network Energy Saving
Release 20	2028	6G	IMT-2030

圖 1-9 3GPP 研發標準之演進

通訊標準(standards)的訂定與發佈，對於產業的發展非常重要，請見圖 1-10。統一的通訊規格確立後，IC製造商(世界知名廠商爲高通 Qualcomm、聯發科及三星等)便可以此規格設計，並製造基本功能的 IC 晶片或 IC 模組(module)，之後手機製造商再依此IC模組裝配屬於自家的手機規格，若測試成功才可以銷售到消費者的手中。而設備製造商(基地台、交換機及核心網路等)也是依此 IC 模組發展出自家的軟硬體設備。日前世界三大基地台製造商分別爲諾基亞(NOKIA)、愛立信(Ericsson)、華爲(Huawei)。

因此，手機要完成一通電話，必須是手機、基地台與交換機等設備均已完備才能做到，也因此統一的通訊標準是全球通訊發展的重要先驅。

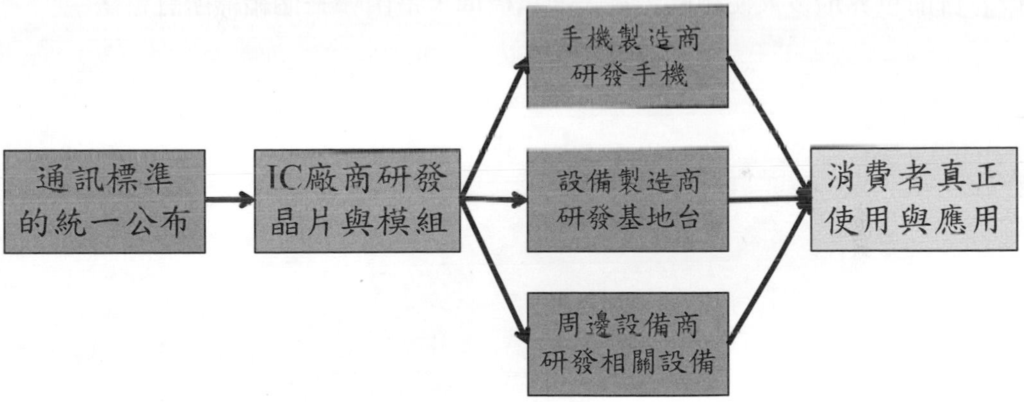

圖 1-10　通訊標準對產業的影響流程

習題

1. WCDMA-ARFCN=10762 與 ARFCN=10812，兩者頻率相差多少 MHz？
2. 為什麼 4G 700M～900M 的頻帶被稱為白金頻帶？
3. 4G 的兩大系統分別為何？
4. 通訊電波的波長小於 1 公分(毫米波)，其電波頻率須高於多少赫茲(Hz)？
5. 世界的 5G 頻段，中頻部分大概落在哪個頻率範圍？
6. 如果你是台灣 5G 通訊公司的網路規畫者，有 700M 與 28G 頻段可用，要分別涵蓋一般地區及熱點地區，頻段該如何分配較妥當？
7. 目前世界最多人使用的大哥大通訊標準，是由哪一個組織所訂定？

CHAPTER 2

天線特性與應用

2-1 簡介

天線(Antenna)，是基地台與手機之間最基本且重要的硬體元件，好的天線不但可使通訊範圍更寬廣之外，亦可使通訊品質更加優異，因此對於天線的運用及保護，是通訊網路改善的基本要素。

2-2 電波傳播路徑(path)

基地台與手機之間其電波傳播路徑可概略畫成如圖 2-1。

我們可將圖中的路徑分成兩大方向來討論：

1. 平均值衰減(Long-term Fading 或稱 Shadowing 影子遮蔽效應)

平均值衰的產生是由圖中的路徑 1 所引起，屬於直線路徑(Direct Path)，在此情況下，我們又可細分爲兩種情況：

(1) 基地台與手機的直線距離，無任何障礙物的存在

此種情形我們習慣稱爲視線可及(LOS, Light of Sight)，意指手機

可直接看到基地台。在沒有阻隔的空氣中(free space 自由空間)，我們估算電波在空氣中的衰減程度如圖 2-2。

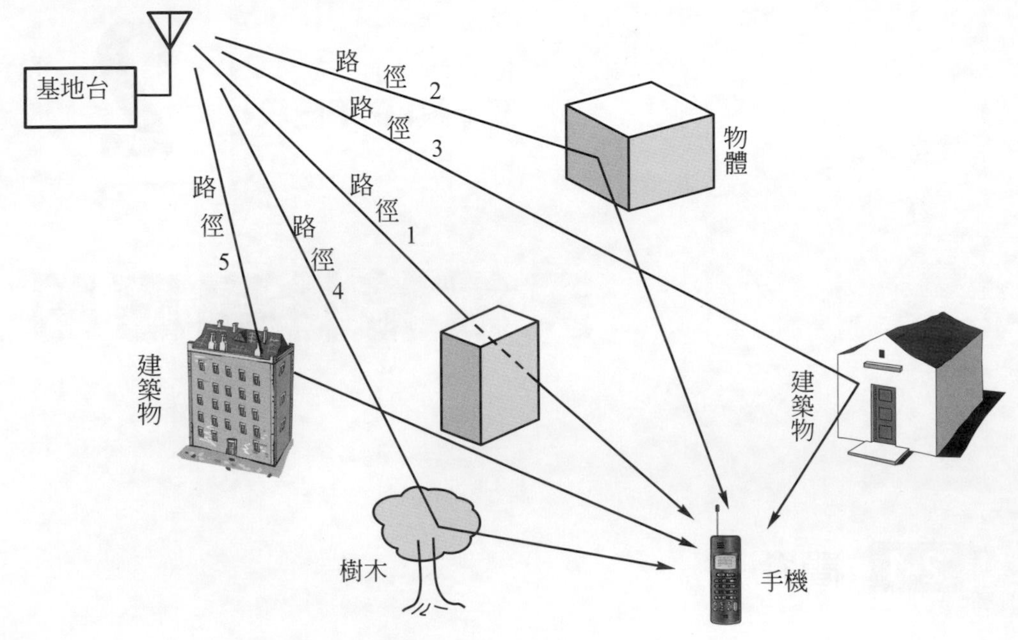

圖 2-1 電波傳播路徑

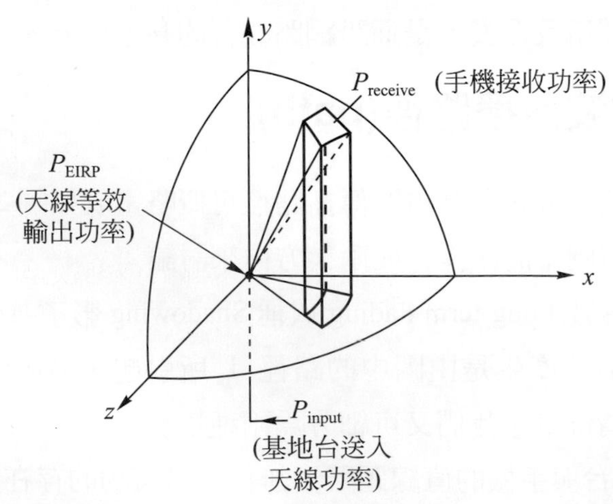

圖 2-2 天線電波計算圖

距離R的接收功率$P_{receivc}$＝[等效輸出功率(P_{EIRP})÷球體表面積]．接收天線的等效面積

$$= [P_{EIRP} \div (4\pi R^2)] \cdot [\lambda^2 \div 4\pi]$$

$$= P_{EIRP} \cdot (\lambda / 4\pi R)^2$$

我們定義路徑損失(Path Loss)

$$L_f = 10 \cdot \log (P_{EIRP} / P_{receivc}) \qquad (P_{EIRP}, P_{receivc}\text{以毫瓦為單位})$$

$$= P_{EIRP} - P_{receivc} = 10 \cdot \log(4\pi R/\lambda)^2 \quad (P_{EIRP}, P_{receivc}\text{以 dBm 為單位})$$

$$= 32.44 + 20\log R + 20\log f_c \quad \text{dB} \tag{2-1}$$

其中f_c＝載波頻率(MHz)＝光速(C)/波長(λ)

R＝距離(km)

公式(2-1)是由單純的幾何觀念推導而來，適用於自由空間(Free Space)的先決條件，所謂自由空間意指沒有任何阻礙的空中(非地面)某一點。公式(2-1)便可稱為自由空間的傳播模型 (Free Space Propagation Model)。

(2) 基地台與手機的直線距離，有障礙物的存在

介於手機與基地台之間的障礙物會因障礙物的材質、厚度、數量而有不同的變化，故此一衰減的數學模式必須加入區域性的＜實測經驗值＞才能得到一平均值的結果。

實務上，經過多位科學家的實地測量，將公式(2-1)加以延伸，歸納出另外兩種實用的傳播模型(Propagation Model)：

- 哈氏傳播模型(Hata Model)：適用於郊外地區的傳播模型

路徑損失$L_H = 69.55 + 26.16\log f_c - 13.82\log H_b$

$$- a(H_m) + (44.9 - 6.55\log H_b)\log R$$

f_c＝載波頻率(Carrier Frequency)，MHz　[150-1500MHz]

H_b＝基地台天線高度(Base station antenna height)，m　[30-200m]

H_m＝手機天線高度(Mobile antenna height)，m [1-10m]

R＝手機與基地台距離(Distance)，km [1-20km]

- 瓦氏傳播模型(Walfisch Model)：適用於住宅密集的傳播模型。

(PathLoss)$L_W = \{32.4 + 20\log fc + 20\log R\} + \{-16.9 - 10\log W + 10\log f_c + 20\log \Delta H_m + L_0\} + \{L_{bsh} + k_a + k_d \log R + k_p \log f_c - 9\log b\}$因定義繁雜，請見相關文件。科學家將上述結果與實測值繪成圖 2-3。

此圖中的斜線均可稱爲：平均值衰減線。(Long-term Fading Line)。

圖 2-3 中每條線的P_o指與 Y 軸的交錯點，γ指線條的斜率。

在自由空間(Free Space)的條件下，從公式(2-1)，因有 20log$R$ 的項目，代表距離(R)每增加 10 倍(decade)，便多 20dB 的衰減(斜率 γ =20)。

適合郊外地區的哈氏模型(Hata Model)衰減較自由空間模型爲大，距離(R)每增加 10 倍(decade)，約有 40dB 的衰減。

適合都會區的瓦氏傳播模型(Walfisch Model)衰減更大，幾乎距離(R)每增加 10 倍(decade)，約有 50dB 的衰減(紐約, 斜率γ =48)。

2. **暫態衰減**(Short-term Fading)**亦可稱爲雷氏衰減**(Rayleigh Fading)

圖 2-1 中，除了路徑 1 直線路徑以外的其他路徑，統稱爲多重路徑(Multi Path)，他們有非常多條的可能(圖中只顯示 4 條)，路徑 2 與路徑 3 可歸納爲反射路徑(Reflection Path)，路徑 4 與路徑 5 可歸納爲散射路徑(Diffraction Path)，因爲不同的頻率(frequency)與不同的地形(terrain)會使多重路徑有無限種可能，因此接收訊號強度相對於時間或空間都是動態的(Dynamic)，而非靜止的，這種暫態性的衰減我們稱爲雷氏衰減(Rayleigh Fading)。圖 2-4(a)是某一瞬間，手機於不同距離所量測的訊號強度圖。圖 2-4(b)是固定位置，手機於不同時間所量測的訊號強度圖。

圖 2-4(a)中的平均值衰減虛線與圖 2-3 中的斜線是相同的。因此手機的正常接收中，均包含了跟距離有關的平均值衰減(或稱影子遮蔽效應)與暫態性的雷氏衰減。

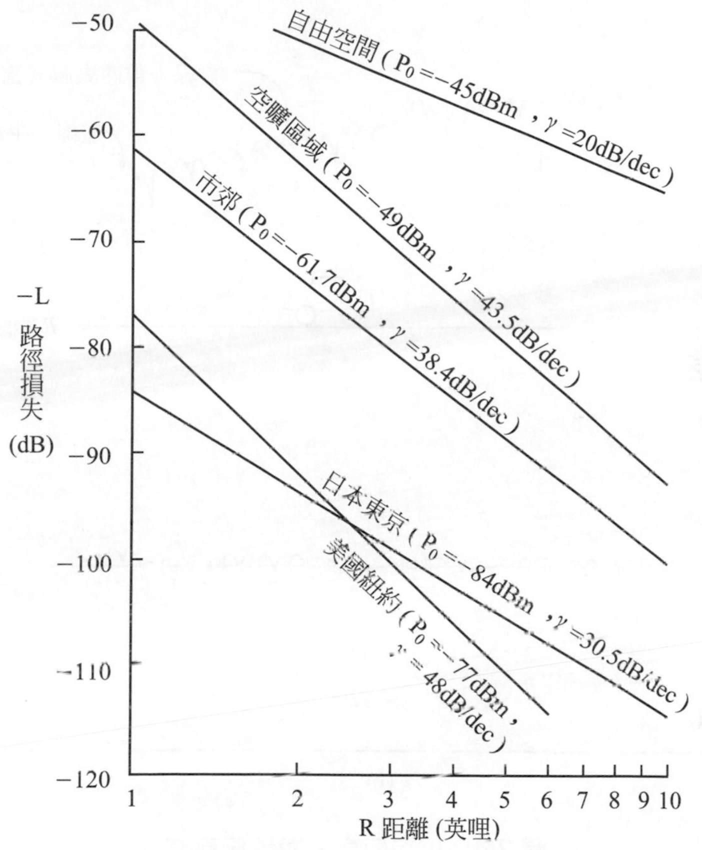

圖 2-3　電波傳播模型圖

科學家統計，雷氏衰減大多起因於手機或基地台周圍 100λ範圍內之電波多重路徑所造成(λ代表載波波長)，換句話說，GSM 與 IS-95 與 CDMA2000 的雷氏衰減多因爲周圍約 35 公尺內的訊號多重路徑所造成。DCS 與 WCDMA 的雷氏衰減多因爲約 17 公尺內的訊號多重路徑所造成。

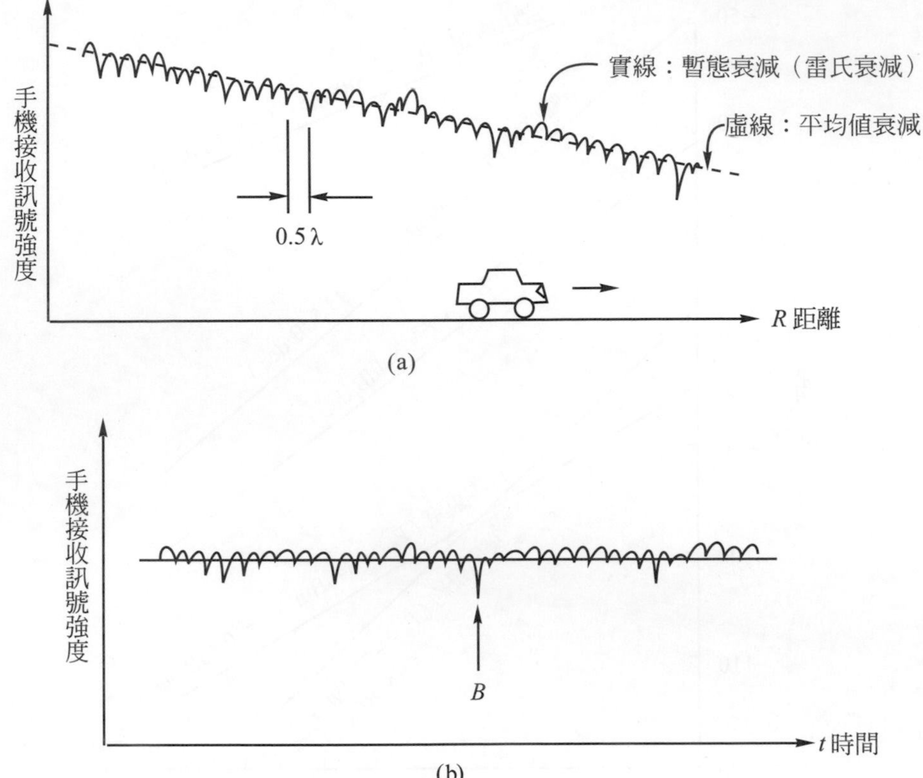

圖 2-4　平均值衰減與雷氏衰減

由於雷氏衰減的影響，我們接收訊號強度有時候會突然的減低，最多可能有 20dB～30dB 的衰減，如圖 2-4(b)中的*B*點，這會大大減低通訊品質。爲了解決此問題，目前手機系統運用了兩種天線型式來解決雷氏衰減的問題，如圖 2-5。

圖 2-5(a)運用兩支相同的天線，相距約 10λ 公尺 (λ 爲波長)，天線內部有相同極化方向的雙極子(dipole)。此種效果稱爲空間差異(Space Diversity)。圖 2-5 (b)只用一支天線，但有兩種輸出(R_1, R_2)，天線內部有兩種雙極子，極化方向(polarization)相差了 90 度。此種效果稱爲極化差異(Polarization Diversity)。

圖 2-5 的接收訊號(R_1與R_2)可畫成如圖 2-6。

我們於基地台接收器(Receiver)中，取R_1與R_2中的較大值作爲我們需要的R_3，即$R_3 = \text{Max}[R_1, R_2]$，我們可發現$R_3$與$R_1$或$R_2$比較起來，$R_3$沒有突然下降的衰減，因此可大幅減低雷氏衰減的影響。圖 2-6 中R_1與R_2在某些瞬間均低於最低強度需求，會造成斷話，R_3則無此現象，此種效果我們稱爲差異增益(Diversity Gain)，實務上約有 3dB 的增益。

圖 2-5(b)爲一般基地台的天線架構，圖 2-5(c)則爲手機的天線架構。

由於天線美觀的要求，實務上已沒有圖 2-5(a)的架設方式，幾乎目前基地台的天線都至少選擇圖 2-5(b)的天線。

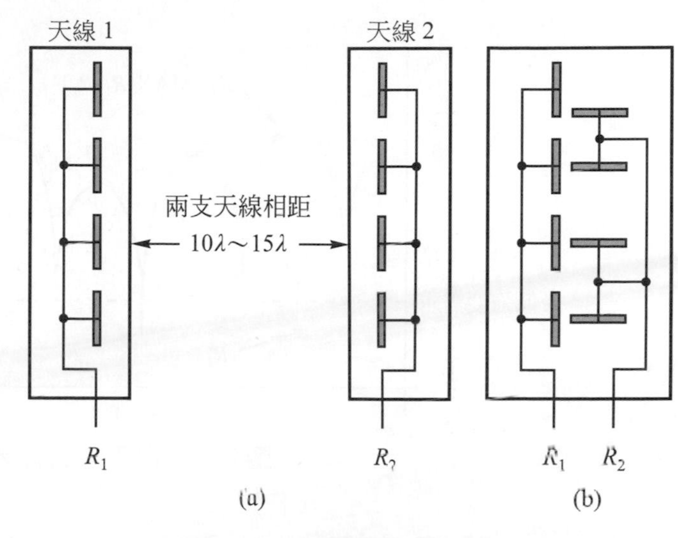

圖 2-5　基地台與手機之天線架構

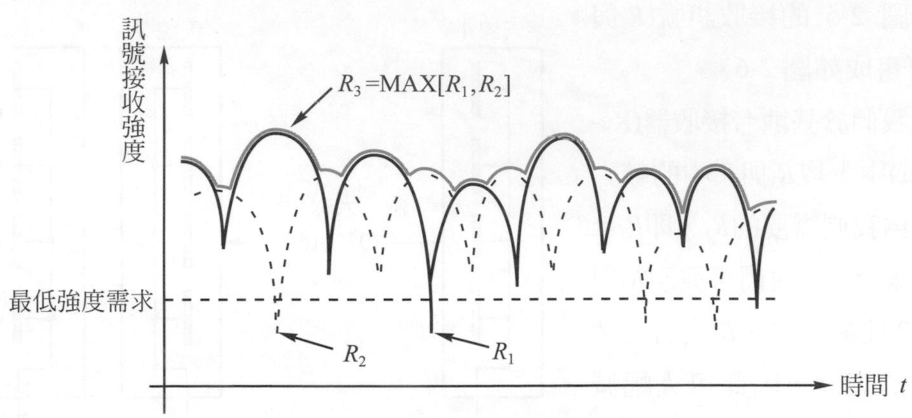

圖 2-6　R_1/R_2 之訊號接收

2-3 天線結構

數位訊號經過調變後便可以經由天線往空氣中傳送。天線屬於被動元件(Passive Device)，它只是把輸入的電波能量集中方向放射出去，本身不會增加此電波能量的大小。天線的基本結構稱爲雙極子(Dipole)如圖 2-7。其中電場平貼於 X-Z 平面。磁場平貼於 Y-Z 平面，電場與磁場相互垂直。

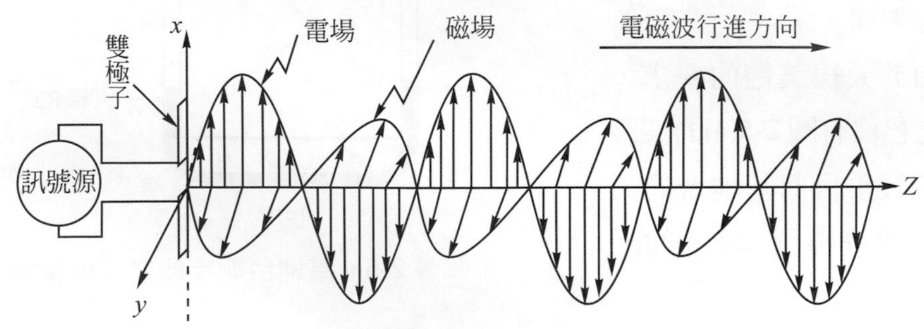

圖 2-7　雙極子基本架構

射頻訊號(RF Signal)經由雙極子(導電良好之導體)，便可將電磁波訊號朝Z軸的方向傳送出去。

眞正商用之天線，內含數個雙極子(Dipole)及一整片反射板(Reflector)構成，而天線波形可見圖 2-8。其中含有數個+45 度極化的雙極子及數個−45 度極化(polarization)的雙極子，+45 度與−45 度的功能便是如圖 2-5(b)中的R_1與R_2接收，雙極子越多天線整體長度越長，增益(Gain)越大，垂直主能量越扁平。

一般 3G或 4G天線長度約 1.3 米，其整體波形頗像一個扁平的飛盤，水平主能量集中在約 65 度之內，垂直主能量集中在約 7 度之內，增益約 17dBi。而更長的天線，長度約 1.9 米，水平主能量集中在約 65 度之內，垂直主能量集中在約 5 度之內，增益約 19dBi。

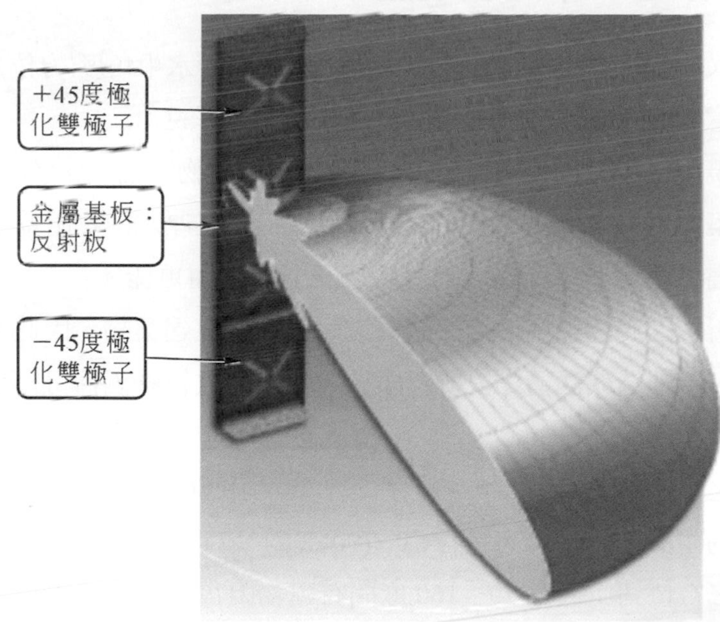

圖 2-8　商用天線波形

5G 天線可分為兩大類：

⑴3GHz 至 6GHz 頻段(釐米波)，波長約 5 至 10 公分，波長較 4G 更短，同樣大小的天線外型可放入更多的雙極子(dipole)，因此可做成波束成型(Beamforming)的效果，天線增益(Gain)可達 25dBi。

⑵26GHz 以上頻段(毫米波)，波長小於 1 公分，波長最短，波束成型(Beamforming)與 MIMO 效果最佳，天線增益(Gain)可達 30dBi。

任何天線的(水平能量集中角度)×(垂直能量集中角度)×(增益)其乘積約為定值，因此增益越大的天線其垂直能量角度就越小，內部雙極子越多，整體天線越長，訊號涵蓋範圍也越大。

2-4 天線之水平角度規劃

天線之水平主能量約集中在 65 度之內，因此在作水平角度(方位角 Azimuth)規劃時需注意某些重點，我們以圖 2-9 做實際案例解說：

周圍環境評估：近距離，320～340 度間有高建物阻擋。(高建物意指比天線更高的建築物)；中距離，70～160 度間有兩棟寬又厚之建物阻擋；遠距離，若有建物阻擋，因可減少干擾，對整體訊號而言反而更佳。

基本分析：因為通訊電波無法穿透太厚且過高之建築物，因此天線不可直指這些建物，否則造成涵蓋之浪費。僅靠天線側波之較弱涵蓋可得到相同之效果。

天線 1 之方位角：因為 340～70 度間無重大阻擋(夾角 90 度)，因此天線可指向此角度的中間，方位角可選擇 70−(90 ÷ 2) = 25 度，可得最佳涵蓋效果。

天線 2 之方位角：因為 70～160 度間有建物阻擋，而天線水平主能量的一半約為 30 度，方位角可選擇 160 + 30 = 190 度，可得最佳涵蓋效果。

天線 3 之方位角：3G 系統因全部同一頻率，兩天線夾角盡量不要小於 90 度(2G 天線夾角盡量不要小於 70)，否則會增加彼此的干擾，因此方位角可選擇 190 + 90 = 280 度，可得最佳涵蓋效果。

天線 4 之方位角：由於天線 1 與天線 2 已避開巨大建物，建物的後方涵蓋偏弱，因此另一基地台的天線 4 則需指向此方向。

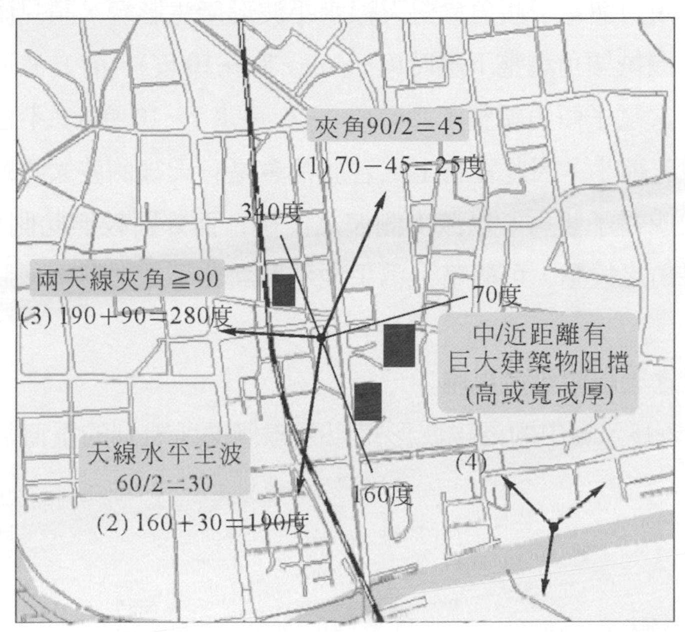

圖 2-9　天線水平角度(方位角)之決定

2-5 天線之垂直角度規劃

天線之垂直能量幾乎集中在 7 度之內，由於角度頗小，因此於規劃傾斜角(down-tilt)時需更加小心，可能誤差 3 度就會造成涵蓋的極大變化。

天線的傾斜角(down-tilt)是由機械傾角(Mechanical tilt)與電子傾角(Electrical tilt)兩者相加所構成。

機械傾角(M-tilt)的量測法與調整法請見圖 2-10。

電子傾角(E-tilt)的量測法與調整法請見圖 2-11。(有調整極限限制)

調整機械傾角與電子傾角會對天線水平波形產生影響，請見圖 2-12。由圖中可發現，當機械傾角調整下壓時(0 → 6 → 8 → 10 度)，前方波形減弱，但側波則不影響；當電子傾角調整下壓時(0 → 6 → 8 → 10 度)，不但前方波形減弱，側波也跟著縮小。因此實務上，若於都會區有天線側波太強的現象時，可將機械傾角換成電子傾角，以減少側波之干擾。而郊區較無此側波困擾。

天線傾斜角之規劃，可概略分爲平地地形與非平地地形兩種狀況，我們分別討論如下：

1. **平面地形之天線傾斜角規劃**

請見圖 2-13，圖中的天線波形是以天線側面所看到的垂直波形顯示，可參考圖 2-8。

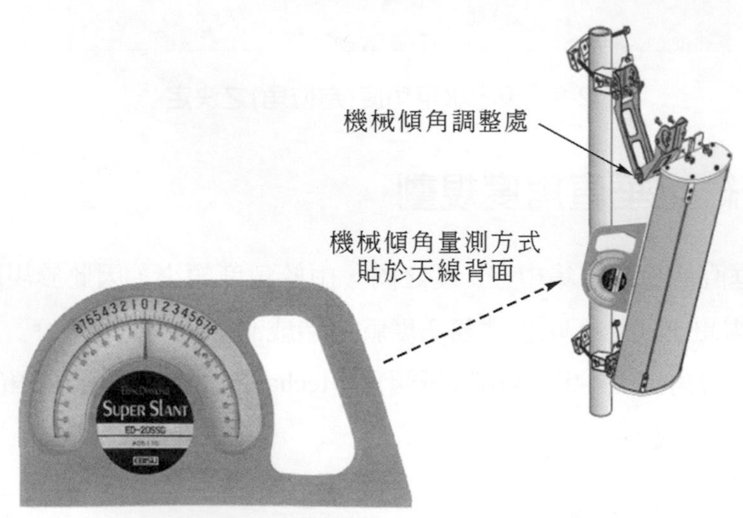

圖 2-10　機械傾角(M-tilt)量測與調整方式

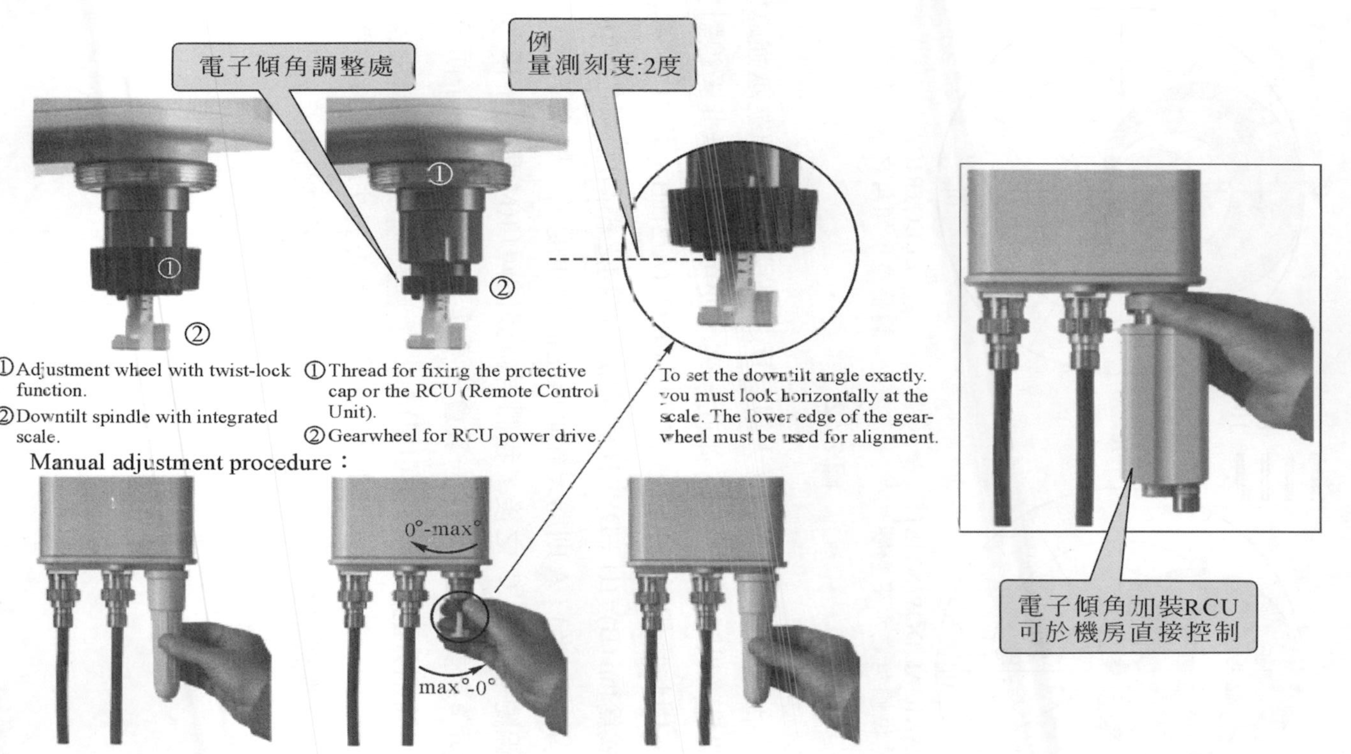
電子傾角調整處
例
量測刻度:2度
①
②
①
②
①Adjustment wheel with twist-lock function.
②Downtilt spindle with integrated scale.
①Thread for fixing the protective cap or the RCU (Remote Control Unit).
②Gearwheel for RCU power drive.
To set the downtilt angle exactly. you must look horizontally at the scale. The lower edge of the gear-wheel must be used for alignment.
Manual adjustment procedure：
0°-max°
max°-0°
電子傾角加裝RCU
可於機房直接控制

圖 2-11　電子傾角(E-tilt)量測與調整方式

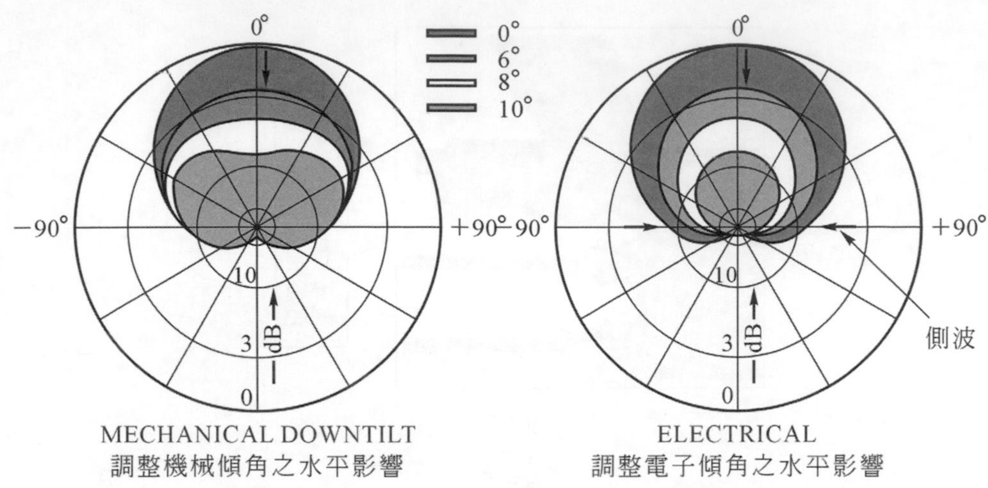

圖 2-12

圖中我們欲涵蓋之範圍爲D，從天線到D之間我們希望訊號越強越好；而D以外，我們則希望訊號越弱越好，如此一來，便可大幅減低此天線對其他站台的干擾影響。因此我們需要的天線總傾斜角 C=(A/2)+B，其中 B 爲涵蓋傾角，數學關係式爲tan (B)= (H÷D)，H爲天線含建物之總高度(單位：米)，D爲欲涵蓋之範圍(單位：米)，A 則爲天線垂直主能量角度，一般爲 7 度。

決定完天線總傾斜角 C 之後，我們再做機械傾角(M)與電子傾角(E)的分配，由於電子傾角有調整之極限，一般會先考慮預留 3 度給電子傾角(E)做優化網路之用，其餘則分配給機械傾角(M)。

另外，藉由上述之數學式，我們亦可以推算出查表法(表 2-1)方式，由 H-D 之關係。可快速查到相對之 B，並進而推算出天線總傾斜角 C。

案例一

於無坡度平原(郊區)，天線高度 25m(含建物)，天線垂直主波 6.5 度，可調電子傾角 0～6 度，欲涵蓋 2 公里，又不嚴重造成他站之干擾，機械傾角？電子傾角？

解：經查(表 2-1)H=25m，D=2000m → B～0.5 度

(A/2)= 3.25 度

天線總傾角 C=(A/2)+B = 3.75 度～4 度

因此可規劃：M2 + E1.5 或 M2 + E2(機械傾角 2 度＋電子傾角 2 度)

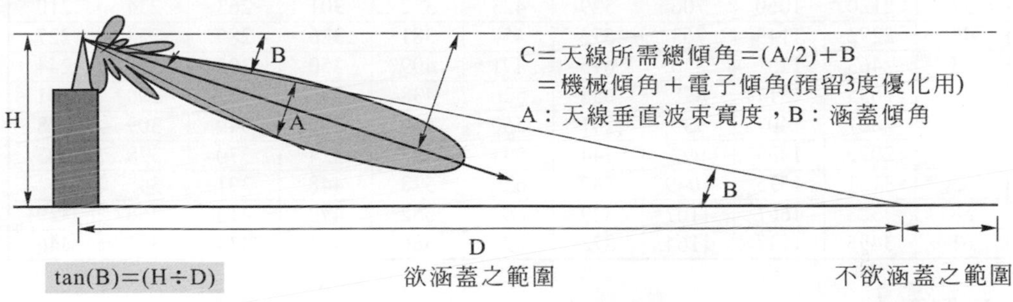

圖 2-13　平地地形傾斜角之決定

表 2-1 tan(B) = H/D 查表法

	天線主波涵蓋距離 D(m)									
含天線總高度 H(m)	天線主波傾角 B = 1 度	天線主波傾角 B = 2 度	天線主波傾角 B = 3 度	天線主波傾角 B = 4 度	天線主波傾角 B = 5 度	天線主波傾角 B = 6 度	天線主波傾角 B = 7 度	天線主波傾角 B = 8 度	天線主波傾角 B = 9 度	天線主波傾角 B = 10 度
10	573	286	191	143	114	95	81	71	63	57
13	745	372	248	186	149	124	106	92	82	74
16	917	458	305	229	183	152	130	114	101	91
19	1089	544	363	272	217	181	155	135	120	108
22	1260	630	420	315	251	209	179	157	139	125
25	1432	716	477	358	286	238	204	178	158	142
28	1604	802	534	400	320	266	228	199	177	159
31	1776	888	592	443	354	295	252	221	196	176
34	1948	974	649	486	389	323	277	242	215	193
37	2120	1060	706	529	423	352	301	263	234	210
40	2292	1145	763	572	457	381	326	285	253	227
43	2463	1231	820	615	491	409	350	306	271	244
46	2635	1317	878	658	526	438	375	327	290	261
49	2807	1403	935	701	560	466	399	349	309	278
52	2979	1489	992	744	594	495	424	370	328	295
55	3151	1575	1049	787	629	523	448	391	347	312
58	3323	1661	1107	829	663	552	472	413	366	329
61	3495	1747	1164	872	697	580	497	434	385	346

案例二

於無坡度都會區，天線高度 30m(含建物)，天線垂直主波 7 度，可調電子傾角 0～7 度，欲涵蓋 700 米，機械傾角？電子傾角？

解：經查(表 2-1)H=30m，D=700m → B～2.5 度，(A/2)= 3.5 度，

天線總傾角 C=(A/2)+B＝6 度，考慮預留 3 度電子傾角作未來優化之用(7－3=4 度)，因此可規劃：M2＋E4(機械傾角 2 度＋電子傾角 4 度)

2. **非平面地形之天線傾斜角規劃**

圖 2-13 之計算基礎，是以天線到涵蓋範圍均為同水平面作為前提，若是山區起伏或傾斜之地形，則上述之估算不再正確。此時必須藉助重要之量測工具：傾斜儀，請見圖 2-14。

傾斜儀之使用，可藉由其內部之刻度，直接量測出欲涵蓋區域之真實傾斜角 B，進而規劃出天線傾斜角 C。請見案例。

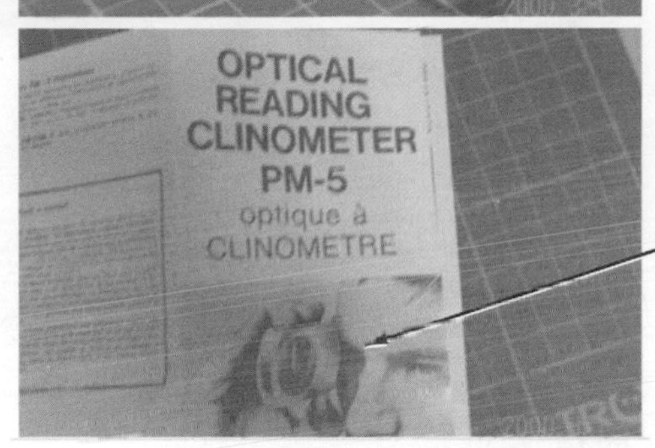

OPTICAL
READING
CLINOMETER
PM-5
optique à
CLINOMETRE
使用方法
右眼看傾斜儀內之刻度
左眼看外部實體景物

圖 2-14　查勘設備：傾斜儀

案例三

請見圖 2-15，於清境農場之天線欲涵蓋山谷(廬山溫泉)，清境農場天線位置量測廬山風景區之俯角介於 18～24°，天線水平主波 65°，垂直主波 7°，可調電子傾角 0～7 度，請問機械傾角？電子傾角？

解：由傾斜儀實際量測出欲涵蓋之範圍介於 18~24 度之間，

天線總傾角 C = (18 + 24)/2 = 21 度

考慮預留 3 度電子傾角作未來優化之用(7 − 3 − 4 度)

因此可規劃：M17 + E4(機械傾角 17 度＋電子傾角 4 度)

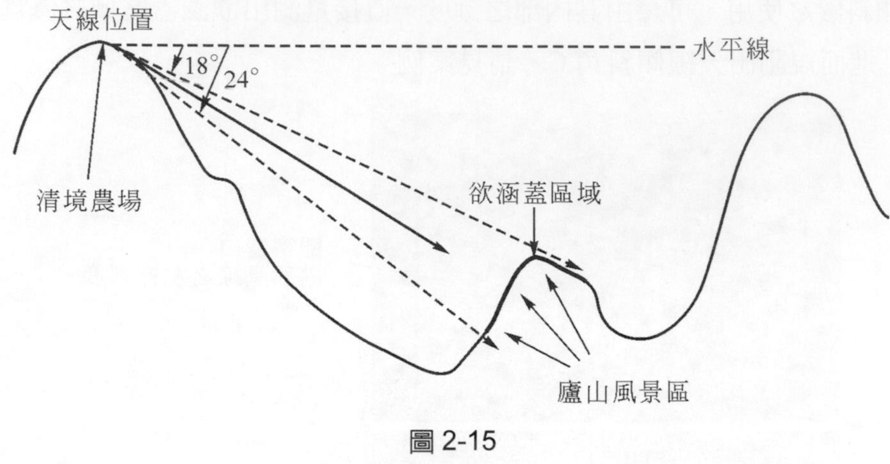

圖 2-15

案例四

請見圖 2-16，基地台天線位於某都會區旁山嶺之巔，需涵蓋上山之道路，但不欲造成廣大都會區之干擾，天線水平主波 65°，垂直主波 7°，可調電子傾角 0～6 度，請問機械傾角？電子傾角？

解：傾斜儀量測出 0～5 度之間爲都會區，極度不允許訊號射入造成干擾。

請見圖 2-17 之分析，不欲涵蓋之範圍爲 0～5 度，故 B = 5 度

(A / 2) = 3.5 度，天線總傾角 C = (A / 2) + B = 3.5 + 5 = 8.5 度(約 9 度)

考慮預留 3 度電子傾角作未來優化之用(6−3 = 3 度)

因此可規劃：M6 + E3

水平0度
密集都會區
5度
不欲涵蓋範圍
公路延伸上山
欲涵蓋範圍

圖 2-16

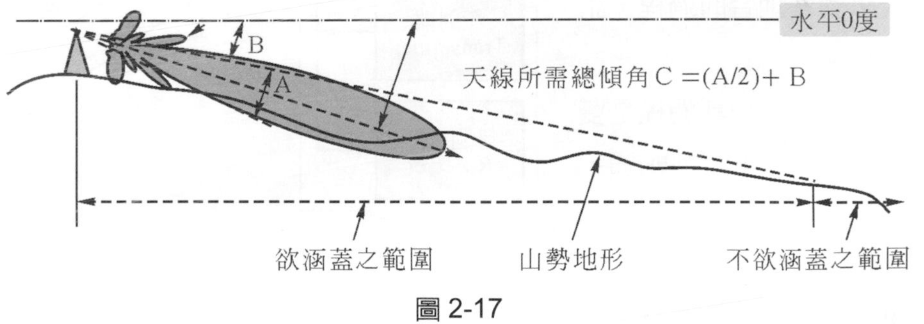
水平0度
B
A
天線所需總傾角 C =(A/2)+ B
欲涵蓋之範圍
山勢地形
不欲涵蓋之範圍

圖 2-17

我們由以上之案例可得知，較複雜之地形須使用傾斜儀以達到最佳之傾斜角設計，而平面地形則可用較簡易的查表法或用 tan 數學法設計出最佳之傾斜角(down-tilt)。

通訊網路之規劃，天線之方位角(Azimuth)與傾斜角(Down-tilt)同樣重要，如果天線角度設計不良，會造成全面性的劣化影響。此時才用其他調整參數的方式予以補救，都是治標不治本的方法。所以天線規劃，是通訊空氣介面中最重要且最基礎的注意事項！

2-6 通訊距離的衰減估算(Link budget)

數位通訊的流程中，可分爲下行(Down-Link 或 Forward)及上行(Up-Link 或 Reverse)兩個部分。下行指的是基地台傳訊到手機的過程；上行則是指手機傳訊到基地台的過程，請見圖 2-18。

數位通訊的通話過程是雙向的，必須上行下行都暢通，通話才能維持。因此，上行與下行的空氣路徑損失(path loss)必須盡量保持平衡；若是不平衡，可能造成下行(DL)通，但上行(UL)卻不通，最後通話還是會中斷，因此實務上，我們採用衰減估算(Link Budget)的方法來計算上行與下行的路徑損失(L_U與L_D)，最後可以評估出通訊的概略範圍(距離)。

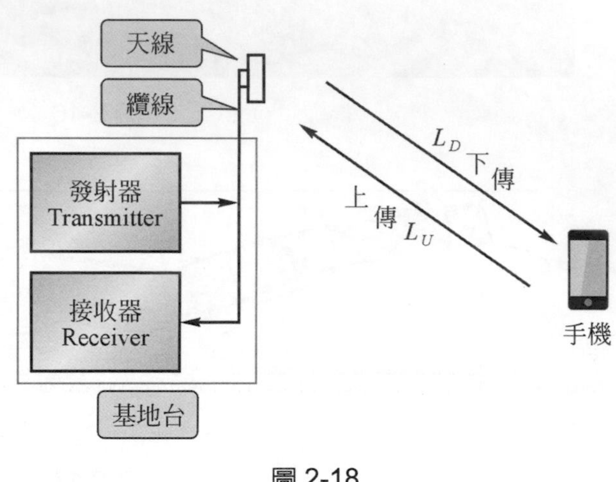

圖 2-18

下列所做衰減估算(Link Budget)的計算過程中，是以 GSM 爲基本範例，4G 或 5G 的估算方法類似，只要使能量增加的項目，我們取正值(+)；只要使能量減少的項目，我們取負值(−)。L_U與L_D分別代表上行與下行時，空氣介面的路徑損失 PL (path loss)。方法如圖 2-19 及表 2-2。

表 2-2 中，一般基地台輸出功率爲 20 瓦，相當於 10 log (20,000) = 43 dBm，手機最大輸出功率爲 1 瓦，相當於 10 log (1,000) = 30 dBm。

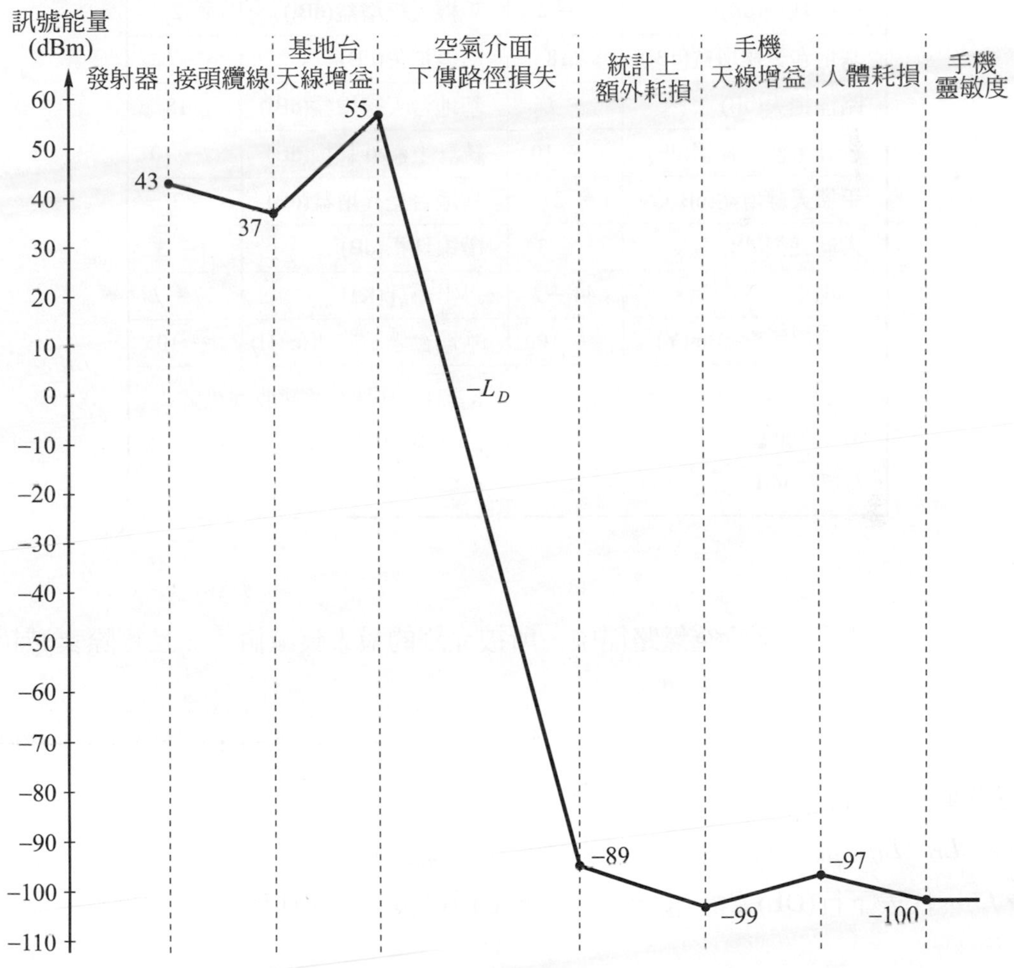

圖 2-19

表 2-2

下行		上行	
基地台輸出功率(dBm)	43	手機輸出功率(dBm)	30
接頭耗損(dB)	－4	人體耗損(dB)	－3
纜線耗損(dB)	－2	手機天線增益(dBi)	2
基地台天線增益(dBi)	18	路徑損失(dB)	$-L_U$
路徑損失(dB)	$-L_D$	基地台天線增益(dBi)	18
統計上額外耗損(dB)	－10	統計上額外耗損(dB)	－10
手機天線增益(dBi)	2	基地台差異增益(dB)	3
人體耗損(dB)	－3	纜線耗損(dB)	－3
以上小計(X)	$44-L_D$	以上小計(K)	$37-L_U$
手機靈敏度 dBm(Y)	－100	基地台靈敏度 dBm(H)	－105
X≧Y，手機才能收到訊號 故$-100 \leqq 44-L_D$ $L_D \leqq 144$dB		K≧H，基地台才能收到訊號 故$-105 \leqq 37-L_U$ $L_U \leqq 142$dB	

L_D可解釋成：下行空氣路徑中，所被允許的最大衰減值；一旦實際衰減超過此值，下行路徑即將斷訊。

L_U可解釋成：上行空氣路徑中，所被允許的最大衰減值；一旦實際衰減超過此值，上行路徑即將斷訊。

$L_D=L_U$是最佳的狀態，我們稱爲平衡狀態(Balance)。但實務上比較常見$L_D>L_U$，代表下行(DL)還能通話，但上行(UL)已經不通了。

表 2-2 中，L_D = 144dB 代表下行路徑最大只能有 144dB 的路徑耗損(path loss)，實際的路徑損失不能超過此值，否則下行路徑即將斷訊。

表 2-2 中，L_U = 142dB 代表上行路徑最大只能有 142dB 的路徑耗損(path loss)，實際的路徑損失不能超過此值，否則上行路徑即將斷訊。

我們舉例如圖 2-20。

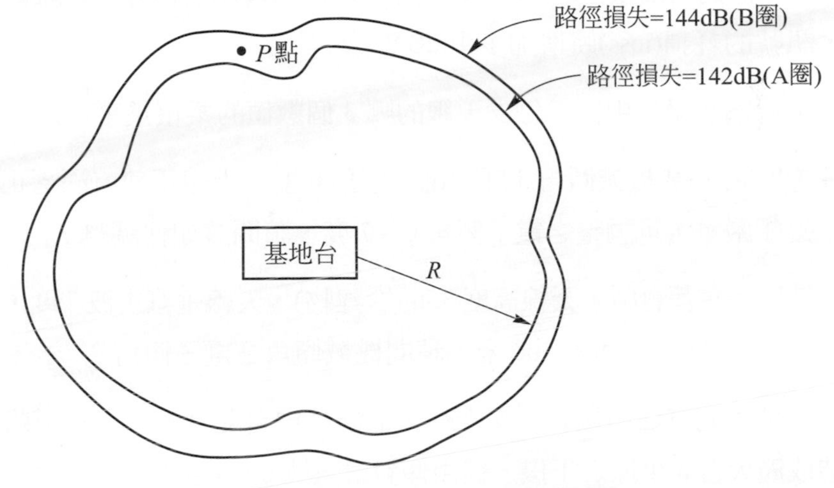

圖 2-20　L_D 與 L_U 的涵蓋範圍

L_D的涵蓋範圍是在 B 圈之內，L_U的涵蓋範圍是在 A 圈之內，手機與基地台必須雙向都連通才能正常通話，所以眞正的通話範圍只有在A圈之內。圖中的 P 點，下行訊號可通，上行訊號不通，所以整體來說還是不能通話的。

理論上可通話的距離 R，可將表 2-2 所估算出的 L 值代入圖 2-3 中，便可估算出基地台的涵蓋距離。不過實務上，由於基地台的周圍充滿各式各樣的障礙物，眞正的涵蓋距離會更爲縮小。

習 題

1. 圖 2-5 中，目前常用的商用天線，其內部雙極子之 R1 與 R2 大多呈現多少角度的極化(polarization)偏差？

2. 依自由空間的傳播模型(Free space propagation model)所估算，距離每增爲 10 倍，訊號的耗損(loss)將增加多少 dB？

3. 天線可視爲能量集中器，每支天線的哪 3 個數值的乘積幾乎爲定值。

4. 某都會區之天線,機械傾角 3 度，電子傾角 0 度，天線正前方涵蓋正常但側波干擾頗嚴重，可調整之電子傾角 0～7 度，請問該如何調整？

5. 於無坡度密集都會區，天線高度 35m(含建物)，天線垂直主波 7 度，可調電子傾角 0～6 度，欲涵蓋 500 米，請問機械傾角？電子傾角？

6. 台北盆地東北方之山頭有一支天線，欲涵蓋由台北盆地上山的道路，但不欲造成廣大台北平原之干擾，經由傾斜儀量測 0～8 度是不欲涵蓋之範圍，天線水平主波 65 度，垂直主波 7 度，可調電子傾角 0～6 度，請問機械傾角？電子傾角？

7. 依圖 2-20，(a)若通話地點 J，路徑損失 L=140dB，請問此點能通話嗎？ (b)若通話地點 Q，路徑損失 L=143dB，請問此點能通話嗎？

CHAPTER 3

空氣介面訊號改善方式

3-1 簡介

通訊系統的通訊品質，空氣介面(Air Interface)的優劣與否影響最大。而空氣介面之中，無論是 3G、4G 甚至 5G，<干擾(interference)>是最重要的改善因子。只要能降低或去除不必要的干擾，則通訊狀況便能達到最佳的境界。而目前世界上的通訊工作者，也均是以<強化正常訊號，降低不必要的干擾>作爲改善通訊品質的基本方針。

3-2 2G 訊號量測指標

實務上，2G 網路的優劣，其量測指標可由訊號品質(Quality)與訊號強度(Level)看出，請見圖 3-1。

一般手機螢幕上所顯示的<格數>便是指訊號強度(Level)，格數愈多便代表訊號愈強。其眞正訊號強度單位爲 dBm 或毫瓦(m Watt)，換算方式爲 P_dBm=10log(P_mw)，P 代表訊號接收或發射之功率，在通訊的領域，我們習慣用 P_dBm 來顯示，因爲用這種方法，訊號的增益(Gain)或衰減(Loss)直接用加減的方法即可計算，快速方便；若是用 P_mw 來顯示，訊號的增益(Gain)或衰減(Loss)則需用乘除的方法計算，耗時又麻煩。

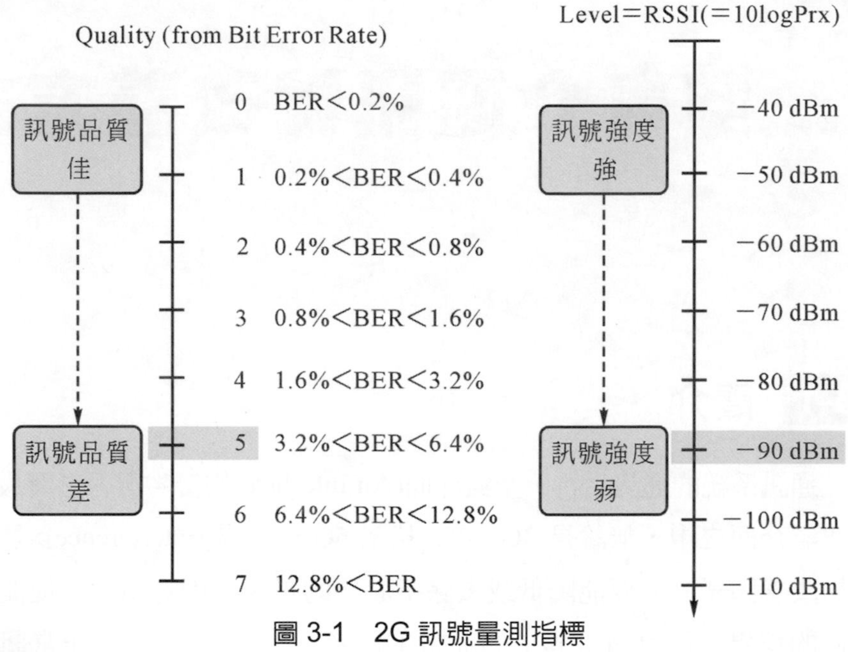

圖 3-1　2G 訊號量測指標

案例一

如圖 3-2 所示，一般手機天線增益(Gain)爲 3dBi，基地台天線增益爲 17dBi，請問：

⑴若手機顯示接收功率爲 Prx4=－80dBm=？瓦

⑵手機天線端之接收功率爲何 Prx3=？dBm

⑶一般基地台發射功率最多爲 Ptx1=20 瓦=？dBm

⑷考慮纜線耗損(Cable Loss)，基地台天線發射端 Ptx2=？dBm

(5)此段空氣的路徑損失 L (Path Loss)=？dB

解：(1)因 P_dBm=10log(P_mw)⟷P_mw=$10^{(P\_dBm/10)}$

Prx4=−80dBm=10^{-8}毫瓦=10^{-11}瓦

註：一般省電燈泡為 20 瓦

(2) Prx3=Prx4−(手機天線增益)=−80−3=−83(dBm)

(3) Ptx1=20 瓦=20000 毫瓦=10log(2×10^4)=10log2+10log (10^4)

=3+40=43(dBm)

(4) Ptx2=Ptx1+(纜線耗損)+(基地台天線增益)=43−3+17=57(dBm)

(5)路徑耗損 L=Ptx2−Prx3=57−(−83)=140(dB)

代表空氣介面將訊號強度衰減耗損了 140dB。(可參閱圖 2-3)

於<案例 1>中，若於計算式的功率顯示均採 dBm 為單位，則增益或耗損可用加或減的方法直接計算，方便又快速。

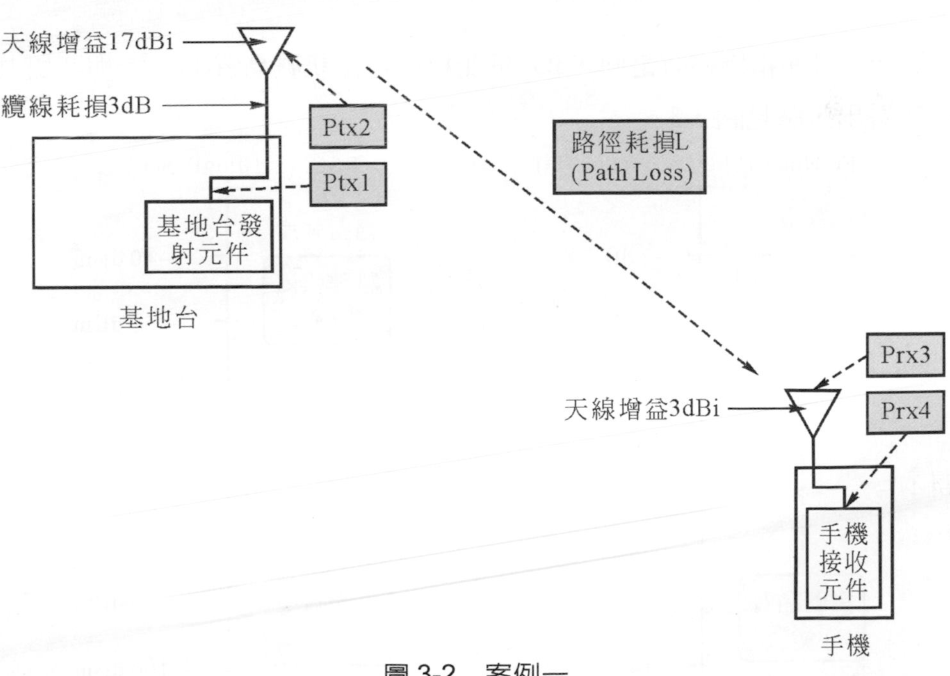

圖 3-2　案例一

2G 訊號，除了量測訊號強度(P_dBm)外，通訊時的訊號品質(Quality)更爲重要，訊號品質依通訊時語音的位元錯誤率 BER (bit error rate)可分成 7 個等級，訊號品質最佳時Quality=0，訊號品質最差時Quality=7，實務上，若Quality小於 4 以下，聽不出通話雜音；若 Quality 大於 5 以上，通話雜音便愈來愈強烈；若 Quality=7 且持續數秒鐘，代表通訊品質甚差，即將斷話！

一般而言，訊號強度(Level)與訊號品質(Quality)有概略之相關性，訊號愈強則品質愈佳，但這不是必然的相關！只要干擾少，訊號夠乾淨，也可以在訊號強度弱的區域保持良好的通訊品質，例如某些單純的山谷訊號，由於沒有太多的外來干擾訊號，因此你可以在僅有 2 格數的情況下進行通話。

相對的，某些高樓地區訊號雜亂與干擾甚多，因此雖然手機都是滿格(高訊號強度)，但通訊品質甚差，手機幾乎是打不出去！

3-3 3G 訊號量測指標

與 2G 量測指標稍有雷同，3G 量測指標可由訊號品質(Ec/No)與訊號強度(RSCP)看出，請見圖 3-3。

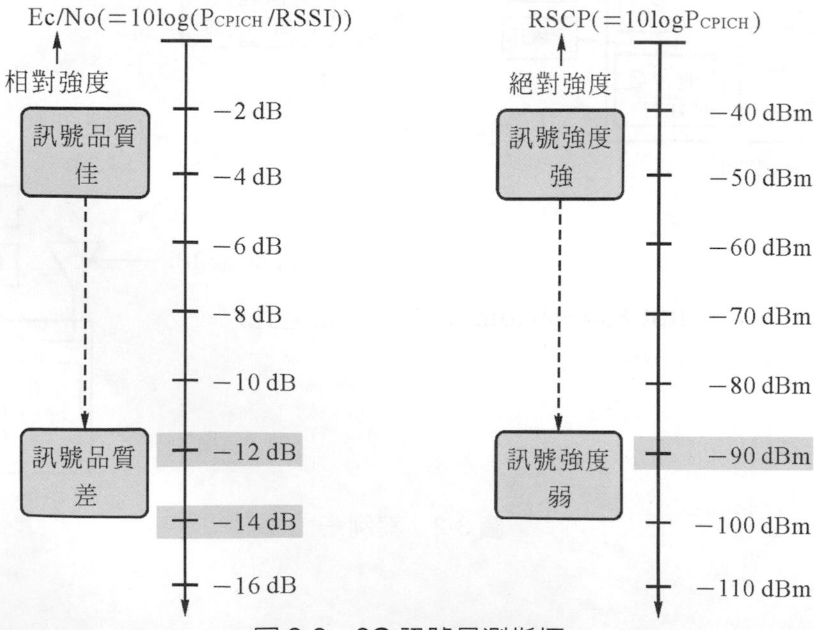

圖 3-3 3G 訊號量測指標

3G與2G最大不同處，是2G的不同通話者使用不同的頻率(或同頻率不同時間)，3G則是不同通話者均在同一時間使用相同的頻率。因此RSCP (Received Signal Coded Power)與2G的Level相似，意指某通話者所收到屬於自己的訊號功率，P_cpich=10log(P_mw)，單位dBm，與2G的Level相同。

而3G的Ec/No意指屬於自己的訊號功率與全部同頻率的功率之比值，Ec/No=10log(P_cpich/P_all)，單位 dB，所以它是一個相對比值的觀念。Ec/No 越高，代表真正訊號的相對比值較高，通訊品質較好；Ec/No愈低，代表相對比值較低，通訊品質較差。實務上，Ec/No大於－12dB以上(－11，－10，－9，－8……)，通話品質均很好，幾乎聽不到雜音。

案例二

如圖3-4所示，某山谷地形全部3G 基地台共有三支天線，手機1與手機2所收到的RSCP分別如圖所示，請問手機1與手機2何者通話品質較佳？(實際3G網路，計算觀念相同，但複雜一些)

解：手機1所收到的訊號

(1) P_RSCP3=－100dBm=10^{-10} mWatt(毫瓦)

(2) P_RSCP4=－80dBm=10^{-8} mWatt(毫瓦)最強(顯示格數)

(3) P_RSCP5=－90dBm=10^{-9} mWatt(毫瓦)

收到全部功率 P_all=P_RSCP3+……+P_RSCP5=1.11×10^{-8} mWatt

手機1：Ec/No=10log(P_RSCP4/P_all)=10log(1/1.11)=－0.45 dB

手機2所收到的訊號

(1) P_RSCP3=－90dBm=10^{-9} mWatt(毫瓦)

(2) P_RSCP4=－90dBm=10^{-9} mWatt(毫瓦)

(3) P_RSCP5=－80dBm=10^{-8} mWatt(毫瓦)最強(顯示格數)

收到全部功率 P_all=P_RSCP3+……+P_RSCP5=1.2×10^{-8} mWatt

手機2：Ec/No=10log(P_RSCP5/P_all)=10log(1/1.2)=－0.79 dB

由以上計算，兩隻手機顯示格數相同，但手機1通訊品質較手機2更佳。

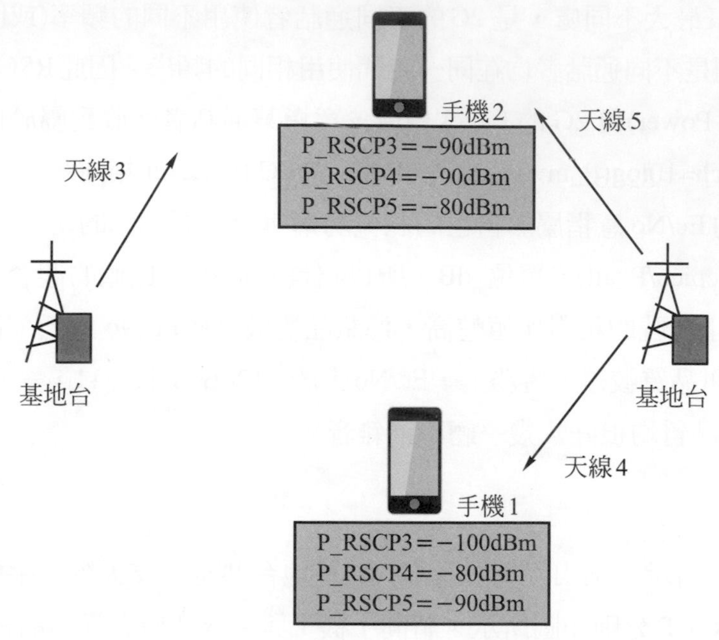

圖 3-4　案例二

因此，我們可以說 3G 的 RSCP 是一個絕對強度的量測值，而 Ec/No 則是相對強度的量測值。一般商用手機所顯示的[格數]則是代表所接收最強的一個 RSCP 訊號，它無法顯示 Ec/No。

與 2G 觀念類似，3G 的絕對強度(RSCP)與相對強度(Ec/No)有概略之相關性，RSCP 愈強則 Ec/No 愈佳，但這不是必然的相關！只要干擾少，訊號夠乾淨，也可以在 RSCP 弱的區域保持良好的通訊品質，例如某些單純的山谷訊號，由於沒有太多的外來干擾訊號，因此你可以在僅有 2 格數(低 RSCP)的情況下進行通話。相對的，某些高樓地區訊號雜亂與干擾甚多，因此雖然手機都是滿格(強 RSCP)，但通訊品質甚差，手機幾乎是打不出去！

RSCP 與 Ec/No 何者較爲重要？請見圖 3-5 爲例。我們特別注意手機 1 與手機 5 的相對變化。

圖中，手機 1 是在高架道路上移動的手機，周圍有 4 個主強訊號，訊號都頗強，RSCP 約−82dBm 左右，而且 4 個訊號強度都差不多，格數顯示約 3～4 格。

圖中，手機 5 是離基地台頗遠的一支手機，周圍僅有 1 個稍強的主強訊號，RSCP 約−93dBm，其他訊號都更弱，格數顯示約 2 格。

若依格數(RSCP)強弱顯示，此五支手機分別爲：手機 4>手機 3>手機 2>手機 1>手機 5。但若依通話品質(Ec/No)優劣排序則爲：手機 4>手機 5>手機 3>手機 2>手機 1。因此相對強度(Ec/No)比絕對強度(RSCP)更重要，在訊號單純，干擾少的地方，往往只要微弱的訊號強度(RSCP)便可以得到頗佳的通訊品質(Ec/No)。因此[減低不必要的干擾訊號]便是我們網路優化最重要的精神！

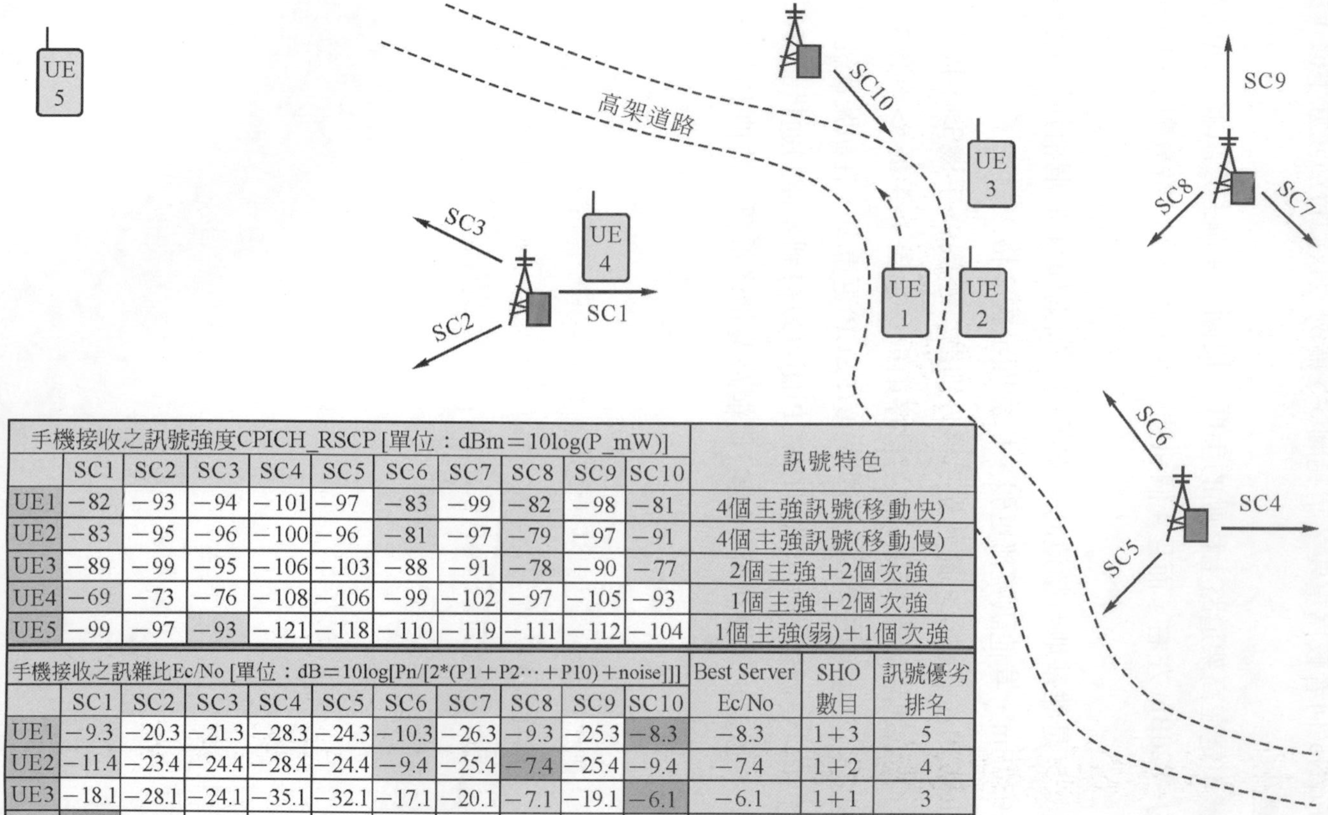

手機接收之訊號強度CPICH_RSCP [單位：dBm＝10log(P_mW)]											訊號特色
	SC1	SC2	SC3	SC4	SC5	SC6	SC7	SC8	SC9	SC10	
UE1	−82	−93	−94	−101	−97	−83	−99	−82	−98	−81	4個主強訊號(移動快)
UE2	−83	−95	−96	−100	−96	−81	−97	−79	−97	−91	4個主強訊號(移動慢)
UE3	−89	−99	−95	−106	−103	−88	−91	−78	−90	−77	2個主強＋2個次強
UE4	−69	−73	−76	−108	−106	−99	−102	−97	−105	−93	1個主強＋2個次強
UE5	−99	−97	−93	−121	−118	−110	−119	−111	−112	−104	1個主強(弱)＋1個次強

手機接收之訊雜比Ec/No [單位：dB＝10log[Pn/[2*(P1＋P2⋯＋P10)＋noise]]]											Best Server Ec/No	SHO 數目	訊號優劣排名
	SC1	SC2	SC3	SC4	SC5	SC6	SC7	SC8	SC9	SC10			
UE1	−9.3	−20.3	−21.3	−28.3	−24.3	−10.3	−26.3	−9.3	−25.3	−8.3	−8.3	1＋3	5
UE2	−11.4	−23.4	−24.4	−28.4	−24.4	−9.4	−25.4	−7.4	−25.4	−9.4	−7.4	1＋2	4
UE3	−18.1	−28.1	−24.1	−35.1	−32.1	−17.1	−20.1	−7.1	−19.1	−6.1	−6.1	1＋1	3
UE4	−5.1	−9.1	−12.1	−44.1	−42.1	−35.1	−38.1	−33.1	−41.1	−29.1	−5.1	1＋0	1
UE5	−11.5	−9.5	−5.5	−33.5	−30.5	−22.5	−31.5	−23.5	−24.5	−16.5	−5.5	1＋0	2

圖 3-5　3G RSCP 與 Ec/No 之比較

3-4 空氣介面優化方式

結合 3-2 章節對 2G 訊號特性之敘述，我們將 2G 網路優化之重點整理如圖 3-6 所示。

重點一，某區域 Level 偏弱，如果剛好周圍沒有其他干擾，有可能仍維持頗佳的通訊品質；但一般而言，周圍若有其他雜訊，Level 偏弱，Quality 也不好，因此加新站是最佳的解決方法。

重點二，某區域 Level 已頗佳，因 Quality 不佳，我們第一要務是去除干擾，不是再加新站。如果隨便加新站，會造成整體的干擾更加嚴重。

重點三，如果 Level 頗佳，Quality 不好，大多是干擾造成，因此我們可以突顯必要且合理(例如較近的天線)的主強訊號，將太遠且不合理的訊號壓制降低。

2G 網路只要秉持上述三個重點精神做改善，一般都可看到顯著的成效！

3G 網路優化之重點，其精神幾乎與 2G 相同，我們整理如圖 3-7 所示。3G 由於是同頻率的系統，對干擾的敏感度比 2G 更高，因此需要更細膩的調整優化，而 4G 空氣介面，也是相同的優化方式！

- 現象：手機訊號強度(Level)<−95dBm 且 Quality>5
  原因：訊號太弱，涵蓋差。
  解決方法：**增加新站**。
- 現象：手機訊號強度(Level)>−85dBm，訊號雜又加新站
  結果：反效果，Quality 變更差。
  解決方法：拆除不必要之多餘站台，保持訊號之單純乾淨
- 現象：手機訊號強度(Level)>−85dBm 且 Quality>5
  原因：訊號強度足夠，但有干擾。
  解決方法：
  ⑴**增強合理的**主強(dominant)訊號。
  ⑵**減低不合理的**次強(interference)訊號。
  ⑶主強訊號(dominant signals)最好不要超過 **2 個**。
  ⑷ 1～2 個主強訊號之特點：訊號**穩定且不同方向**。
  ⑸減低不合理訊號後，須不影響原始格數(Level)顯示。

圖 3-6　2G 網路優化重點

· 現象：手機訊號強度(RSCP)<−95dBm 且 Ec/No<−12dB
原因：訊號太弱，涵蓋差。
解決方法：**增加新站**。
· 現象：手機訊號強度(RSCP)>−85dBm，訊號雜又加新站
結果：反效果，Ec/No 變更差。
解決方法:拆除不必要之多餘站台，保持訊號之單純乾淨
· 現象：手機訊號強度(RSCP)>−85dBm 且 Ec/No<−12dB
原因：訊號強度足夠，但有干擾。
解決方法：
(1)**增強合理的**主強(dominant)訊號。
(2)**減低不合理的**次強(interference)訊號。
(3) 主強訊號(dominant signals)最好不要超過 **3 個**。
(4) 1～3 個主強訊號之特點：訊號**穩定**且**不同方向**。
(5)減低不合理訊號後，須不影響原始格數(RSCP)顯示。

圖 3-7　3G 網路優化重點

3-5 4G 訊號量測指標

4G訊號量測方式(LTE)與3G訊號量測方式(見圖3-3)精神相似，請見圖3-8。

圖中，RSRP (Reference Signal Received Power)意指手機所接收到 LTE 參考訊號(Reference Signal，圖 12-19)的功率強度，基地台在固定的頻段及時間之中發射固定的功率(參考訊號)，以供全部手機作爲偵測訊號強度之用，RSRP 屬於手機接收的絕對訊號功率，單位爲 dBm[RSRP=10logP_{RS}]。手機顯示的[格數]便屬於此 RSRP 強度。它與 3G 的 RSCP 的觀念類似。不過由於手機量測 3G 與 4G 的訊號形式並不相同，故以 3G_2100M 與 4G_1800M 的類似涵蓋距離，4G 顯示的 RSRP 大約會比 3G 顯示的 RSCP 小 15dB(這是正常現象)。

RSRQ (Reference Signal Received Quality) [RSRQ=10log(N*RSRP/RSSI)]，N 爲 RB 數量(見圖 12-21)，意指手機所接收到 LTE 參考訊號 RS(Reference Signal) 功率強度與整體頻寬環境 RSSI 的比值，它屬於相對強度的量測指標。訊號愈乾淨的地方 RSRQ 則愈高，單位爲 dB，與 3G 的 Ec/No 觀念類似。實際網路上，RSRQ 大於－12dB 的區域便屬於品質優良的區域。

一般而言，訊號強度(RSRP)與訊號品質(RSRQ)有概略之相關性，訊號愈強則品質愈佳，但這不是必然的相關！只要干擾少，訊號夠乾淨，也可以在訊號強度弱的區域保持良好的通訊品質，例如某些單純的山谷訊號，由於沒有太多的外來干擾訊號，因此你可以在僅有 1～2 格數的情況下進行訊號傳送。

相對的，某些高樓地區訊號雜亂與干擾甚多，因此雖然手機都是滿格(高訊號強度)，但通訊品質甚差，手機幾乎是打不出去！

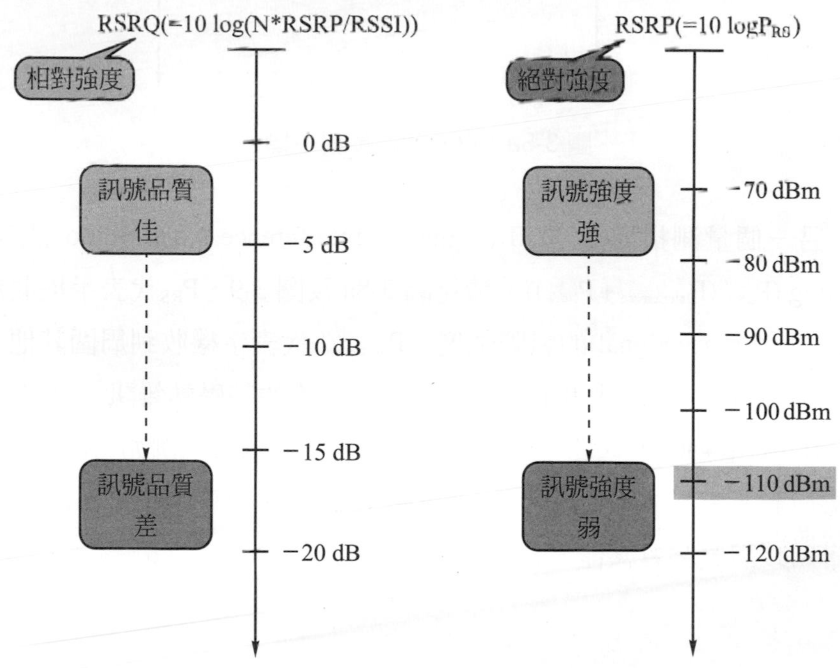

圖 3-8　4G 訊號量測指標

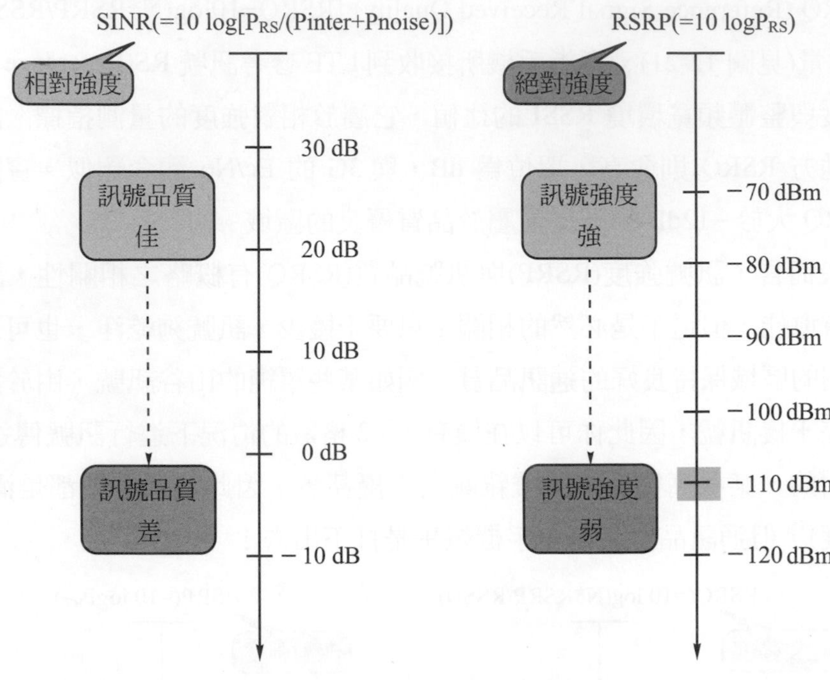

圖 3-8a　4G 訊號量測指標

4G 另一個量測指標為 SINR(Signal to Interference Noise Ratio 訊噪比)，SINR=10log (P_{RS} / ($P_{Interference}$ + P_{Noise}))，請見圖 3-8a 及圖 3-9，P_{RS}代表手機收到基地台發射 RS(Reference Signal)的訊號強度。$P_{Interference}$代表手機收到周圍其他基地台飄過來的干擾訊號。P_{Noise}代表手機周圍環境所產生的基礎熱雜訊。SINR一般範圍介於－10dB 至+30dB 之間，SINR 越大通訊品質越好，例如 SINR=15dB 代表：手機收到的P_{RS}比起($P_{Interference}$ + P_{Noise})更高 15dB，雜訊干擾不多，P_{RS}訊號單純且獨大，所以訊號品質甚佳。

4G 網路的量測，由於 RSRQ 有某些指標上的盲點，較不被採用。故實際上網路工程師較重視 RSRP 與 SINR 的優劣，RSRP 代表實質基地台的訊號強度，SINR 則代表訊號品質的優劣(RSRQ 亦有類似效果)。網路工程師可藉由此兩項指標來調整基地台的天線或參數優化。

圖 3-10 則是 4G 通訊工程師常用的改善(優化)品質方法，其精神與 3G 類似，要改善空氣介面的訊號品質，基本上需要最基礎的訊號強度(RSRP)，若強度不足則需要增建基地台。另一個重點則是訊號強度(RSRP)足夠但訊號品質(SINR)不良，此時則要觀察周圍其他基地台的涵蓋範圍，將不需要的訊號予以減除，增強合理的主強訊號(dominant signal)，若依此原則優化(optimize)4G 網路，可得到最有效率及優良的通訊品質。

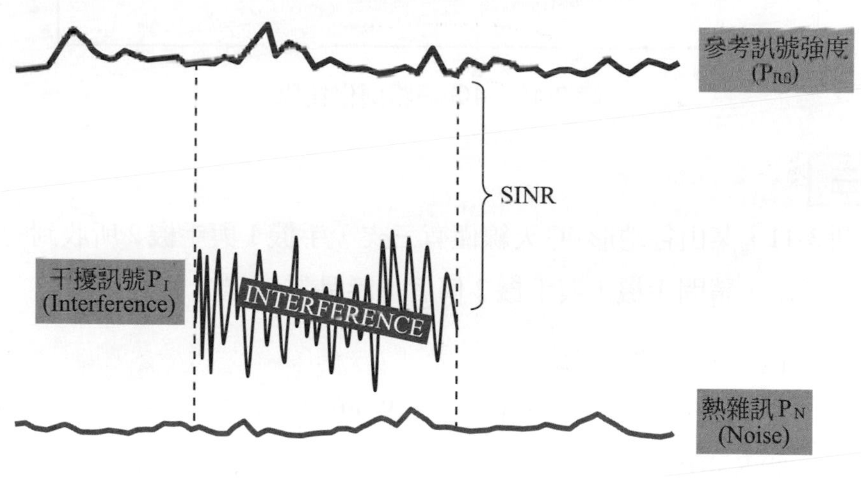

圖 3-9　4G SINR

・現象：手機訊號強度(RSRP)<−105dBm 且 SINR<5dB
原因：訊號太弱，涵蓋差。
解決方法：**增加新站**。
・現象：手機訊號強度(RSRP)>−90dBm 且 SINR<5dB
原因：訊號強度足夠，但干擾訊號太多。
解決方法：
(1) **增強合理的**主強(dominant)訊號。
(2) **減低不合理的**次強(interference)訊號。
(3) 主強訊號(dominant signals)最好不要超過 **2 個**。
(4) 主強訊號之特點：細胞距離較**近**且訊號**穩定**。
(5) 減低不合理訊號後，須不影響原始格數(RSRP)顯示。

圖 3-10　4G 網路優化重點

案例三

如圖 3-11，某山谷地形 4G 天線僅有三支，手機 1 與手機 2 所收到的 RSRP 分別如圖所示，請問手機 1 與手機 2 何者通話品質較佳？

解：手機 1 所收到的訊號

(1) P_RSRP3=−100dBm=10^{-10}mWatt(毫瓦)

(2) RSRP4=−80dBm=10^{-8}mWatt(毫瓦)最強(顯示格數)

(3) RSRP5=−90dBm=10^{-9}mWatt(毫瓦)

手機 1：

$$SINR=10\log[(P\_RSRP4)/(P\_RSRP3+P\_RSRP5)]$$
$$=10\log(10/1.1)=9.6dB$$

手機 2 所收到的訊號

(1) P_RSRP3=−90dBm=10^{-9}mWatt(毫瓦)

⑵ RSRP4=−90dBm=10^{-9}mWatt(毫瓦)

⑶ RSRP5=−80dBm=10^{-8}mWatt(毫瓦)最強(顯示格數)

手機 2：

SINR=10log[(P_RSRP5)/(P_RSRP3+P_RSRP4)]

=10log(10/2)=7.0dB

由以上計算，兩支手機顯示格數相同(RSRP 均爲最強的−80dBm)，但手機 1 之 SINR 爲 9.6dB，手機 2 之 SINR 爲 7.0dB，故手機 1 的通訊品質優於手機 2。

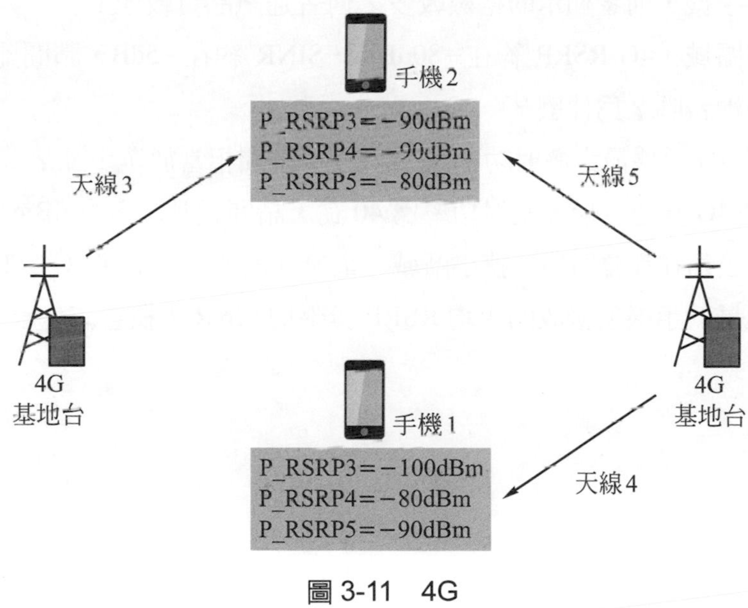

圖 3-11　4G

3-6 5G 訊號量測指標

5G 的 OFDM 架構由 4G 演化而來，因此量測指標與 4G 類似，4G 的訊號強度(格數)以 RSRP 顯示。4G 的訊號品質(Quality)以 SINR 顯示，5G-NR 也是相同。

習題

1. 2G 量測指標爲 Level 與 Quality，何者對通話品質影響較大？爲什麼？3G 量測指標爲 RSCP 與 Ec/No，何者對通話品質影響較大，爲什麼？4G 量測指標爲 RSRP 與 SINR，何者對通話品質影響較大，爲什麼？
2. 如圖 3-11，若手機 1 接收訊號強度如下：P_RSRP3=−100dBm/P_RSRP4=−80dBm/P_RSRP5=−90dBm，手機 2 接收訊號強度如下：P_RSRP3=−90dBm/P_RSRP4=−90dBm/P_RSRP5=−70dBm，這兩支手機，何者顯示的格數較多？何者通訊品質較佳？
3. 若在某區域，4G RSRP 約在−80dBm，SINR 約在−5dB，請問此區域適合加新基地台嗎？爲什麼？
4. (a)如果 4G 手機最大發射功率爲 23dBm，請問相當於多少瓦？
   (b)如果 4G 基地台最大發射功率爲 40 瓦，請問相當於多少 dBm？
5. 某通訊公司在都會區的一狹小區域，毫無計畫地一直增建 4G LTE 基地台，則此區域的手機所接收的平均 RSRP 與平均 SINR 大概會有什麼變化？

CHAPTER 4

數位通訊系統多工擷取技術

4-1 簡介

通訊系統的演進，從 2G、3G 以至於 4G、5G，科學家無非是在僅有的空氣介面中用盡各種方法，在有限的頻寬(Band-width)與時間(Time)下擠入最多的訊號量與最大的保護，因此本章將介紹目前於數位通訊架構中最流行的多工擷取技術(Multiple Access Technology)。

圖 4-1 顯示世界數位通訊的主要多工技術：1G_AMPS 採用 FDMA 技術，不同通話者使用不同頻率(frequency)；2G_GSM 採用 FDMA+TDMA 技術，不同通話者使用不同頻率(frequency)及不同時間(time)；3G_WCDMA 採用 CDMA 技術，不同通話者使用不同正交碼(orthogonal code)；4G_LTE 及 5G_NR 則採用 OFDMA 技術，不同通訊者使用不同的正交頻率(orthogonal frequency)，可達到頻譜更高的使用效率。

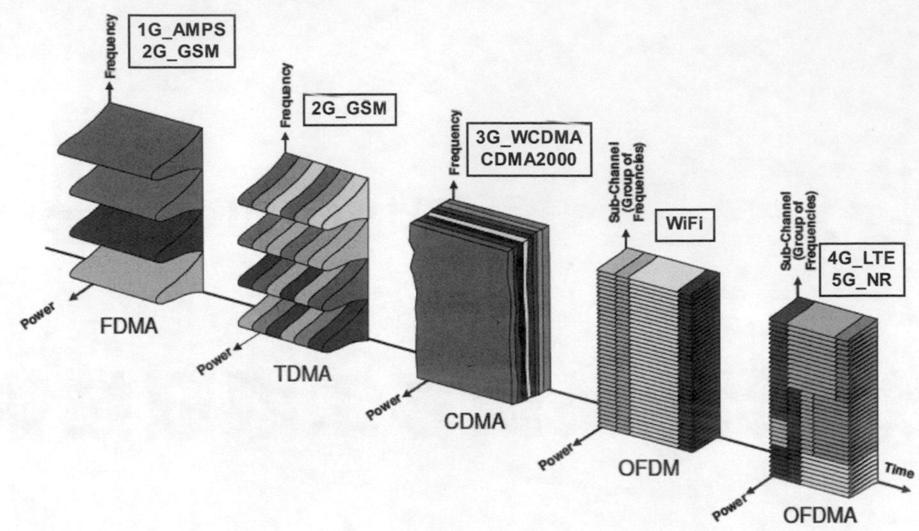

圖 4-1 主要無線通訊之多工技術

4-2 2G-FDMA+TDMA

2G 網路採用了兩種多工擷取技術：FDMA (Frequency Division Multiple Access 頻率分割多工擷取)與 TDMA (Time Division Multiple Access 時間分割多工擷取)，請見圖 4-1a 所示。

FDMA 意指不同通話者使用不同的頻率，圖中通話者 1 與通話者 2 與通話者 3 均使用不同頻率(頻道)，彼此不互相干擾。

TDMA 意指在相同頻率(頻道)下，不同通話者使用不同的時間(時槽 TS：Time Slot)，圖中在一個頻道下有三個時槽(TS)，可供 3 個人通話用，彼此互不影響。

我們以圖 1-4 的頻段 D 做一個案例介紹，請見圖 1-3 與圖 4-2。

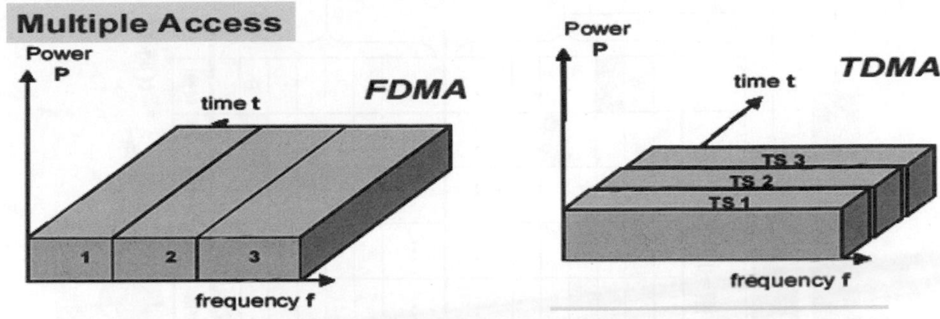

圖 4-1a　FDMA 與 TDMA

GSM-1800 每家業者有 56 個頻道，如圖 4-2 中 ARFCN 編號從 512 到 567，每個頻道(channel)頻寬為 200kHz(=0.2MHz)，每個頻道中分割成 8 個時槽(Time Slot)，8 個時槽組合成 1 個時框(Time Frame)為時 4.615 毫秒(ms)。通話者 A 則使用 ARFCN=513 頻道中的時槽 8，一個時框中的其他 7 個時槽則給其他通話者使用；通話者 C 則使用 ARFCN=515 頻道中的時槽 2，一個時框中的其他 7 個時槽則給其他通話者使用。

實際 2G 通話流程，手機會先使用圖 4-2 中 BCCH 的頻道(極短時間)再跳到 TCH 的頻道(一般通話時間)，通訊業者會將全部的 56 個頻道分成 BCCH 與 TCH 兩大部分，TCH 的頻道則採用跳頻方式(FH：Frequency Hopping)，所謂跳頻就是每一時框(Frame)頻率跳動一次，實務上跳頻可以讓干擾的影響減少，提升通話品質。因此通話者 Z 使用 TCH 跳頻區域的頻道(由基地台安排，不會與其他通話者相衝突)與時槽 1；通話者 Y 使用 TCH 跳頻區域的頻道(由基地台安排，不會與其他通話者相衝突)與時槽 8。

綜合以上，目前 2G 網路空氣通道的特色，就是 TDMA 與 FDMA 與跳頻(FH)的組合。

非跳頻區(BCCH)
跳頻區(TCH)
f(頻率)
時框(Frame)=4.615ms
時槽=0.577ms

ARFCN 編號	中心頻率 (MHz)	時槽8	時槽1	時槽2	時槽3	時槽4	時槽5	時槽6	時槽7	時槽8	時槽1	時槽2	時槽3	時槽4	時槽5	時槽6	時槽7	時槽8	時槽1
567	1816.2									Y									
566	1816		Z																W
565	1815.8																		Z
564	1815.6	Y	W																
563	1815.4										Z							Y	
562	1815.2										W								
…	…	…	…	…	…	…	…	…	…	…	…	…	…	…	…	…	…	…	…
…	…	…	…	…	…	…	…	…	…	…	…	…	…	…	…	…	…	…	…
517	1806.2																		
516	1806	E								E								E	
515	1805.8			C								C							
514	1805.6																		
513	1805.4	A	B							A	B							A	B
512	1805.2					D								D					

FDMA
TDMA
t(時間)

圖 4-2　圖 1-3 之 FDMA 與 TDMA 案例

4-3 3G-CDMA

3G 網路採用了 1 種多工擷取技術：CDMA (Code Division Multiple Access)碼分割多工擷取，請見圖 4-3。

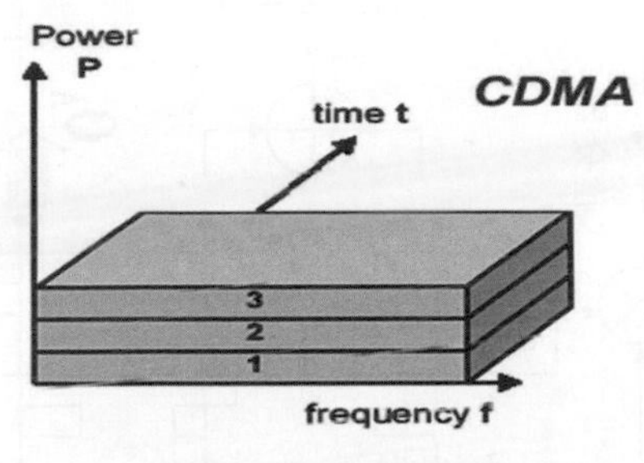

圖 4-3　CDMA

圖 4-3 中，使用者 1 與使用者 2 與使用者 3 均使用相同的頻率與相同的時間，隨者手機離基地台的遠近變化輸出功率之大小，距離越遠輸出功率愈大，反之則愈小。而區別此三位使用者的方法則是分別使用不同的[碼](正交碼，Orthogonal Code)，其原理請見圖 4-4。

圖 4-4 中，假設通話者 A 欲傳遞 10 之語音資料，通話者 B 欲傳遞 01 之語音資料，在手機(或基地台)中，分別將每一數位資料(1 或 0)分別乘上自己專屬的[碼](通話者 A 的專屬碼是 0101，通話者 B 的專屬碼是 0110)，產出 C 與 D，然後便可將 C 與 D 相加成爲 T，再經過 QPSK 調變將訊號由發射端(Transmitter)送出。

於接收端 R (Receiver)，相同的一個接收訊號經過解調後再分別乘以不同的[碼](通話者 A 的專屬碼是 0101，通話者 B 的專屬碼是 0110)，再經過積分器(Integrator)將訊號累加，我們得到 OA 爲+4 與−4，代表通話者 A 傳送之資料爲 1 與 0；另外我們得到 OB 爲−4 與+4，代表通話者 B 傳送之資料爲 0 與 1。習慣上，我們稱通話者 A 的語音資料單位爲位元(bit)，爲了易於區別，我們將[碼]的單位稱爲晶片(chip)，例如通話者 A 的專屬碼是 0101，便是 4 個晶片，我們亦稱展頻因子 SF (Spread Factor) = 4。

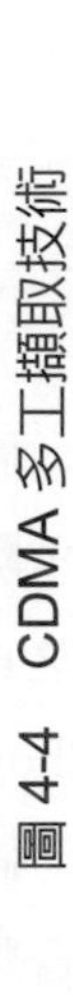

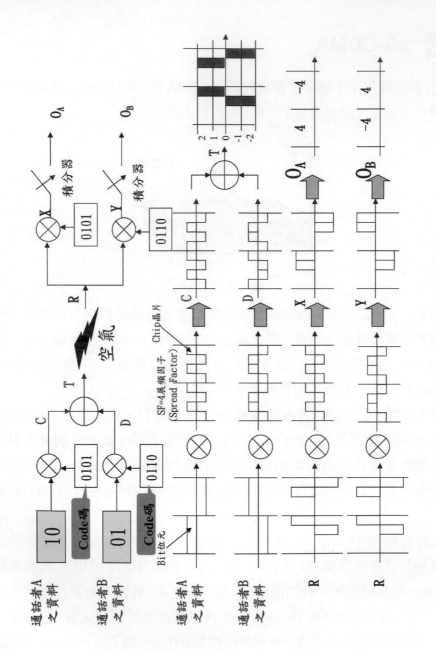

圖 4-4 CDMA 多工擷取技術

我們由圖 4-4 中亦可得知，SF 愈大，對資料的保護程度則愈大，例如圖中 SF=4，我們在接收端(R)解出+4 與－4；若 SF=8，則可在接收端(R)解出+8 與－8，後者對雜訊的抵抗力較強，不易造成誤判斷。實務上的語音通話，我們採 SF=128。

圖 4-4 中，通話者 A 與通話者 B 採用相同時間與相同頻率將訊號送出，唯一區別兩者的方法是使用不同的[碼](通話者 A 的專屬碼是 0101，通話者 B 的專屬碼是 0110)，以數學的角度，此兩個碼相互正交(orthogonal)，可解釋成：最不相關的彼此。正交碼(orthogonal codes)的產生方法請見圖 4-5。

圖 4-5 中，碼 $C_{4,0}$ 與 $C_{4,1}$ 與 $C_{4,2}$ 與 $C_{4,3}$ 與 $C_{8,0}$ 與 $C_{8,1}$ 與 $C_{8,2}$……均相互正交(orthogonal)，它們有最少的彼此相關性。依此法可衍生出很多正交碼，儼然像是一棵樹，我門稱爲[碼樹](Codc Tree)。

$$C_{2n} = \left[\begin{array}{c|c} C_n & C_n \\ \hline C_n & \overline{C_n} \end{array}\right]$$

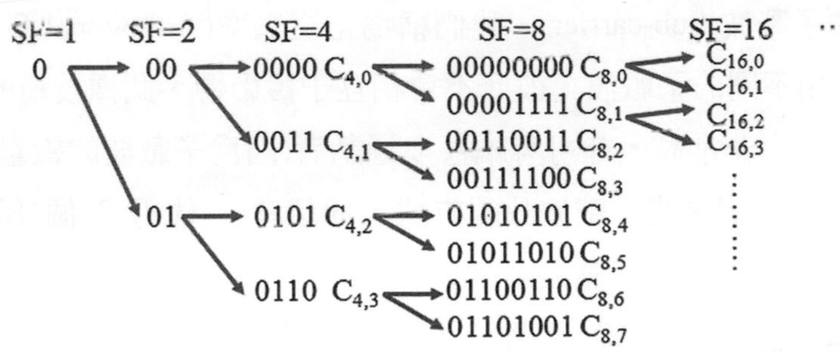

圖 4-5　正交碼產生方法

在 3G 的 CDMA2000 系統(美規)中，採用固定 SF=64，所以通話者 A 可能用碼 $C_{64,5}$，通話者 B 則可能用碼 $C_{64,9}$，彼此正交。而 WCDMA 系統(歐規)中，正交碼採用動態分配，展頻因子 SF=4，8，16，32…128，256。SF 愈大，對資料的保護愈高，但單位時間所傳送的資料量則愈低。因此若一般通話，我們採用 SF=128，若要傳送大量的數據資料(PS data)則採 SF=8，也因爲保護較少，故需要更多的輸出功率(Power)。

相對的，通話之前手機與基地台之間必須先做基本的控制訊號(Signaling)聯繫，此控制訊號的資料量不會很多，因此用SF=256即可傳遞，輸出功率最少。

圖 4-5 中，若 $C_{4,1}$ 已由某人使用，則 $C_{8,2}$ 與 $C_{8,3}$ 不得再用，反之亦同。故SF 愈小愈珍貴，但對資料的保護性也越少，須加大輸出功率。

4-4 4G-OFDMA

4G 的 LTE 採用正交頻率分割多工技術 OFDMA (Orthogonal Frequency Division Multiple Access)，請見圖 4-6 及圖 4-7。

圖 4-6 中，在頻率(Frequency domain)的横軸上，每一子載波(Sub-carrier)相隔 15kHz，某一子載波的最大值相對於其他子載波則均為 0，因此只要頻率夠精確，子載波的訊號可經由FFT (Fast Fourier Transform 快速傅利葉轉換)或IFFT (Inverse Fast Fourier Transform 反向快速傅利葉轉換)予以分離或合成，表面上看起來好像頻率相互重疊(overlap)，但經由FFT的轉換可以將資料分別解析得出。具有此特性的子載波(Sub-carrier)，我們稱為正交頻率(Orthogonal Frequency)。不同通話者使用不同的子載波，彼此不會相互干擾影響，此種技術的多工模式對頻譜的使用效率非常高，亦可容納甚多通話者(因為子載波的數量甚多)。

圖 4-7 為眞實網路的子載波分配方式，通話者 1 佔用 3 個 RB(Resource Block，1 個 RB 含有 12 個子載波，故 3 個 RB 共含 36 個子載波)並維持 1 毫秒(1ms)；通話者 2 佔用 1 個 RB(12 個子載波)並維持 2 毫秒(2ms)；通話者 5 佔用 1 個RB(12 個子載波)並維持 1 毫秒……，基地台依每人不同資料量分配不同數量的子載波及維持的時間。

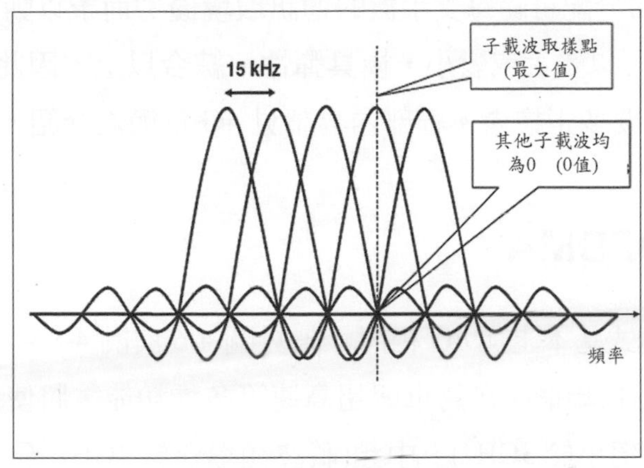

圖 4-6　4G-OFDMA

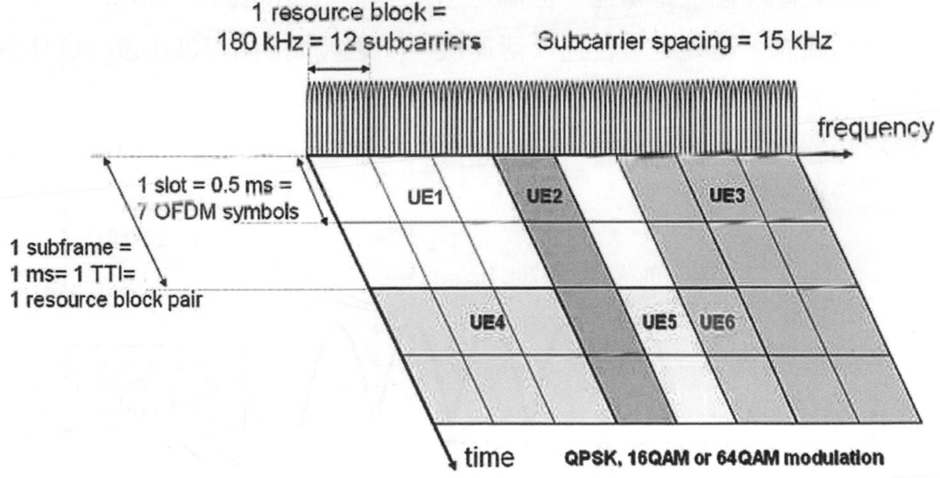

圖 4-7　基地台 OFDMA 頻率與時間之變化

由於基地台給使用者的頻段(frequency)及時間(time)分配非常有彈性，OFDMA 可讓頻率的使用效率(efficiency)大幅提升。而且每一子載波相隔僅 15kHz，頻寬甚窄(相對於 WCDMA 的 5MHz 頻寬及 GSM 的 200kHz 頻寬)，因此在時間軸上(time domain)每個 symbol 的時間相對變長(Δt ～ 1/Δf)，可減低訊號收發時相鄰訊符(symbol)的干擾程度(ISI：Inter-Symbol Interference)；且基地台對 RB

(Resource Block)的分配可隨每支手機的通訊環境優劣而予以動態調整。傳遞給手機的資料量也可以變大或變小，極具彈性。綜合以上，因此OFDMA成爲現今 4G 及 5G 的主要多工技術。細部內容請見 4G 章節之介紹。

4-5 5G-OFDMA

5G 的多工模式基本上與 4G 相同，請見圖 4-6 與圖 4-8。

5G 爲了因應物聯網、自駕車與超高速等多種功能，將使用頻段分爲三範圍：低頻(載波頻率小於 3GHz)、中頻(載波頻率介於 3GHz 至 6GHz 之間)、高頻(載波頻率大於 24GHz，又稱爲毫米波 mmWave)。

在低頻範圍，涵蓋距離遠，但傳速稍慢，子載波間距爲 15kHz。

在中頻範圍，涵蓋距離普通，傳速快，子載波間距爲 30kHz或 60kHz。其中，30kHz 是台灣 5G 網路最常用的設定。

在高頻範圍，涵蓋距離短，但傳速最快，子載波間距爲 120kHz。

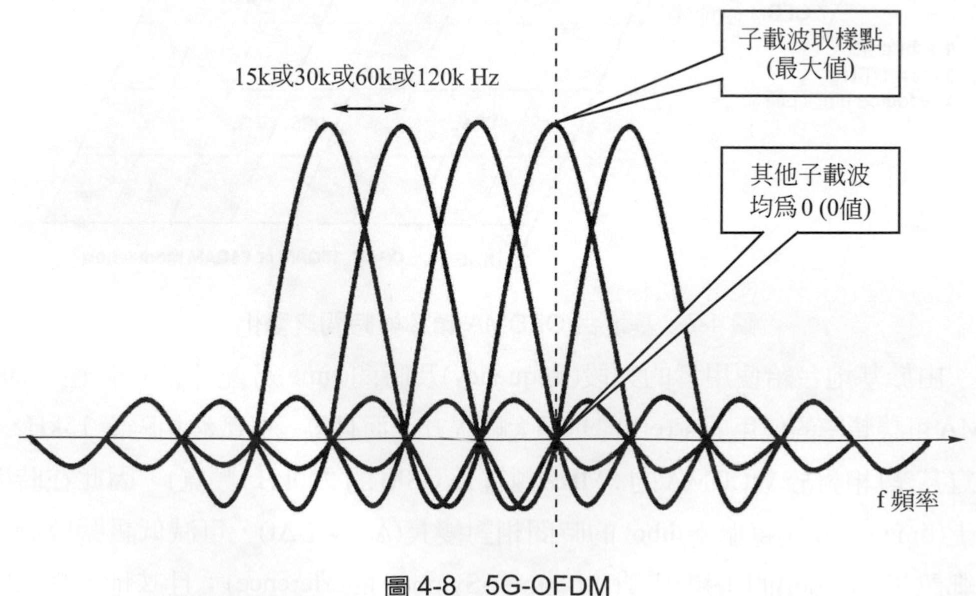

圖 4-8 5G-OFDM

4-6 2G/3G/4G/5G 多工技術比較

2G 的 TDMA/FDMA 與 3G 的 CDMA 與 4G/5G 的 OFDMA 其差異性可用圖 4-9 來做說明。

3G_CDMA 系統(WCDMA 與 CDMA2000)其運作模式可比喻成：在一個小房間中，有兩位英國人、兩位韓國人與兩位日本人，本國人之間彼此交談，[整個房間的音量]是對大家的干擾雜音。干擾小，兩位英國人小聲對話便可溝通；干擾大，兩位英國人必須加大音量才能溝通；若整個房間干擾雜音太大，大家均無法溝通。英國人(只懂英文，不懂日文韓文)在對話時，旁邊日本人的聲音只是干擾的一部分，不會造成解讀英文的困擾。日本人(只懂日文，不懂英文韓文)在對話時，英文與韓文的聲音也只是雜音的一部分，不會造成解讀日文的困擾。大家在同一房間內同時相互對話。

2G 則是不同房間(頻率)，不同時間(分時)的相互對話；英 1 與英 2 在通話時，英 3 與英 4 則暫時不通訊息；當英 3 與英 4 在通話時，英 1 與英 2 則暫時不通訊息。日本人則在另一個房間(頻率)，日 1 與日 2 在通話時，日 3 與日 4 則暫時不通訊息；當日 3 與日 4 在通話時，日 1 與日 2 則暫時不通訊息。

4G/5G 則類似集合式大樓，多層房間，通話的兩人在同一個房間(子載波)單純通話，其他人則在另外的房間(其他子載波)通話，房間彼此的雜音不會相互干擾，由於房間數量(子載波數量)眾多，因此可容納甚多的通話者，或是一組通話者佔用多個樓層，增大通訊量。這也是 4G/5G 優於 2G/3G 的特色之一。

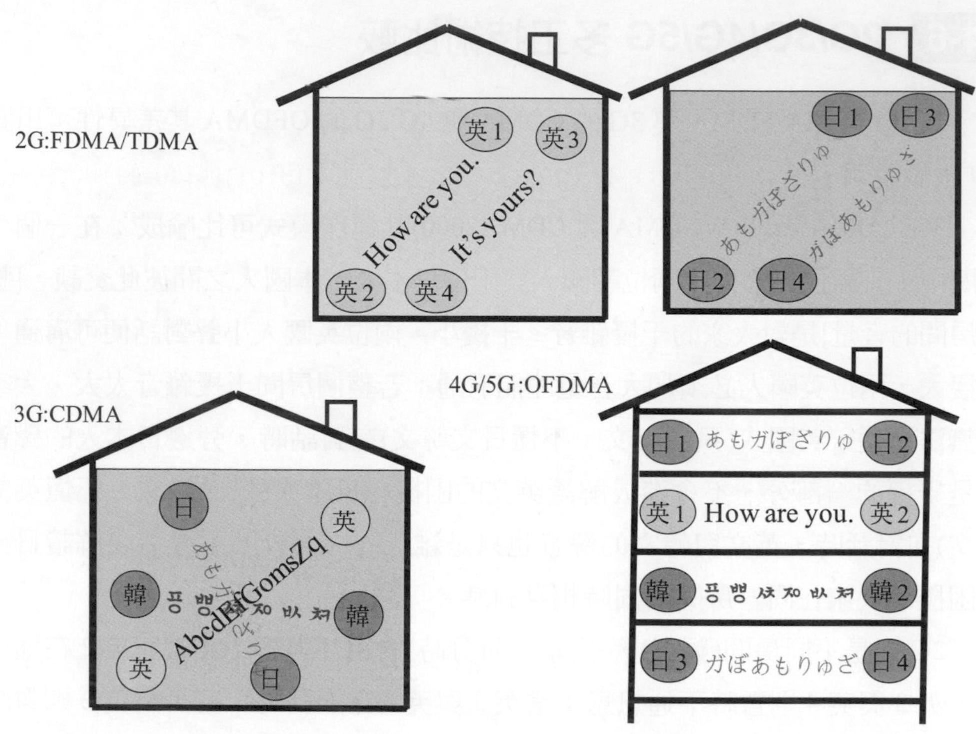

圖 4-9　TDMA/FDMA 與 CDMA 與 OFDMA 之差異

習題

1. 2G 手機通話時運用了跳頻技術(Frequency Hopping)，有何優點？
2. 如圖 4-5 所示，請問[0011]與[0110]有相互正交嗎？[0101]與[00111100]有相互正交嗎？
3. 4G OFDMA 相鄰子載波(Sub-carriers)相隔多少頻寬(kHz)？
4. 3G 的一般通話，使用展頻因子 SF=？
5. GSM 的每個時框(frame)包含幾個時槽(slot)？
6. LTE 的 OFDMA 架構下，每一個 RB(Resource Block)頻寬爲 180kHz，其中包含了幾個子載波(sub-carrier)？
7. 5G 的毫米波(mmWave)訊號，其子載波間距爲何？

CHAPTER 5

網路設計注意事項

5-1 簡介

實務上的網路設計，包含基地台的選擇及天線方位角或傾斜角的決定等，基本原理非常簡單不需要繁瑣的推演，而且適用於 2G 或 3G 或 4G 的運用，其中天線傾斜角的設計我們已於第二章說明，本章將做其他實務設計的介紹。

5-2 方位角量測工具-指南針注意事項

指南針(亦可稱指北針)是一種簡易且被廣泛使用的量測工具，被大量運用在通訊工程或是土木建設之中，請見圖 5-1 所示。

指南針原理是利用地球磁場的方向，進而指出地形北或地形南之方向，由於地球上各地區的地磁偏移程度均不相同，因此各地區的指南針需要針對當地的偏移度稍作調整。

實務上，指南針的使用非常簡單，但受周圍金屬物質影響非常大，金屬物質會影響地磁的均勻分布使指南針產生偏移。故指南針不可在鋼筋水泥的室內使用，也不可放在頂樓地板或女兒牆上，不可靠近眼鏡或手錶，周圍 3 公尺以內盡量不要有金屬。

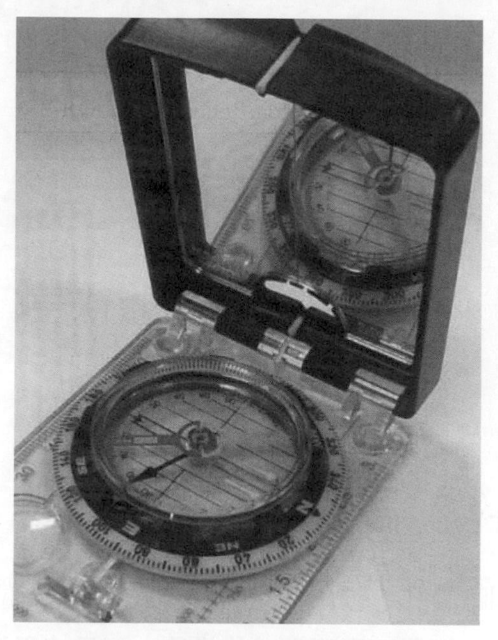

圖 5-1　指南針(指北針)實體照

若我們於天線位置要決定其方位角(Azimuth)，首先必須先確定指南針的指北(或指南)方向是否正確，確認法可見圖 5-2。

圖 5-2 中，首先我們在天線附近(A 點)判斷指北方向，依其延長線(虛線)尋找遠方的一個目標物(建築物或大樹或明顯之目標)，此目標物則是愈遠愈好；接著，我們往旁邊移動 1～2 公尺(B 點)，再次判斷指北方向，依其延長線(虛線)再次尋找遠方目標物，如果此目標物與 A 點所尋找之目標物相同，我們可確定：A 點與 B 點附近地磁分布均勻，因此指北方向應為正確。

如果A點的指北目標物與B點的指北目標物相差甚遠，我們則確定：A點與B點附近地磁分布不均勻，因此指北方向不是正確，由此基礎決定的方位角(Azimuth)也會產生錯誤。此時指南針的可靠度已降低(因周圍金屬之影響)，我們若要確定眞正的角度，則必須借助電子地圖工具(業者最常用 MapInfo)及周圍道路建物的相對關係來做最正確的判斷。

實務上，指北偏移的現象時常發生，誤差 20 度是常有的事，若我們要做精確的方位角規劃，則要盡量避免此現象的發生。另一方面，我們由第二章中得知天線的水平主能量涵蓋大約在 65 度之內，因此我們容忍的誤差範圍，盡量限制在正負 15 度之內最好。

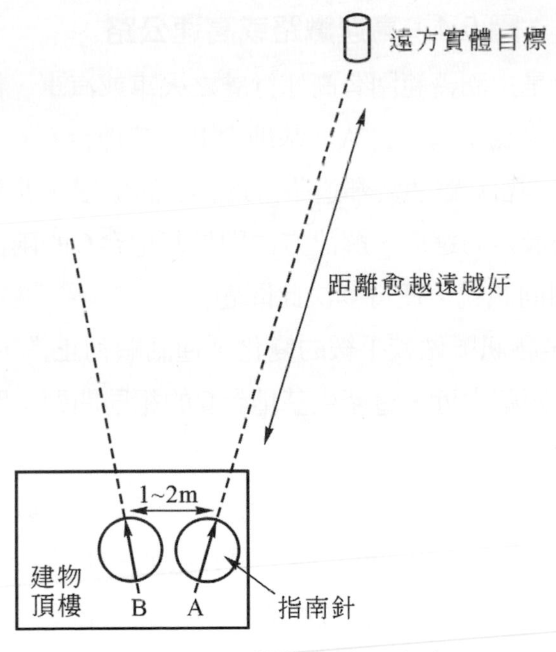

圖 5-2　指北針之確認方法

5-3 基地台選址

基地台選址(Site Hunting)是網路規劃實體化的第一步驟，對通話品質及訊號涵蓋影響甚鉅，我們將基本的注意事項整理如圖 5-3 所示。只要選定之基地台位置，中近距離不要有太大建築物阻隔、高度適中(高度太低會造成涵蓋不良，高度太高則造成涵蓋太遠，易產生干擾)，且離主鬧區愈近愈好，依此原則便是不錯的基地台。

基地台選址除了圖 5-3 基本的注意事項外，某些特殊地形需要有特別的考慮項目，我們分別敘述如下：

[特殊地形 1]　圖 5-4：高速鐵路或高速公路

此地形之特色是主涵蓋範圍有高速行駛之火車或汽車，假設有 3 個基地台可以選擇，優劣排序爲：基地台 A > 基地台 B > 基地台 C。

圖中可看到基地台C雖然緊鄰道路旁邊，但訊號變化非常大，實務應用上時常造成斷訊，是最差的選擇，解決方法則是基地台C的兩個方向的天線，選擇同細胞(cell)的相同訊號，便可解決此問題。

基地台 A 則是讓訊號做較平緩的變化，通話順利正常，不過基地台 A 距離道路必須適中，距離太近，會產生基地台C的相同問題；距離太遠，則訊號偏弱，失去了涵蓋道路的意義。

基地台 B 則有較大的都卜勒效應(Doppler Effect，類似救護車朝向你時，聲音尖銳，頻率變高；救護車離開你時，聲音低沉，頻率變低)，頻率易偏移，訊號稍不穩。另外，基地台B的方位所發射的訊號，必須穿透較多的車體或障礙物，所以效果劣於基地台 A。

涵蓋不良區資訊來源
- 顧客時常抱怨區域。
- 路測後之訊號涵蓋分析。
- 管控中心統計資料：中斷率分析。
- 親身路訪經驗。

都會地區選址
- 樓高7F~13F最佳，過高過低均避免。
- 站點間距約400~800公尺。
- 相鄰站點之高度不要相差太多。
- 近距離之阻隔物不可太多。

郊區/空曠區選址
- 樓高6F以上，避免過低。
- 若有住抗疑慮，可先行環境美化。

圖 5-3　基地台選址注意事項

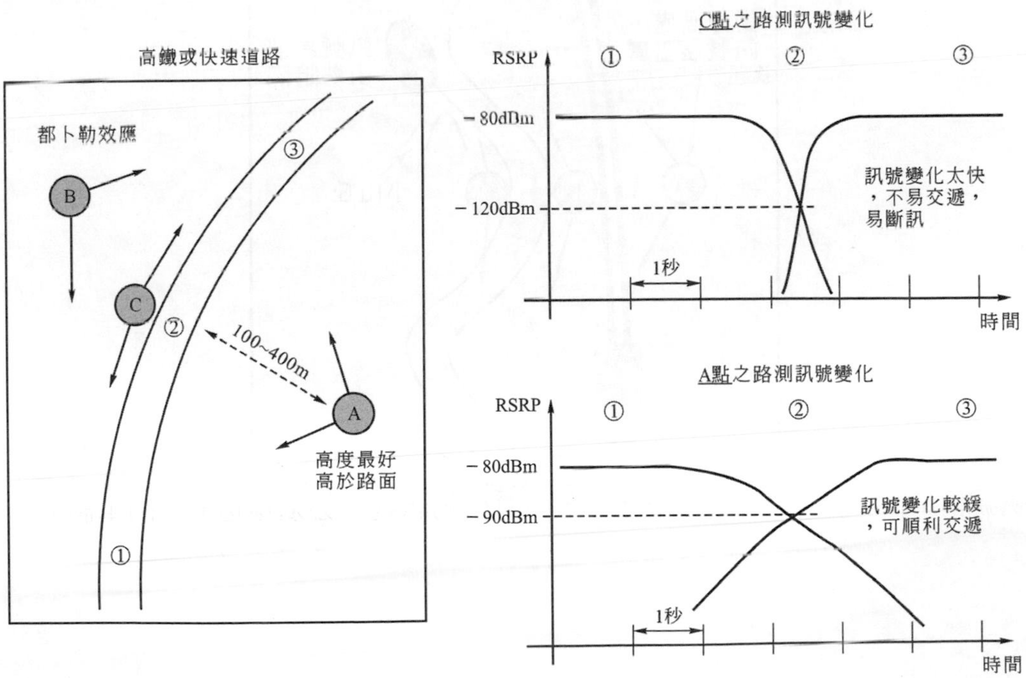

圖 5-4　特殊地形 1

[特殊地形 2] 圖 5-5：山谷道路地形

此地形之特色是涵蓋範圍為山谷中的道路，山坡的住戶極少；假設有 3 個基地台可以選擇，優劣排序為：基地台 A > 基地台 B > 基地台 C。

圖中可看到基地台C雖然緊鄰道路旁邊，最易尋址，但訊號極易被山勢阻擋，只要小小的山丘便會造成灰色區域的訊號阻隔，引起斷訊，若要沿線道路均暢通，則基地台的數量需要非常多，浪費經費；基地台A則是至河谷對岸的山坡上尋找站台，困難度較高，但由山上往河谷涵蓋，範圍甚廣而且沒有死角，一個基地台 A 其效果可能比數個基地台 C 來的更佳；基地台 B 涵蓋效果則介於基地台 A 與基地台 C 之間。

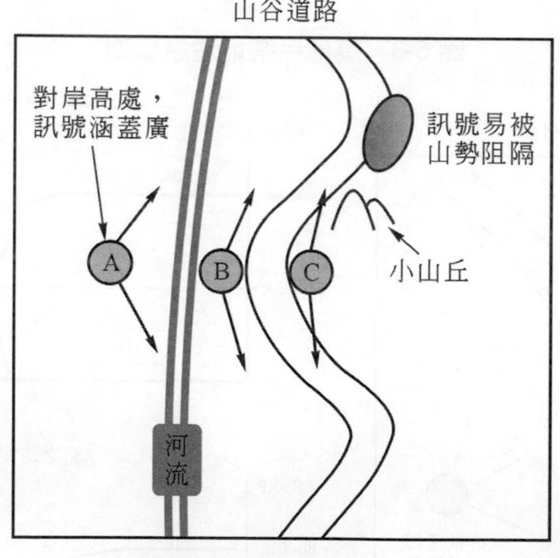

圖 5-5　特殊地形 2

[特殊地形 3]　圖 5-6：都會區地形

假設於都會區已有一13樓高的基地台P；若有3個基地台可以選擇，優劣排序爲：基地台A > 基地台B > 基地台C。

除非有特殊阻隔，否則基地台之間的距離不要太近，太近易有干擾也會造成資源的浪費，太遠則造成涵蓋偏弱；一般都會區約400～800公尺最爲合理，而郊區的基地台距離可以拉大。因此基地台A爲最佳選擇；基地台B距離太近，還好因高度(12樓)與既有基地台P(13樓)類似，可以將天線方位角調開，減少彼此干擾之影響；基地台C(6樓)與既有基地台P高度相差甚多，不但涵蓋不好，也會被基地台P干擾，灰色區域可能收到基地台P的訊號比基地台C來的更強，這是不合理的現象，因此基地台C要盡量避免。

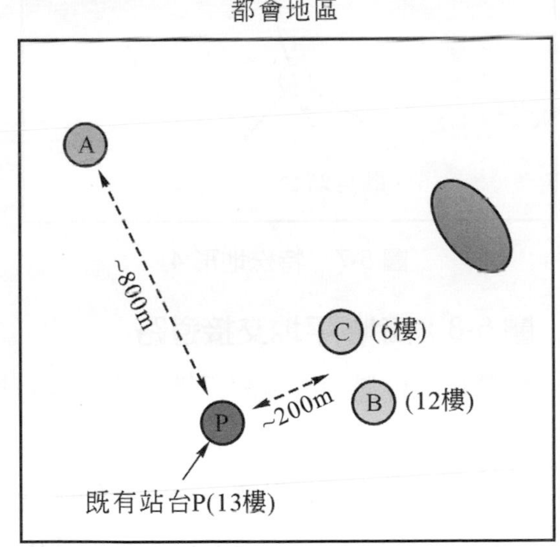

圖 5-6　特殊地形 3

[特殊地形 4]　圖 5-7：都會區地形

若新站台與既有站台的中間剛好有數棟高的建物阻擋，這是最好的安排。彼此的訊號被這些高的建物阻隔，相互干擾更爲減少，因此在預定的涵蓋範圍內，訊號會相對乾淨漂亮！

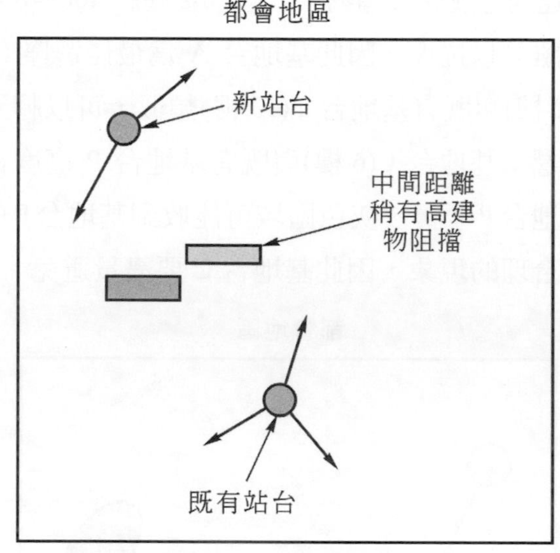

圖 5-7　特殊地形 4

[特殊地形 5]　圖 5-8：高地/平地交接道路

於眞實網路中，我們時常會遇到高地與平地交接道路的基地台選址；若有 2 個基地台可以選擇，優劣排序爲：基地台 A > 基地台 B。

無線(wireless)的網路中最怕干擾的影響，而天線的涵蓋波形並非如第二章所敘述的如此完美，因此若我們選擇基地台B，由高地往山下的都會區涵蓋，則高地的電波很可能會對都會區廣大的區域(可能是數十個基地台)造成非常嚴重的干擾，因此我們寧可選擇涵蓋稍小的基地台 A，由下往上發射。

除了基地台的選擇外，我們亦需注意天線的射向，盡量避免天線由山上往山下發射。若客觀因素必須如此，我們則須對天線的下壓傾斜角做最仔細的調整(如第二章所敘述)，務必讓訊號不要干擾到山下的廣大區域。

高地/平地交接道路

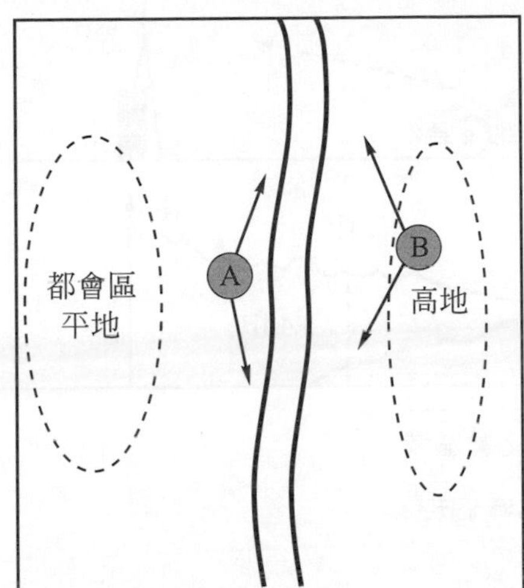

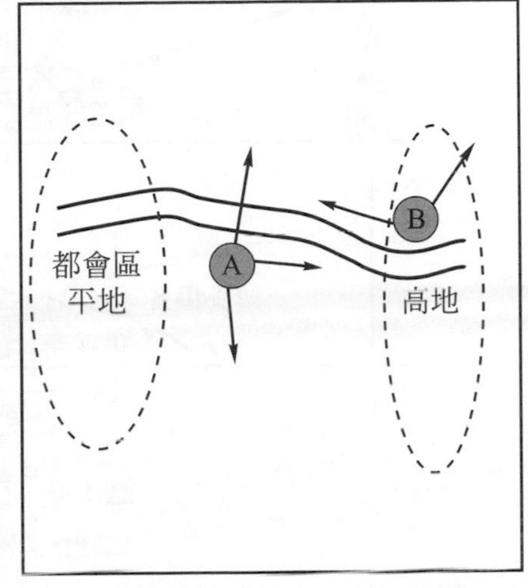

圖 5-8　特殊地形 5

5-4 交遞過程

人類使用手機通話，不能容忍因為移動離開基地台僅數公里遠，訊號變弱，最後造成通話斷訊的現象，那該如何決呢？於是大哥大系統提出了解決方案，它利用類似接力賽跑的方式，隨著手機的移動，訊號變弱時，將通話權由原先訊號較弱的基地台轉到另一個訊號較強的基地台，如此延續下去，使用者即使在行動中也可以永續的通話了。這個過稱為交遞(Hand-over 或 Hand-off)。以使用者的角度，手機隨時與訊號最強(一般也最近)的基地台聯擊，好像基地台隨時在你身邊，所以大哥大系統又可稱為行動基地台系統，請見圖 5-9。

開車者，由左往右開，因為離基地台 A 愈來愈遠，因此收訊功率 P_A愈來愈小；相反的，因為離基地台 B 愈來愈近，因此收訊功率 P_B愈來愈大；在 K 點，P_A幾乎與 P_B相當，此時系統不會做任何動作，必須一直到 H 點，P_B大於 P_A某一設定值(一般約 4dB)後，系統才會將通話的主控權由基地台 A 轉到基地台 B，這過程我們稱為交遞(Hand-over)。

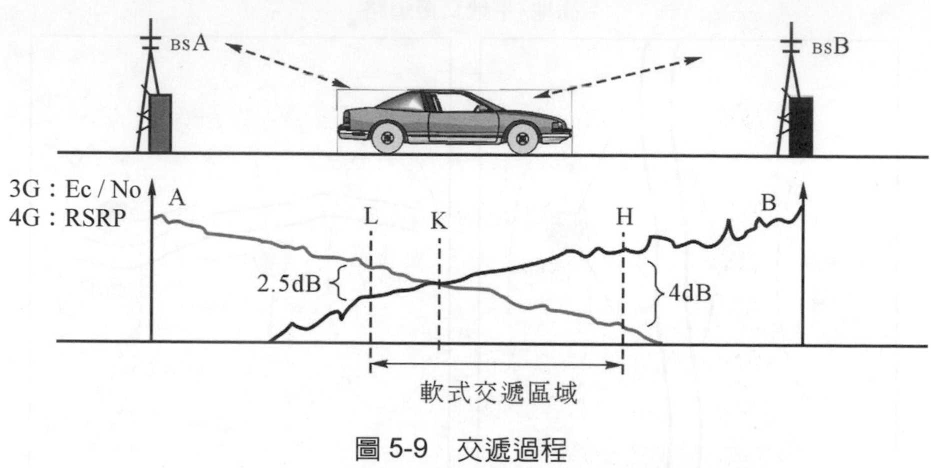

圖 5-9 交遞過程

因此開車者一直享用最強的基地台訊號，而不會斷訊。

或許讀者會疑問，爲何不在K點做交遞的動作？從圖 5-9 得知，由於雷氏衰減(見圖 2-4)的影響，一般訊號都會稍微漂動，若是在 K 點便做交遞的動作(A→B)，下一瞬間可能 P_A又稍強於 P_B，於是又要交遞回來(B→A)，如此重複不停，我們稱爲乒乓型交遞(Ping-pong Handover)，這會造成系統的沉重負擔，通話品質亦變差。所以在 H 點，P_B比 P_A大 2～4dB 時才是交遞的好時機。此時，手機會切斷與基地台 A 的連繫關係，下一瞬間馬上與基地台 B 繼續連繫(A與B分屬於不同的基地台細胞)，此種交遞方式我們稱爲硬式交遞(Hard Handover)。2G 的 GSM/DCS、4G_LTE 與 5G_NR 便是屬於此種交遞方式。

因爲 4G/5G 使用 OFDM 機制(及 2G 使用 FDMA 機制)，交遞時會做頻率(frequency)的轉換。但使用 CDMA 的系統(IS-95 或 WCDMA 或 CDMA2000)，交遞時手機接收頻率不變，只是做數碼(code)的轉變，因此手機可同時與多個(一般爲 3 個)基地台連通(手機接收一個共同的訊號，用 3 個不同的數碼組合解碼，便可同時得到 3 個基地台的訊息)，逐漸地做交遞的動作(4G/2G 則是一瞬間)，此種交遞方式我們稱為軟式交遞(Soft Handover)。圖 5-9 中，從 L 點開始手機便[同時]與基地台 A 和基地台 B 互通，直到 H 點訊號 B 確實優於訊號 A 之後才正式切斷與 A 的連繫，在 L 與 H 之間我們稱軟式交遞區域。

軟式交遞與硬式交遞相比較，軟式交遞有更平順、更不容易斷話的優點；但缺點則是佔用較多系統的資源(因為手機最多可同時連通 3 個基地台，凡連通的基地台便必須保留通訊的資源)。

我們可歸納成：硬式交遞屬於**先斷後接**(break before connect)的架構，頻率或時槽會改變；軟式交遞則屬於**先接後斷**(connect before break)的架構，頻率不會變。

2G/3G網路，每個基地台有 3 個方向的天線，每支天線涵蓋的範圍稱為微細胞(Cell or Sector)，我們必須讓系統知道每個微細胞可能交遞的對象，一般多以鄰近的微細胞為對象，經過如此整理而條列出來的資料，我們稱為鄰居列(Neighbor List)，此資料儲存於RNC(區域資料匯集中心)的電腦內，做為交遞時的控制訊息。請見圖 5-10，我們以微細胞 G_c (Cell G_c)為考慮對象：

在此區域可能交遞的對象我們可分為第一層鄰居列與第二層鄰居列。第一層鄰居列是指 G_c 周圍絕對必須的微細胞，包含 G_a、G_b、E_b、D_a、D_b、K_a。第二層鄰居列是指如果訊號飄得太遠(此現象時常發生)或第一層鄰居列臨時當機(down)所額外增加的微細胞，例如 H_c、D_c 是為了訊號可能飄太遠所增列的；B_b、E_c、K_c 列則是為了其它微細胞可能當機所增列的。

鄰居列(neighbor list)是一個必須仔細考慮的資料，如果不小心疏忽，可能造成因無法交遞而引發嚴重斷話率(Drop Call Rate)，例如上圖中，如果 G_c 忘了加入 D_a 為其鄰居列，當話中的車子由 X 點駛往 Y 點時，已經離 D_a 很近了，但仍不會交遞，持續使用 G_c 微弱訊號，最後引發斷訊。不過鄰居列太多亦會造成手機偵測訊號(Measurement Report)的精準度降低，以 GSM 為例，鄰居列以不超過 20 個為佳，3G 的 WCDMA 鄰細胞則不超過 25 個為佳。

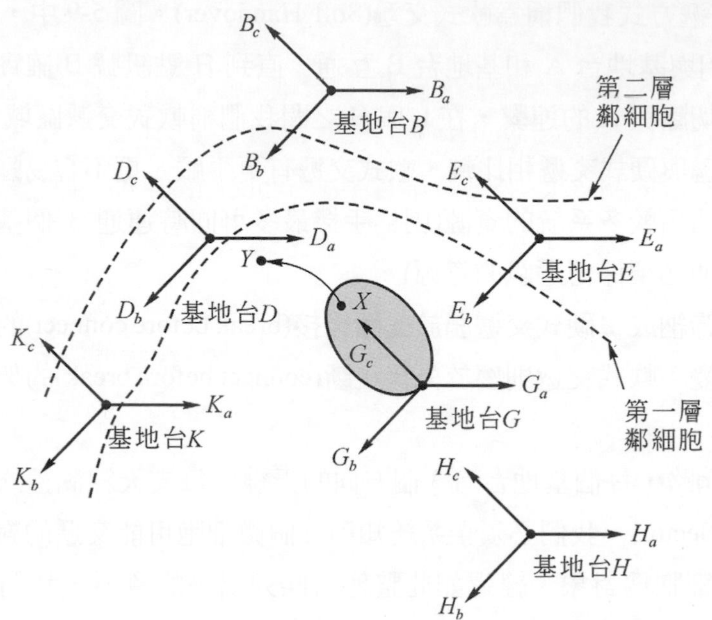

圖 5-10 鄰細胞規劃

4G/5G的交遞方式亦屬硬式交遞，手機僅能跟最強的一個細胞連通，不過在交遞之前，手機會自動量測其他鄰細胞的細部訊息，並回傳給原始已連通的細胞(serving cell)做爲交遞的依據，所以網路不再需要人工建立鄰細胞(Neighbor List)便可網路自動執行交遞的動作，此功能稱爲ANR(Automatic Neighbor Relation 自動鄰細胞連結)，運用此優點可以讓 4G/5G 網路規劃時更爲簡易快速。

5-5 特殊現象

由天線發射出來的訊號，經由建築物的反射繞射等效果，以及天線本身並非完美波形的影響，所以眞正的涵蓋範圍及訊號品質需要經過道路量測(Drive Test)及網路監控(Network Monitoring)等方式，才能反應出通話者的眞實感受。

而實務上，有些特殊現象是一般解析無法推測出來的，我們就幾個常見的案例分別敘述如下：

[特殊現象 1]　圖 5-11

我們一般若依圖 5-10 來建立鄰細胞(Neighbor List)，可能會忽略背面的鄰細胞，但我們於實務上很多都會區的案例可發現，由於都會區有很多大樓阻隔，天線的訊號可能不如預期般涵蓋完美；如圖 5-11 所示，很可能在都會的某些小區域，由於天線的正面波或側面波均被嚴重的阻擋，反而手機收到的最強訊號是某天線的背面波(因為背面波剛好沒被建物阻隔)，因此我們在建立某細胞的鄰細胞時，最好將此細胞天線正後方，且距離較近之鄰細胞包含在內。如此之作法可避免因欠缺鄰細胞，而在天線的背面造成斷訊(Drop Call)。

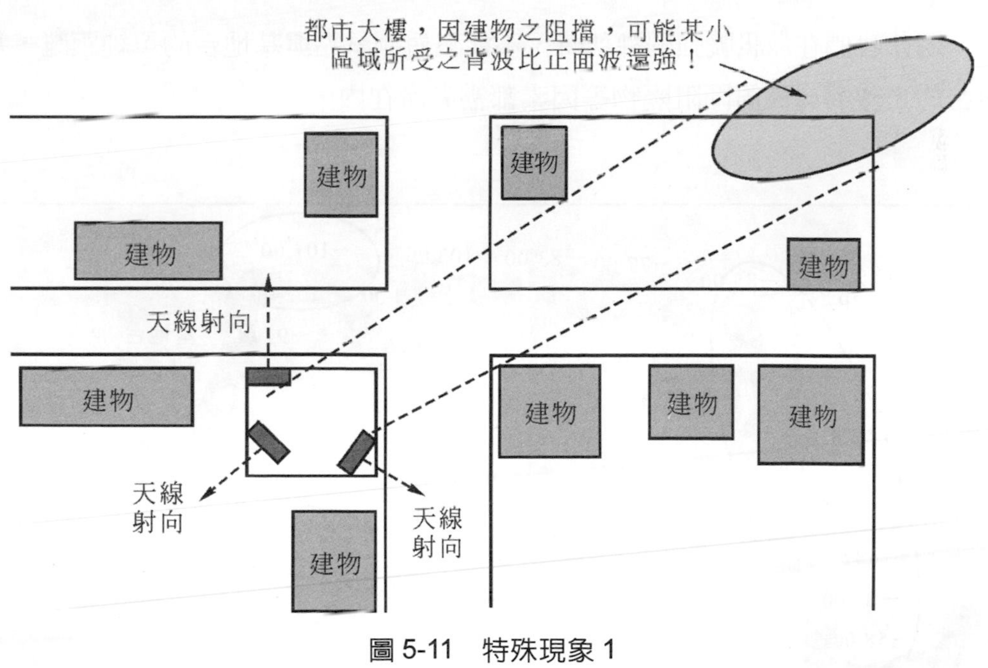

圖 5-11　特殊現象 1

[特殊現象 2]　圖 5-12

我們在做道路的訊號量測時，有時會遇到特殊的量測結果，如圖 5-12 所示，在距離基地台 1300 公尺的附近，3G 訊號強度 RSCP 約爲−80dBm；但在近距離的 130 公尺附近，3G 訊號強度 RSCP 卻更低，僅有−100dBm，這是什麼原因呢？

其實道理很簡單，此基地台位於山間道路，距離基地台 1300 公尺的路測區域，雖然距離基地台頗遠，但可以直接看到基地台的天線(我們亦可稱爲視線可及 LOS：Light of Sight)；另一方面，距離基地台僅有 130 公尺的路測區域，雖然離基地台很近，但訊號被山勢阻隔，山勢阻隔訊號的程度比一般都會區建築物阻隔的程度嚴重許多，因此手機接收訊號變的非常弱；這是山區常見的現象。

因此我們在做訊號強弱評估時，不能只看測試點與基地台的單純距離，基地台的天線射向與周圍阻隔物等因素都需考慮在內。

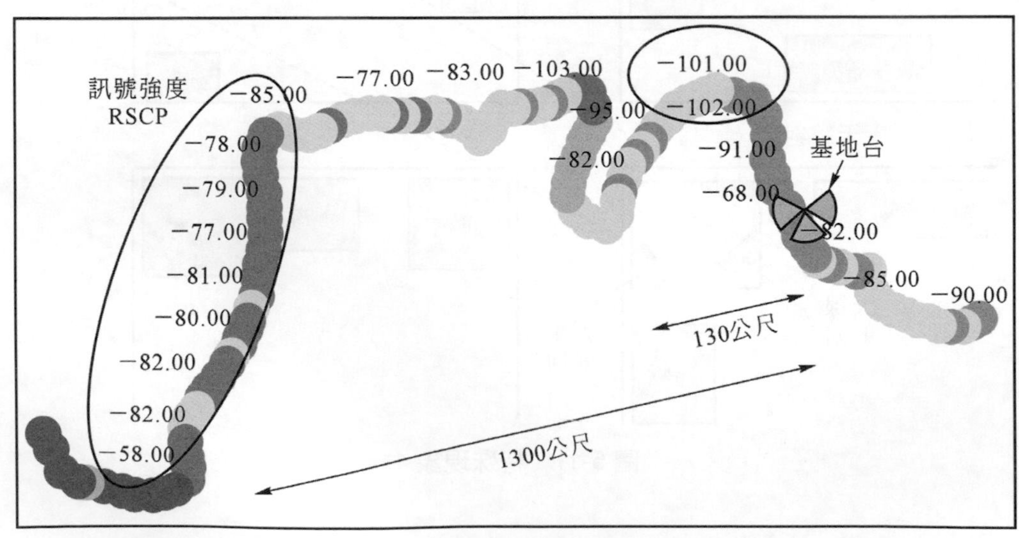

圖 5-12　特殊現象 2

[特殊現象 3]　圖 5-13

都會區於開車時進行通話，時常會有轉進小巷時通話便中斷了，這是什麼原因呢？

其道理可見圖 5-13，於大路通話時，手機是使用天線A的訊號，但轉入小巷時，天線 A 的訊號被大樓遮蔽，衰減非常快速，此時天線 B 的訊號又太快爬升，造成訊號變化太快，不易交遞，最後在位置 3 附近斷話(call drop)，斷話原因與圖 5-4 有類似之處。此種現象在大樓林立的都會區最容易產生，解決辦法是大哥大業者利用參數的調整，讓天線 A 與天線 B 能較快的進行交遞；或通話者在開車轉彎時稍微減速，便能順利地將通話權由天線 A 交遞(handover)給天線 B。

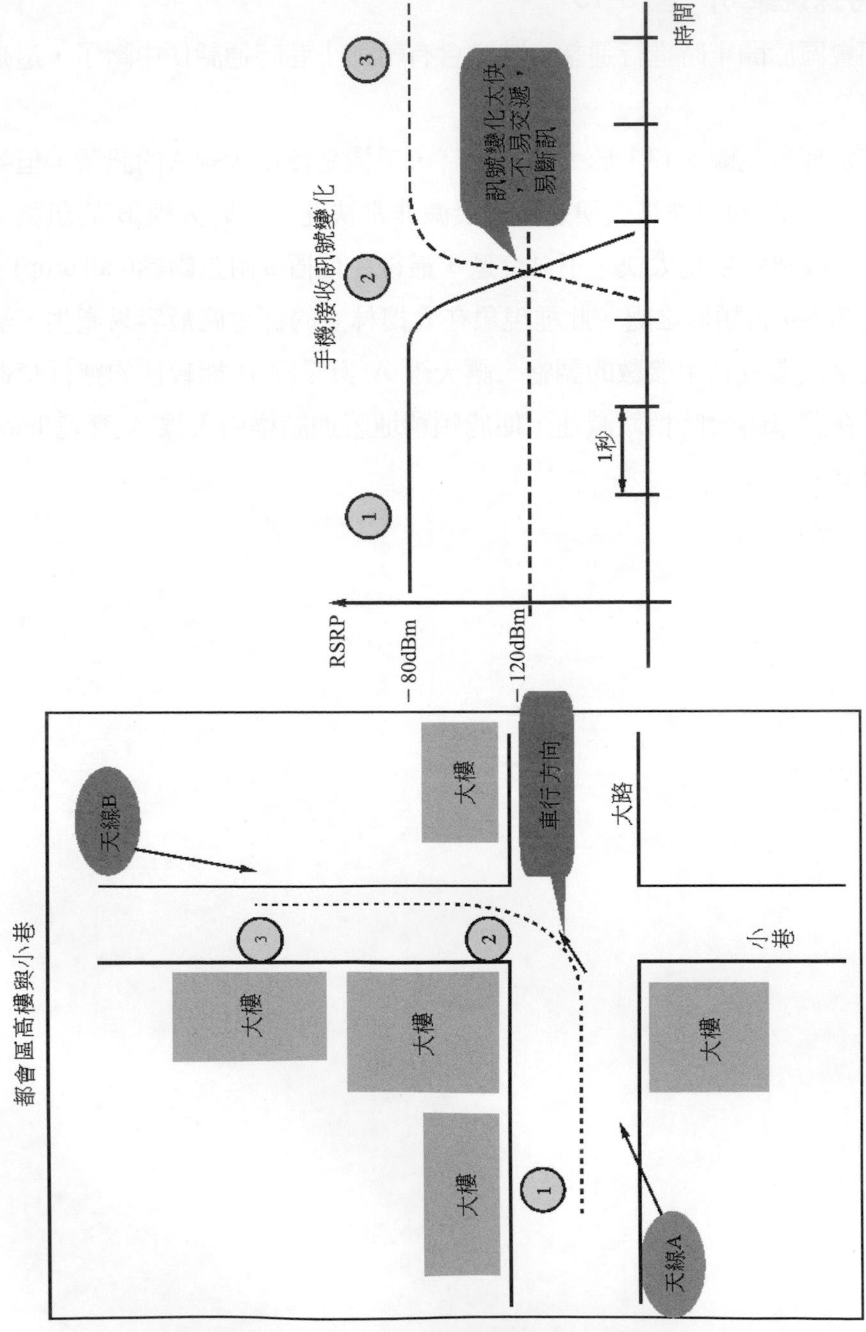
都會區高樓與小巷
天線B
天線A
大樓
大樓
大樓
大樓
大樓
車行方向
大路
小巷
1
2
3
手機接收訊號變化
RSRP
－80dBm
－120dBm
訊號變化太快，不易交遞，易斷訊
1秒
時間

圖 5-13　特殊現象 3

習題

1. 若高速公路某 500 公尺路段訊號頗弱，爲了增強訊號，我們直接在道路旁邊建設一個基地台，有何優缺點？
2. 山坡有一條道路，我們爲了要增加訊號涵蓋，直接在對山山頭建設一個基地台涵蓋此區域，這樣的設計好嗎？爲什麼？
3. 某基地台剛完工，我們做道路測試，於距離基地台 300 公尺處量得的訊號強度爲－75dBm，在距離基地台 500 公尺處量得的訊號強度會大於或小於－75dBm？爲什麼？
4. 4G/5G 的交遞方式是屬於硬式交遞或軟式交遞？
5. 請問乒乓型交遞(ping-pong handover)是如何發生？
6. 使用指北針時需注意的重點爲何？
7. 4G/5G 的何種功能，可以不再需要建立鄰細胞便可進行交遞？

CHAPTER 6

數位通訊訊號處理

6-1 簡介

通訊系統的演進，從 2G、3G 以至於現今 4G/5G，雖然有很多新技術的發明與運用，但對於某些基本的訊號處理方式卻是大致相同。本章將介紹這些訊號處理的中心精神，希望藉由這些介紹，大家可以了解眞正的數位通訊中必須經過哪些處理過程，而更細部的差異，將在接下來的章節中做分別的細述。

6-2 數位通訊的基本架構

讀者常用的大哥大手機，內部結構爲何？如圖 6-1 是一般市售手機拆除外殼後的眞實結構圖。

我們若是以手機內部元件(elements)的功能性(function)來分析，可得圖 6-2。

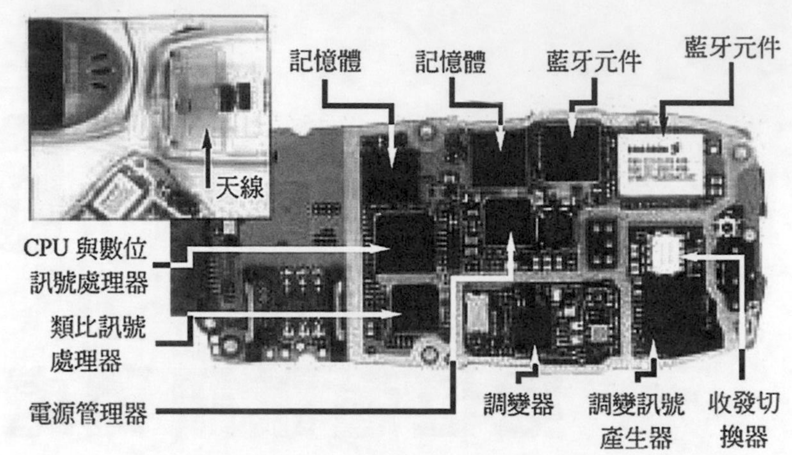

圖 6-1　手機結構圖

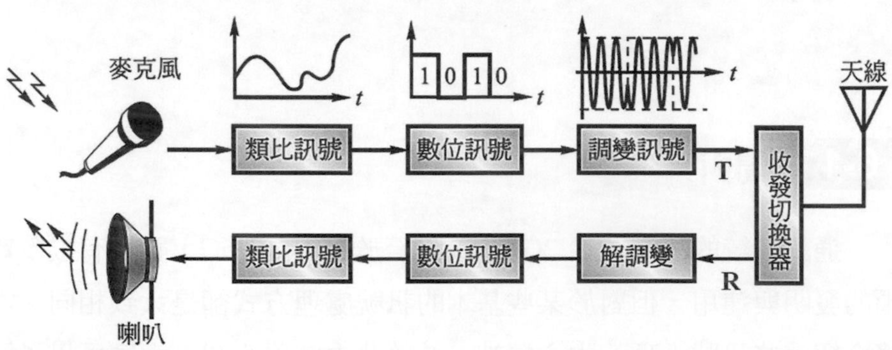

圖 6-2　手機訊號架構圖

我們對手機的麥克風講話，麥克風先將我們的聲波轉換成類比訊號(Analog Signal，訊號與時間的關係是連續性的變化)，然後經過 A/D 轉換器(Analog to Digital Converter 類比至數位轉換器)將訊號轉變成數位訊號(Digital Signal，訊號與時間的關係只有 0 或 1 的變化)，自此之後數位訊號會經過非常多的處理過程，包含編碼(Coding)、交錯置(Interleaving)、加密(Ciphering)等，對數位訊號做最大的保護動作；等一切完成，準備將訊號送到天線之前，再將數位訊號轉變成調變訊號(或稱射頻訊號 RF Signal：Radio Frequency Singnal)， RF 訊號就可以接到天線，將訊號經發射端(Transmitter)往空氣射出。

而接收端(Receiver)則是相反動作，將從基地台接收的 RF 訊號解調變(Demodulation)爲數位訊號，經過相反的解密、解交錯置 、解編碼等動作將訊號還原，再經過 D/A 轉換器(Digital to Analog Converter 數位至類比轉換器)將訊號轉變成類比訊號，經過喇叭播放，便是我們收聽到的聲音。

習慣上，數位訊號(Digital Signal)我們亦稱爲基帶訊號(Base band Signal)，數位系統中會對數位訊號做最多的處理流程。

圖 6-3 是基地台內部的功能架構，除了少了麥克風和喇叭和類比訊號以及多了傳輸介面(Transmission Interface)外 ，其他功能與手機類似，只是基地台需要處理的資料量比單一手機龐大，因此基地台內部元件的大小與計算處理能力要比手機強大許多。

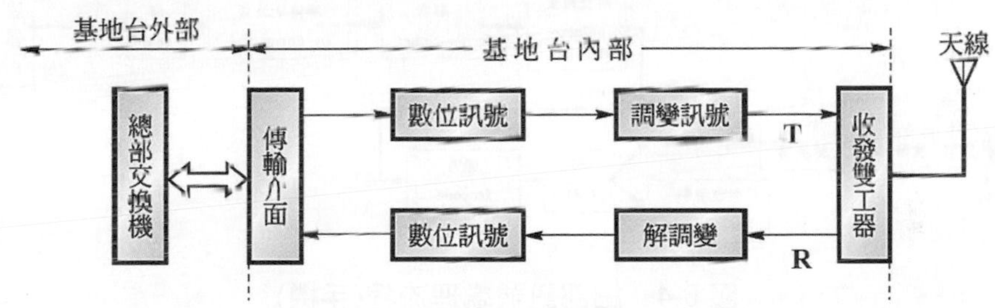

圖 6-3　基地台訊號架構圖

6-3　訊號處理流程

我們若將圖 6-2 予以更細部的解析，可得圖 6-4。圖中的固定流程其訊號處理大略適用於 2G/3G/4G/5G 等手機，或許各系統間有些許的不同與改進，但基本精神卻是一致的，因此只要了解圖 6-4 中固定流程的功能與意義，手機的基本運用理論已經可以了解六七成了；而多變流程則隨不同系統有較大的變化，其細部差異將在接下來的章節中分別敘述。

圖 6-4 中的封包資料(packet)是純粹的數位資料，不須經過語音資料的數位化處理，所以直接經過 CRC、編碼、交錯置與加密等步驟即可。

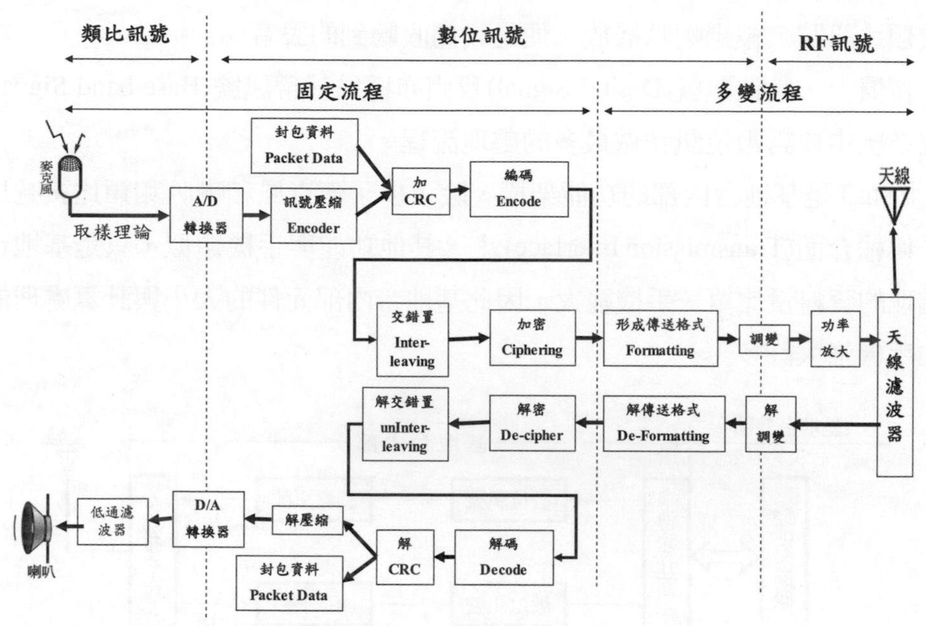

圖 6-4　細部訊號處理流程(手機)

6-4 取樣理論與 A/D 轉換

圖 6-4 中，我們將以麥克風之後的訊號處理流程分別作敘述。

人類耳朵的聽覺能力是大約 20Hz～20kHz 的聲音均可以聽到，頻率越低則聲音越低沉，有時候甚至是身體也可以感受到低頻的震動；頻率越高則聲音越尖銳，對於高於 20kHz 的聲音(亦可稱為超音波)則無法感應。

人類說話的聲音頻率則大約介於 300Hz～3400Hz(= 3.4kHz)之間，因此在通訊的領域主要是能記錄這段頻率的資料並加以傳送，如圖 6-5。而通訊理論中有一個重要論述---[取樣理論](Sampling Theorem)內容如下：如果要讓聲音紀錄(record)不要變形(Distortion)，則取樣速率(Sampling Rate)必須大於此聲音頻譜的兩倍(細部證明，請見其他通訊理論相關文件)。圖 6-5 的 B 約小於 4000Hz，因此我們若要完整紀錄此段訊號，則取樣頻率必須大於 4000 × 2 = 8000Hz，也就是將聲音訊號每秒取樣 8000 次。而目前的通訊架構，無論新舊幾乎都以每秒 8000 次(= 8kHz)做為處理語音資料(voice)的基本速率。

類比訊號至數位訊號的轉換(A/D)，經實際測試，科學家發現對於每次的聲音取樣(Sampling)若以 13 位元(13bits/sample)，可以得到完整且適當的紀錄；位元數太少，易造成聲音失真；位元數太多，則造成傳送資源的浪費。

結合上述，因此目前手機系統的[初步]數位訊號資料量為： [8000samples/sec]x[13bits/sample] = 104000bits/sec = 104kbps (bps： bits per sec 每秒位元量)

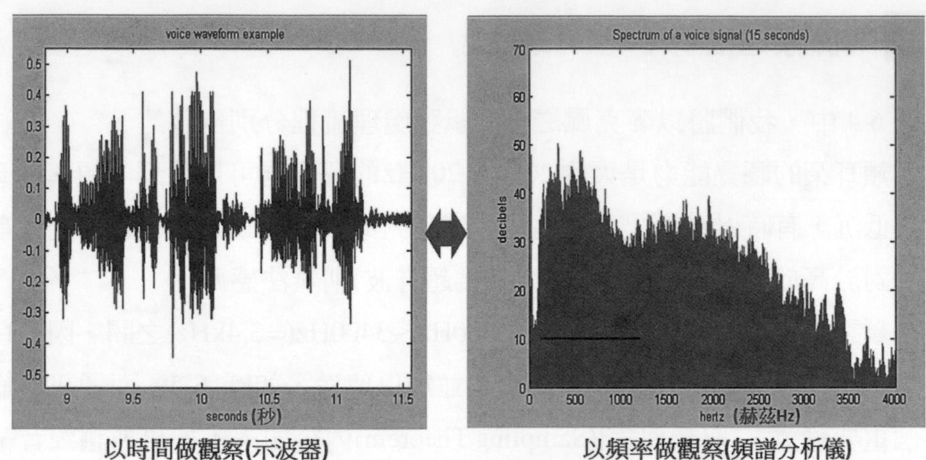

圖 6-5 人類說話之紀錄與頻譜

6-5 聲音訊號壓縮

語音學者發現，若將人類的聲音加以分析，每 10ms～30ms(＝0.01 秒～0.03 秒)的時間間隔中，聲音的變化幾乎可以視爲類似穩定(quasi-stationary)的狀態，請見圖 6-6。

圖 6-6 中我們發現，在 20ms 的時間範圍內聲音的變化幾乎是直線而非曲線，因此在記錄資料時，我們只要記錄此段時間的起末點數值及一些簡單的參數便等於記錄了整段 20ms 的聲音資料。依此原理，我們可以大幅減低數位訊號的資料量，也就是做了壓縮訊號(Compression)的動作。在通訊設備中執行此數位訊號壓縮的元件，我們稱爲：語音編碼器(Voice Encoder 或 Vocoder)。

圖 6-7 顯示目前 2G～4G 語音編碼器的輸入與輸出資料量。無論最後壓縮之資料量爲何，大家均是以 20ms(＝0.02 秒)作爲基本的時間單位。(細部語音壓縮技術，可參考其他相關文件)。

語音編碼器將聲音取樣後的原始數位訊號做了非常大幅的壓縮，例如 2G 的GSM由104kbps壓縮成13kbps，大約只有原來資料量的12.5%；CDMA2000 由104kbps壓縮成8.6kbps，大約只有原來資料量的8.3%；WCDMA及LTE由 104kbps壓縮成12.2kbps，大約只有原來資料量的11.7%。若是更大幅度壓縮成 7.4kbps，大約只有原來資料量的 7.1%，但此時聲音的失真較多，除非系統有特殊容量(Capacity)的考慮，否則一般 3G/4G 均以 12.2kbps 爲壓縮後的標準，我們亦可說：3G/4G壓縮後的純語音資料(voice)，爲每20ms包含244bits的資料量。

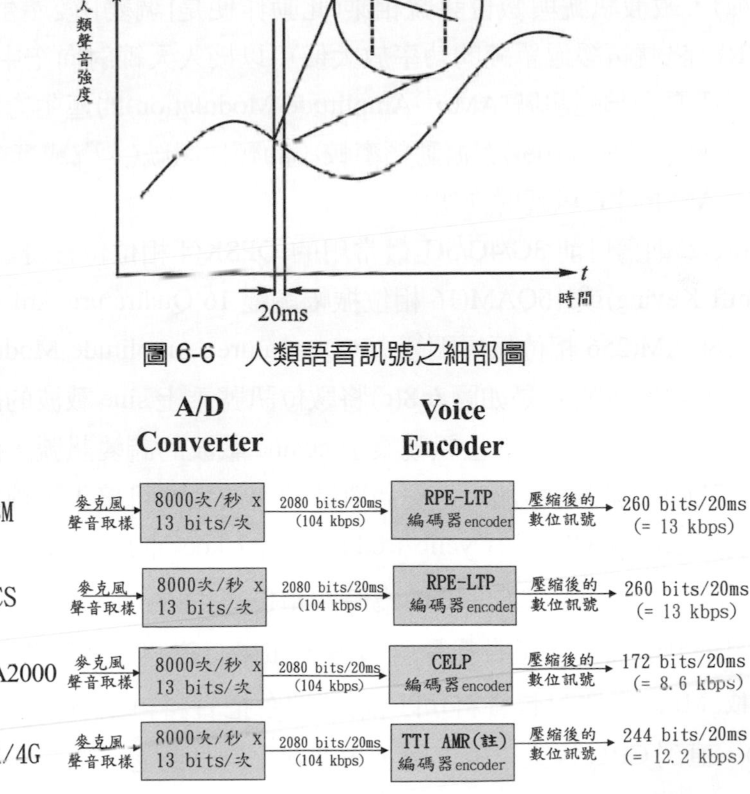

圖 6-6 人類語音訊號之細部圖

圖 6-7 2G/3G/4G 語音編碼器

6-6 循環冗碼(CRC)與訊號加乘特性

由圖 6-4 中，數位訊號經過語音編碼器(Voice Encoder)的大幅壓縮後，我們開始要對數位資料做[保護]的動作，在此之前，我們先介紹類比或數位訊號相加(亦稱互斥或)或相乘的特性，請見圖 6-8。

圖 6-8(a)與圖 6-8(b)爲數位訊號在做保護時卷積編碼(Convolution coding)或加密(Encrypt)的基本特性；圖 6-8(c)則爲某些通訊系統產生 ASK(Amplitude Shift Keying 振幅位移鍵調變)的調變訊號(或稱射頻訊號 RF Signal)的過程，其中載波訊號(Carrier)是單純的 sine 波或 cosine 波(振動頻率非常快，亦可視爲類比訊號的一種)，載波訊號與數位訊號相乘(此動作便是[調變])後產生調變訊號(RF 訊號)，RF 訊號再經過單純的功率放大便可以接入天線射向空中；圖 6-8(d)則爲早期廣播電台調幅訊號(AM， Amplitude Modulation)的產生方法，將振動頻率甚快的載波訊號(Carrier)與振動頻率較小的類比訊號(人聲或音樂訊號)相乘，便可產生 AM 的 RF 訊號射向空中。

圖 6-8(e)則爲目前 3G/4G/5G 最常用的 QPSK(4 相位位移鍵調變 Quatrature Phase Shift Keying)或 16QAM(16 相位振幅調變 16 Quatrature Amplitude Modulation)或 256QAM(256 相位振幅調變 256Quatrature Amplitude Modulation)的調變方式；其中類比訊號 A 是如圖 6-8(c)將數位訊號乘上 sine 載波的調變訊號，類比訊號 B 是如圖 6-8(c)將數位訊號乘上 cosine 載波的調變訊號，最後再將此兩個調變訊號(類比訊號)相加，再經過單純功率放大便可接入天線射入空氣中。

循環冗碼檢查(CRC： Cyclic Redundancy Ckeck)的基本精神，是在某既有固定長度的數位資料(一般以 20ms 爲時間單位)後面再加入少數位元(CRC 碼)，可讓我們辨識前面的數位資料是否有誤，如果有錯誤，在某些情況下(例如在網路下載 MP3 音樂封包資料)可以請基地台把資料再重新傳送一次(Re-transmission)，直到 CRC 檢查正確之後，再傳送下一個封包。

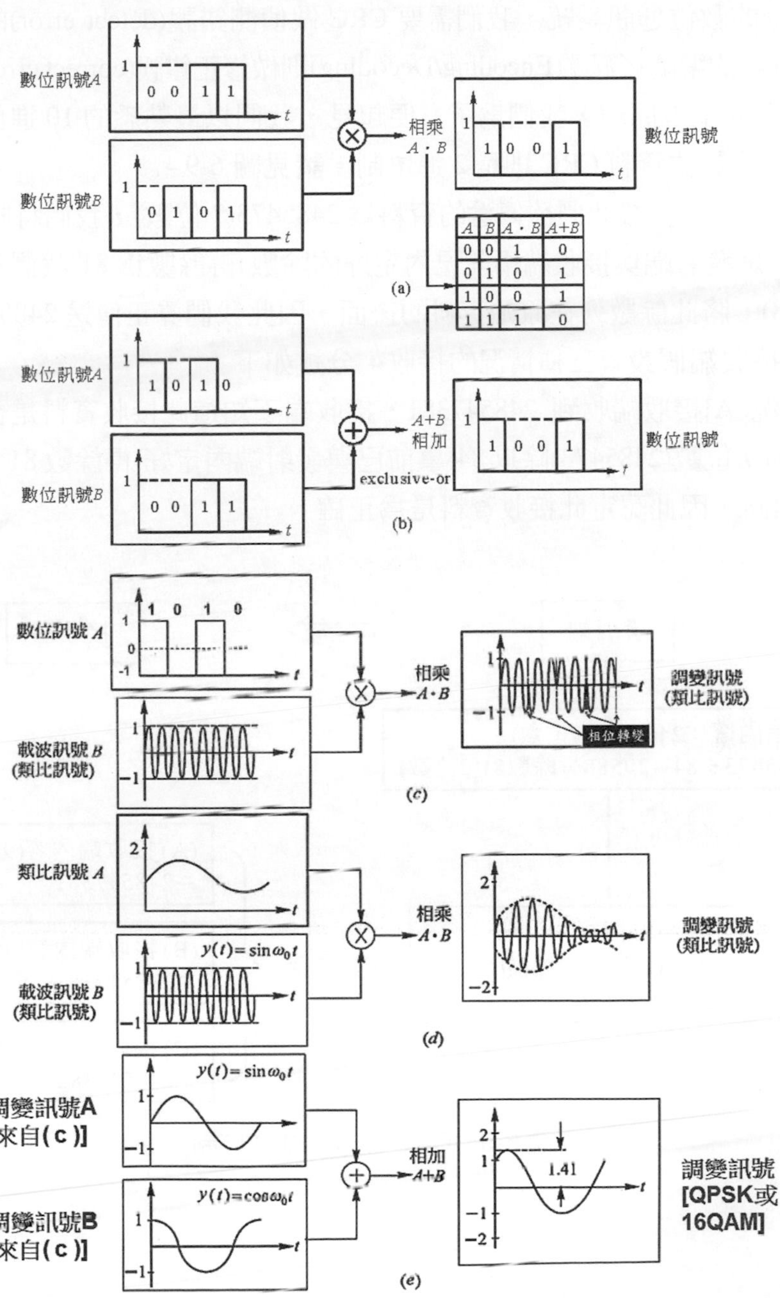

圖 6-8　類比/數位訊號加乘特性

現今的數位通訊系統，我們需要 CRC 做偵測錯誤(detect error)的功能；而下一節介紹的編碼／解碼(Encoding/Decoding)則做修正錯誤(correct error)的功能。

CRC 的基本原理，我們爲了方便起見，我們以最熟悉的 10 進位數值做介紹，眞正的數位資料 CRC 則是 2 進位制。請見圖 6-9。

圖 6-9 中，假設我們欲傳送的資料爲 2485473(7 位數)，我們將此數除以 84 (其中 84 是發射端與接收端事前已內定好的除數)得餘數爲 81(我們不在乎商數爲 29588)，將此餘數列在原始資料的後面，因此我們眞正傳送 248547381 (9 位數)。於接收端假設有三種情況的接收，分述如下：

[狀況 A]接收端收到 248547381，接收端不知道此接收資料是否爲正確，因此取前 7 位數(2485473)除以 84(事前已與發射端內定好)得餘數 81，與末兩位數(81)相同，因此認定此接收資料是爲正確。

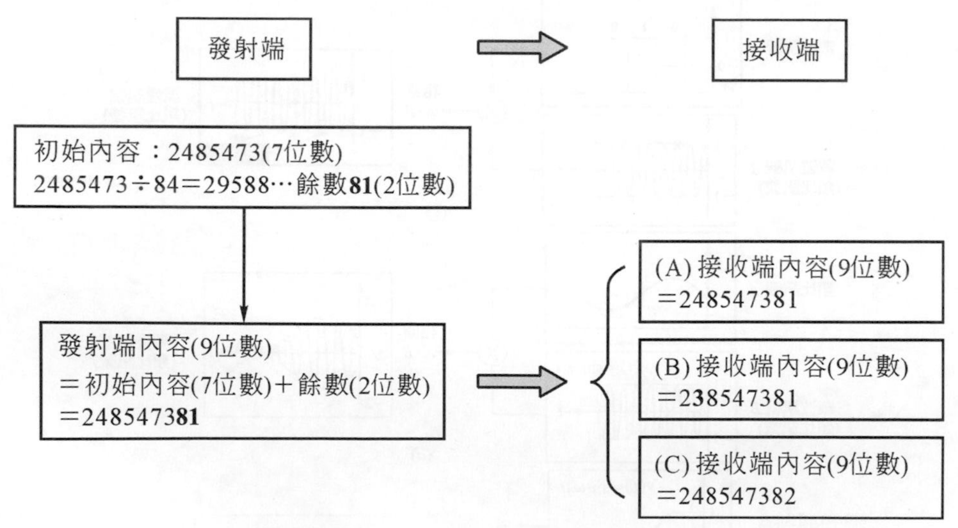

圖 6-9　CRC 原理_10 進位制

[狀況B]接收端收到238547381，接收端不知道此接收資料是否為正確，因此取前7位數(2385473)除以84(事前已與發射端內定好)得餘數41，與末兩位數(81)不同，因此認定此接收資料是為錯誤。至於是哪個數字錯誤，接收端的CRC則不知道，CRC有誤之後，接收端要求發射端重新傳送。

[狀況C]接收端收到248547382，接收端不知道此接收資料是否為正確，因此取前7位數(2485473)除以84(事前已與發射端內定好)得餘數81，與末兩位數(82)不同，因此認定此接收資料是為錯誤。至於是哪個數字錯誤，接收端的CRC則不知道，CRC有誤之後，接收端要求發射端重新傳送。

由以上的例子，我們可以用小小的除數(84)與餘數便能檢查出傳送資料是否有誤，這便是CRC的主要精神。讀者可能會問：除數為什麼要選84，而不是37或93？而且餘數為81的被除數有很多個？沒錯，理論上沒有一個完美的除數(此例為84)，此數的選擇是一種[藝術]，CRC也不是百分之百可偵測出錯誤，只是我們若慎選一個好的除數(跟空氣中傳送特性有關)，則CRC的偵測失敗率(Error Detection Failure Rate)幾乎可以趨近於極小！

實務上，WCDMA與CDMA2000的CRC的線路如圖6-10所示。WCDMA是每20ms含244位元(=12.2kbps)加上16位元的CRC；CDMA2000將語音編碼器的輸出(每20ms 含172位元)逐一輸入線路中，此時Gate1與Gate2同時開啓，輸出切至A，經過172位元後(類似圖6-9的前7位數)，Gate1關閉，輸出切至B，將最後的12位元讀出(類似圖6-9的後2位數)，因此形成172+12=184位元的資料，也就是初始資料的後面加入12位元的CRC；圖中每個小正方形代表一個位元暫存器的延遲(Delay Register)。

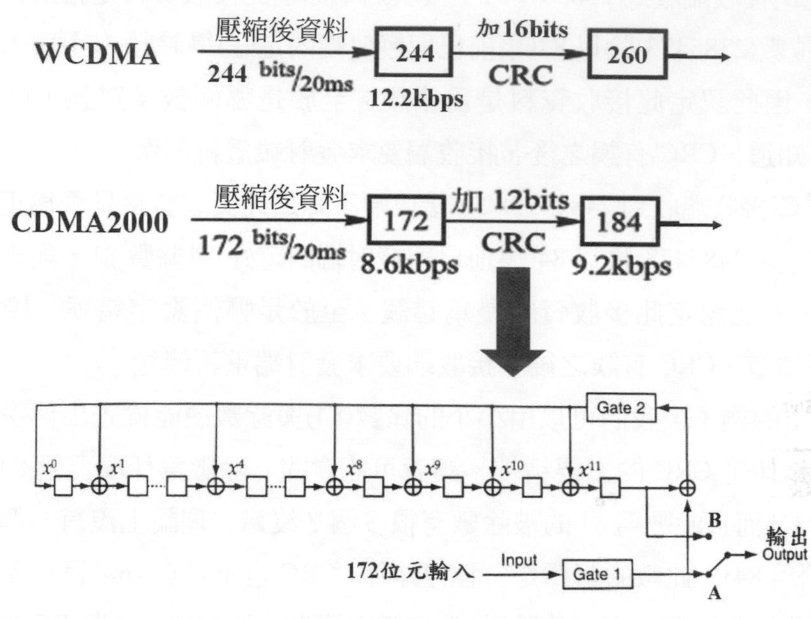

圖 6-10　WCDAM 與 CDMA2000 之 CRC

CDMA2000 加了 CRC 的結果在進入卷積編碼前，會再加入 8 位元的尾碼(Tail，均為 0)，其功用僅是有利於卷積編碼的產生。

6-7 卷積編碼(Convolution Coding)

加了CRC的數位資料，接著便進入重要的編碼(Encode)過程，此過程亦可稱為頻道編碼(Channel Coding)，其目的是對數位資料做最大的保護(protection)措施。經過此過程的數位資料在接收端(Receiver)的解碼器(Decoder，請參考圖 6-4)可做非常強大的修正還原(Correcting)，將空氣中產生的雜訊錯誤修正為正確的資料，一般預估相當於訊號有 13～17db 的增益(Gain)。

圖 6-11 為 2G 的 GSM 與 DCS 系統實際卷積編碼的流程與線路圖。圖中 Ia 是最重要的數位資料，因此經過兩次不同的卷積編碼；Ib的重要性次之，因此

經過一次卷積編碼；II的數位資料最不重要，因此不經過卷積編碼；最後將此三部份的資料全部合併，形成每 20ms 含 456 位元的資料量(=22.8kbps)。

圖 6-12a 爲 3G 的 CDMA2000 系統實際卷積編碼的流程與線路圖。加過CRC的數位資料分別經過 3 次不同的卷積編碼，最後將此三部份的資料全部合併，形成每 20ms 含 576 位元的資料量(=28.8kbps)。由於資料量由編碼前的 184 位元增加爲編碼後的 576 位元，約爲原來的 3 倍，所以我們習慣稱爲 1/3 率卷積編碼(1/3 rate convolution coding)，簡單的說，就是原始 1 位元的資料，編碼

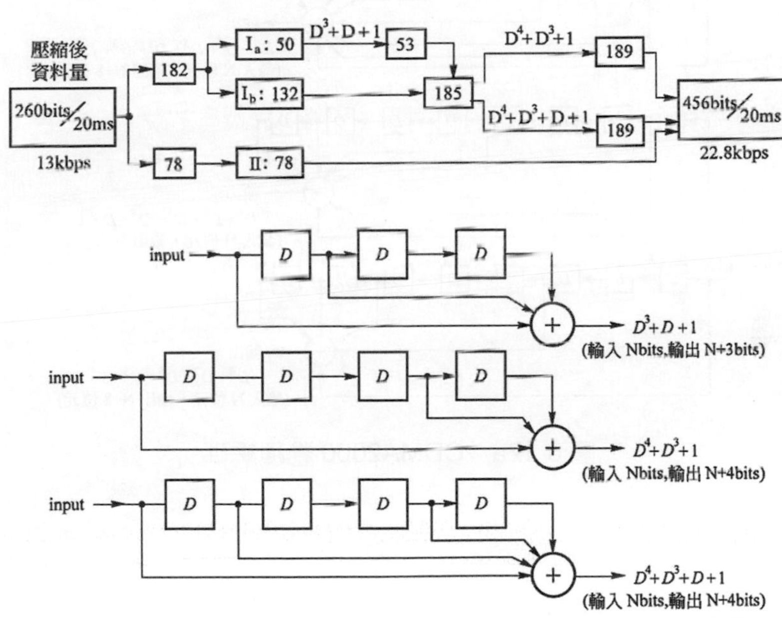

圖 6-11　2G GSM 卷積編碼

後大約變成 3 位元的輸出。圖 6-12b 爲 3G_WCDMA 的卷積編碼線路圖。我們也可推知，〔1/3 率卷積編碼〕會比〔1/2 率卷積編碼〕對資料的保護來的更好。

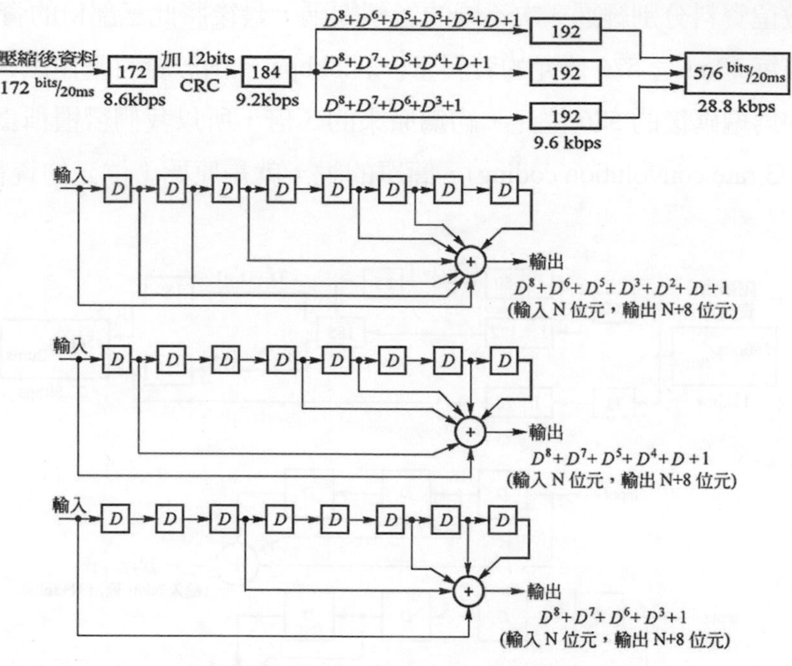

圖 6-12a　CDMA2000 卷積編碼

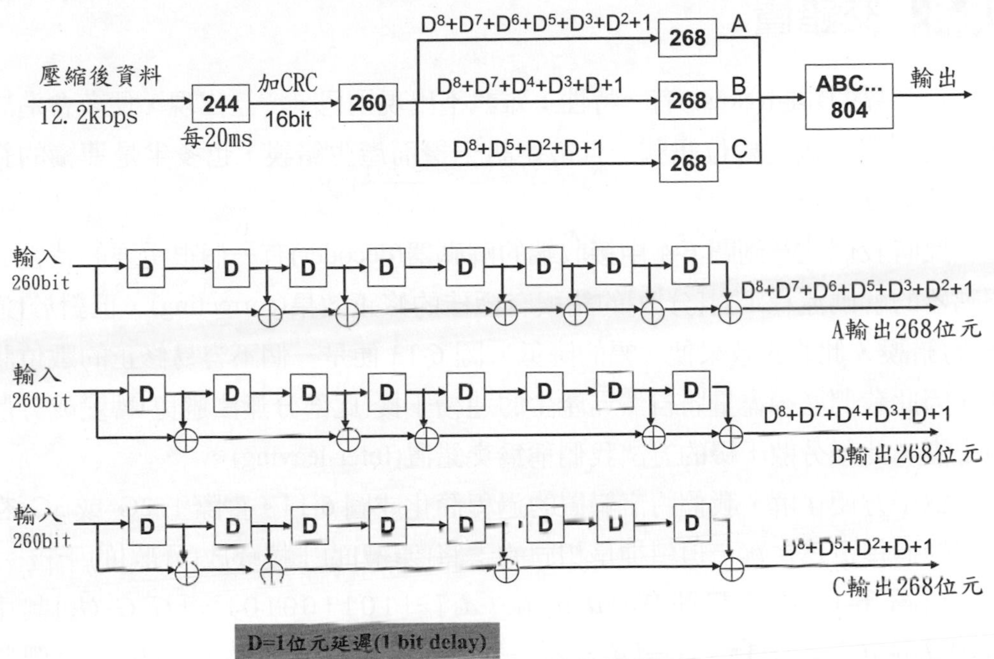

圖 6-12b　WCDMA 卷積編碼

此外，WCDMA/LTE的某些頻道更常採用 1/3 率渦輪編碼(1/3 rate Turbo coding)技術，比傳統的 1/3 率卷積編碼(1/3 rate convolution coding)多了些許的改進。細部的線路內容將於此章節後段介紹。

5G NR(New Radio)採用了更新的兩種編碼技術：LDPC Code(Low Density Parity-check Code 低密度奇偶檢查碼)及 Polar Code(極性碼)。

對於 5G 的超長串資料(User-plane data)採用 LDPC 編碼，比起 4G 的 Turbo Coding，有解碼速度更快(特別是長串資料)及更易執行等優點。

對於 5G 的控制訊號(Control-plane data)，由於資料量較少但正確性要求更高，採用 Polar Code 編碼，此編碼技術是中國大力推廣而生。

6-8 交錯置

自然界的雜訊(Noise)有一特性：雜訊不出現則已，一旦出現，便多會造成連續的干擾。因此數位訊號一旦被雜訊干擾而產生錯誤，也多半是連續的錯誤。請見圖 6-13。

此時我們注意到圖 6-4 中接收端的解碼器(decoder)有一個很重要的特性：解碼器的解碼流程，對[分散]的錯誤有極佳的修正效果(correcting)，但對於[連續]的錯誤，此修正效果便大幅的降低。圖 6-13 便是一個不容易修正的數位訊號。因此我們必須盡量將自然界產生的連續干擾(此部分無法避免)轉變成分散的干擾，此種分散干擾的方法我們稱爲交錯置(Inter-leaving)。

爲了方便了解，我們將交錯置的過程簡化成圖 6-14。實際上 2G 或 3G 交錯置的過程更爲複雜，但精神是相同的：將[連續]的干擾變成[分散]的干擾。

同圖 6-13 數位訊號$D=[d_1\,d_2\,d_3\cdots d_9]=[1\,0\,1\,1\,0\,0\,1\,0\,1]=[G_1\,G_2\,G_3]$其中$G_1=[d_1\,d_2\,d_3]=[1\,0\,1]$，$G_2=[d_4\,d_5\,d_6]=[1\,0\,0]$，$G_3=[d_7\,d_8\,d_9]=[1\,0\,1]$我們將$G_n$ $(n=1,2,3)$中的第一個位元分別取出並加以合併$(d_1\,d_4\,d_7)$，然後是第二個位元分別取出並加以合併$(d_2\,d_5\,d_8)$，然後是第三個位元分別取出並加以合併$(d_3\,d_6\,d_9)$，最後形成$F=[d_1\,d_4\,d_7\,d_2\,d_5\,d_8\,d_3\,d_6\,d_9]$，請見圖 6-14。

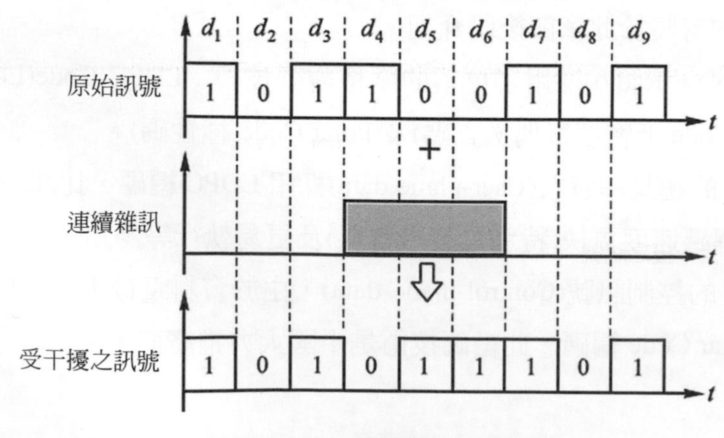

圖 6-13　自然界雜訊的干擾

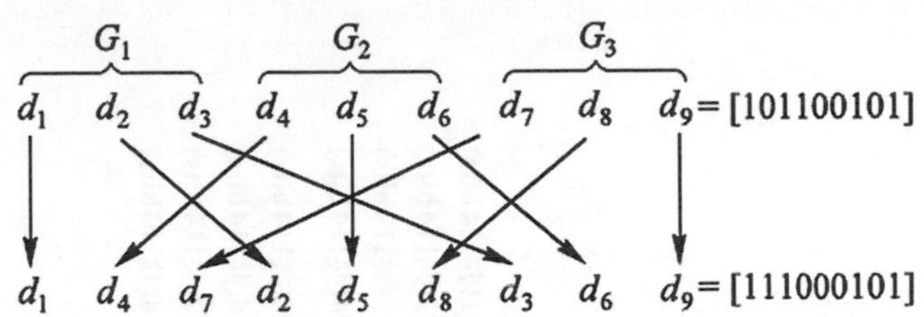

圖 6-14　簡化的交錯置

我們以圖 6-13 爲案例使用交錯置的方法，請見圖 6-15。

圖 6-15 中經過交錯置的訊號，雖然經過圖 6-13 的相同雜訊，但在接收端我們將數位訊號的順序還原，便可將連續干擾轉變成分散的干擾，而以解碼器(decoder)的角度來看，圖 6-15 有較好的解碼效果(圖 6-13 則較差)，因此現代通訊系統均有採用交錯置的方法來減少雜訊干擾的影響。

圖 6-16 爲眞實 GSM 的交錯置方式，每單位輸出爲 114 位元。

圖 6-17 爲眞實 CDMA2000 的交錯置方式。WCDAM 的方式亦相似。

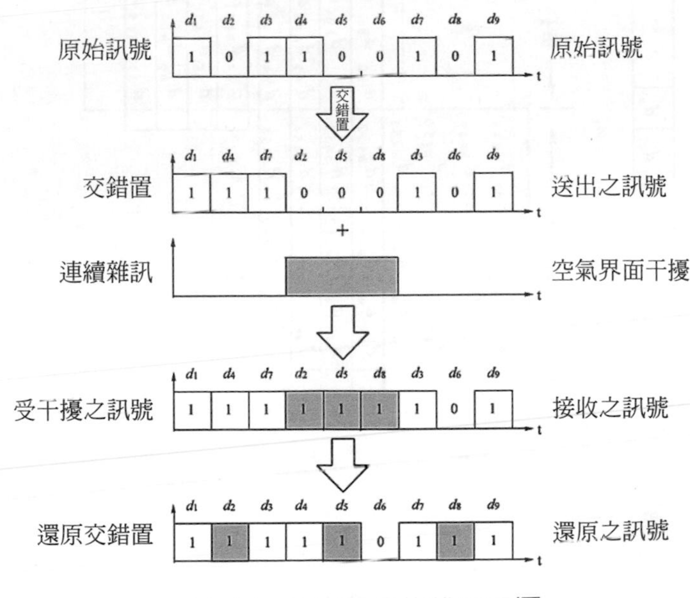

圖 6-15　經交錯置的雜訊干擾

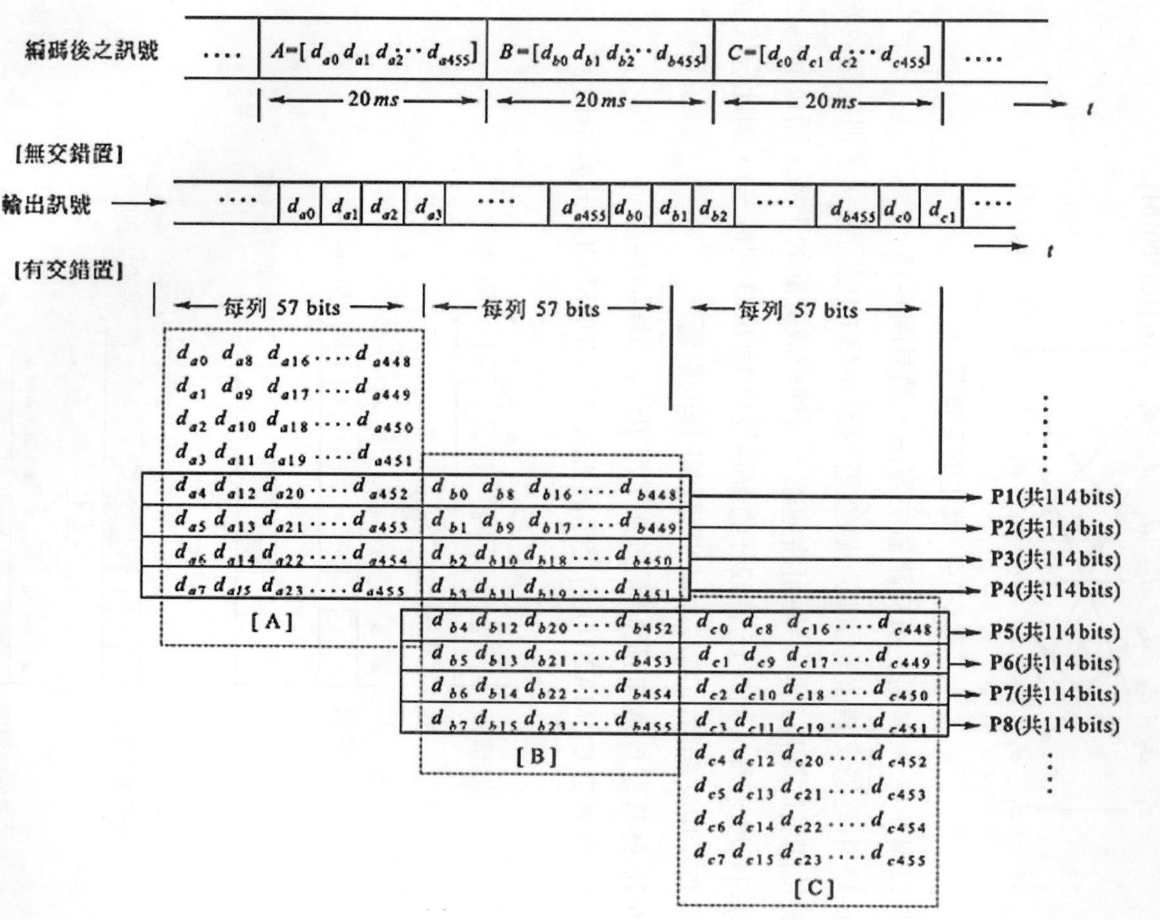

圖 6-16a GSM 之交錯置

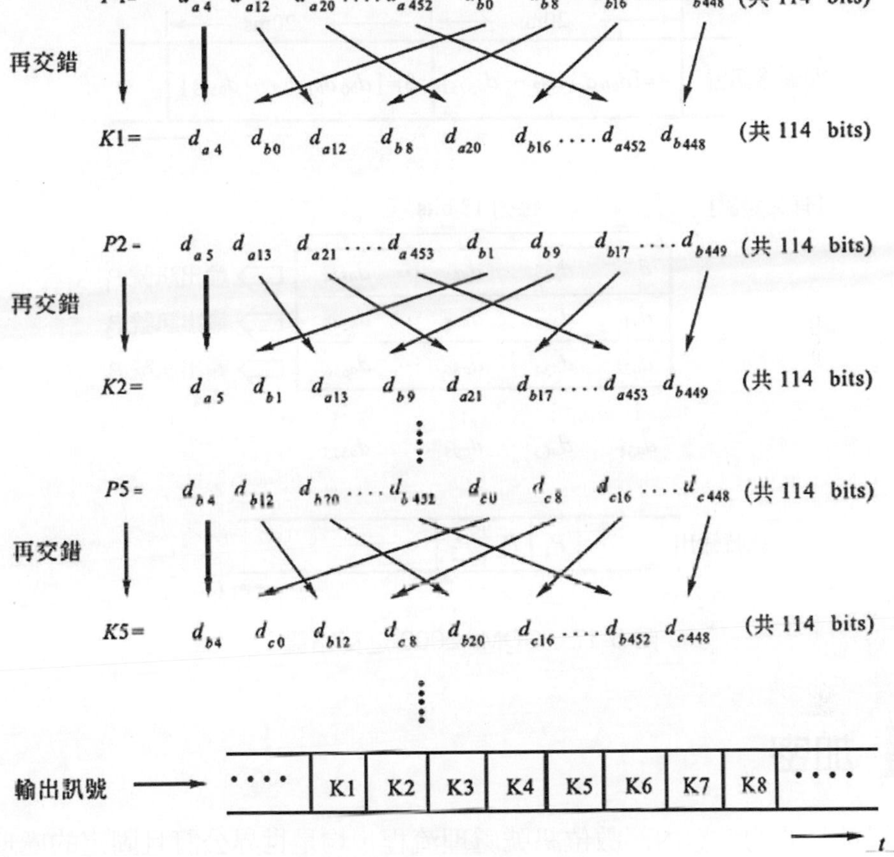

圖 6-16b　GSM 之交錯置

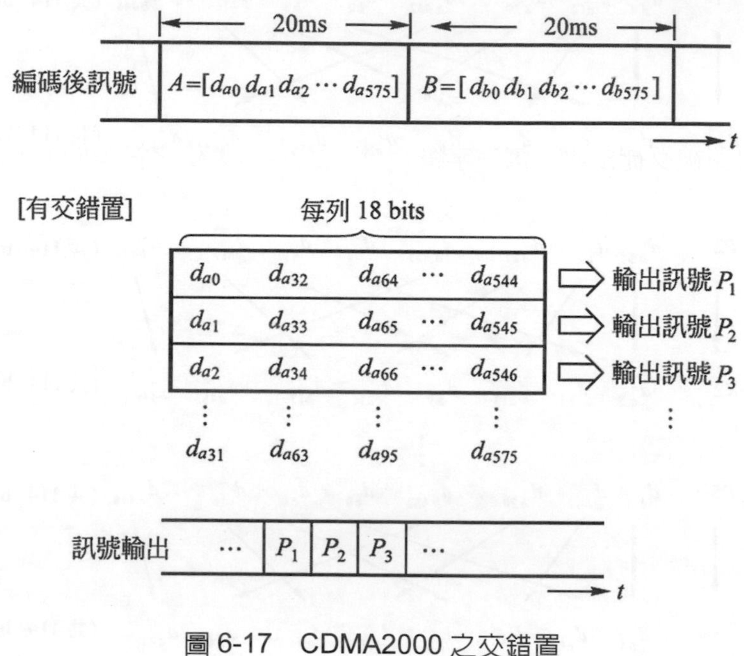

圖 6-17　CDMA2000 之交錯置

6-9 加密

到目前爲止的手機內部數位訊號處理流程，均是世界公訂且固定的處理方法，因此只要被有心人士從空氣中擷取信號竊聽，此時的通話是沒有機密性可言的，因此我們在數位訊號準備轉變成調變訊號的格式之前(請參考圖 6-4)，需做最後一個保護動作：加密(Ciphering)。

手機的加密過程，會隨著每一刻的時間及每個人不同專屬碼而不同，它是動態的變化(dynamic change)，因此可以說要在空氣介面中竊聽他人的通話內容幾乎是不可能的事，而這也是近代手機系統廣受歡迎的原因之一。

數位訊號的加密過程必須符合以下精神，才能達到加密的效果：

1. 不同的通話者使用不同的數碼來加密，數碼間沒有任何相關性。

2. 最機密的個人碼(K_i)，申請門號時儲存於 SIM 卡內，它是 32 位字符(digits)的資料，只能存在於兩個地方，一在手機的 SIM 卡內，另一在手機核心總部的客戶認證中心(AC)；任何時刻(anytime)此個人碼絕對不能在空氣中傳遞，以免被歹徒截收。每一字符等於 4 位元，故 32 字符等於 128 位元(bits)。圖 6-18 是 GSM 系統的實際加密方式，其他 3G/4G 的處理方式亦雷同。

圖中 A3 或 A5 或 A8，它們是特殊的計算方式，有興趣者可參閱其他相關文件，其他的圖示解說，我們分述如下：

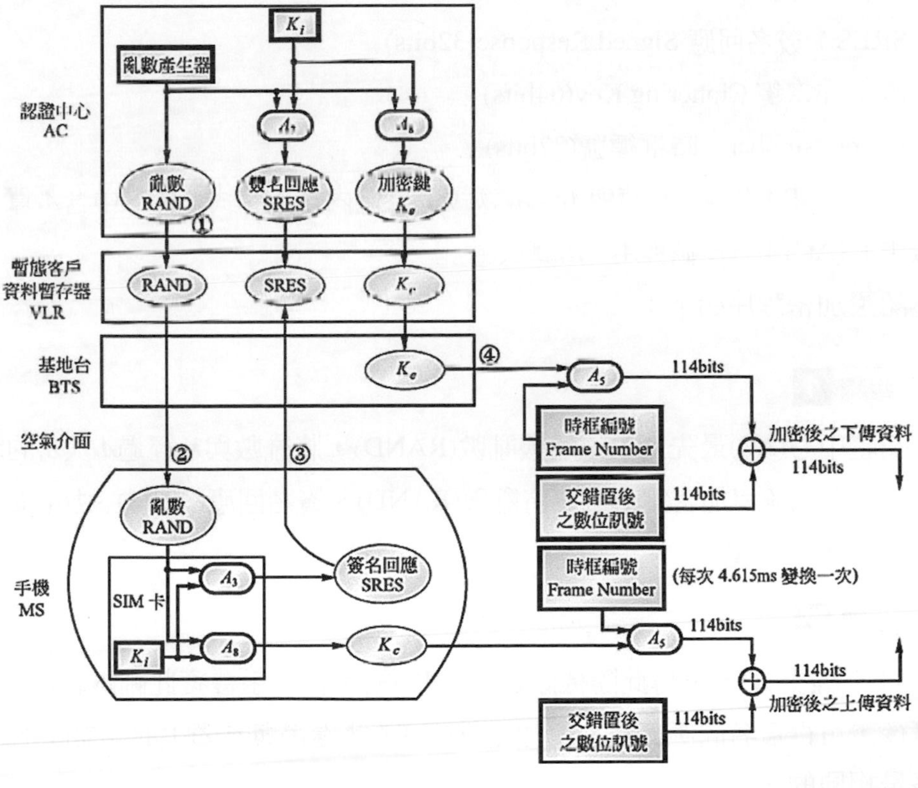

圖 6-18　GSM 加密流程步驟

AC：認證中心 AuthenticationCenter

每家手機業者的核心總部，只能有一個認證中心，做客戶的認證工作。

VLR：暫態客戶資料暫存器 Visitor Location Register

每家手機業者的區域總部(北、中、南)，能各有一個 VLR，儲存臨時客戶的大略位置，基地台呼叫手機時，需要大略位置的資料。

K_i：基本辨識鍵 Identity Key(128bits)

每個人均是世界獨一無二的碼。

RAND：亂數 Random Number(128bits)

SRES：簽名回應 Signed Response(32bits)

K_C：加密鍵 Ciphering Key(64bits)

Frame Number：時框編號(22bits)

其中，SIM 卡內含K_i值與A_3、A_8算式；手機內含A_5算式；BTS 中含A_5算式；認證中心(AC)中含K_i值與A_3、A_8算式。

認證加密程序如下：

步驟 1

認證中心(AC)最先產生一隨機亂數(RAND)，將亂數與K_i經過A_3與A_8的計算可產生簽名回應與加密鍵，最後將亂數(RAND)、簽名回應(SRES)、加密鍵(K_C)三項資料傳給 VLR。

步驟 2

VLR 經由 BTS 下傳此隨機亂數(RAND)給手機，手機獲此亂數經由A_3、A_8運算後，可得簽名回應(SRES)與加密鍵(K_C)，此過程與步驟 1 的認証中心(AC)程序是相同的。

步驟 3

手機將簽名回應(SRES)上傳，VLR 核對此值是否正確，若是正確則 VLR 將加密鍵(K_C)傳給基地台(BTS)。

步驟 4

此時，基地台(BTS)與手機(MS)均有了加密鍵(K_C)，BTS 的K_C是由 VLR 所給予；MS 的K_C是自己算出來的。將K_C與時框編號(Frame number，每 4.615ms 變換一次)經過A_5算式計算可得 114bits 的位元，此位元再與交錯置後的數位資料(亦是 114bits，見圖 6-16b)相加(exclusive-or)後，便得到加密後的數位資料，資料量是每單位 114 位元。(數位訊號相加之特件，詳見圖 6-8b)

我們發現，認證過程只有亂數(RAND)與簽名回應(SRES)在空氣中傳遞，最重要的K_i並不會在空中出現，不會有被截收的可能，也因此確保了整個流程的安全性。

認證中心(AC)在每一個認證過程中，負責三筆重要的資料，我們簡稱認證三要素(Triplet)：亂數(RAND)、簽名回應(SRES)、加密鍵(K_C)，這些是加密過程中缺一不可的資料。

每通電話的起始階段，我們會經過如圖 6-18 的認證與加密過程，一旦基地台與手機均獲得K_c 值之後，K_c 值於通話過程中會隨時與時框編號(GSM 是每 4.615ms 增加一次)經過 A5 算式而產出 114 位元的加密碼，此碼再與交錯置後的資料(圖 6-16b)相加而產生最後加密結果(114 位元)。因此每位通話者的加密碼是每 4.615ms 變化一次，而且不同通話者的加密碼也均不相同，這樣的過程便確保了極高的保密程度，其他竊聽者想在空氣中擷取資料幾乎是不可能的事。

圖 6-18a 爲 4G-LTE 的認證與加密的流程，其中最基礎的 4 要素(quadruplet)爲 AV_{EPS} = {RAND, XRES, AUTN, K_{ASME}},包含亂數(RAND)、亂數回應(XRES)、認證標誌(AUTN)、安全管理鍵(K_{ASME})，4G 比 2G 增加了對手機等設備的認證過程，因此更加嚴謹及安全。

4G 認證完成後會得到 K_{UPenc}(User Plane Encryption Key 使用者加密鍵)，此加密鍵長度爲 128 或 256 位元，再與原始使用者的數位資料相加，便可以得到加密後的傳送資料。

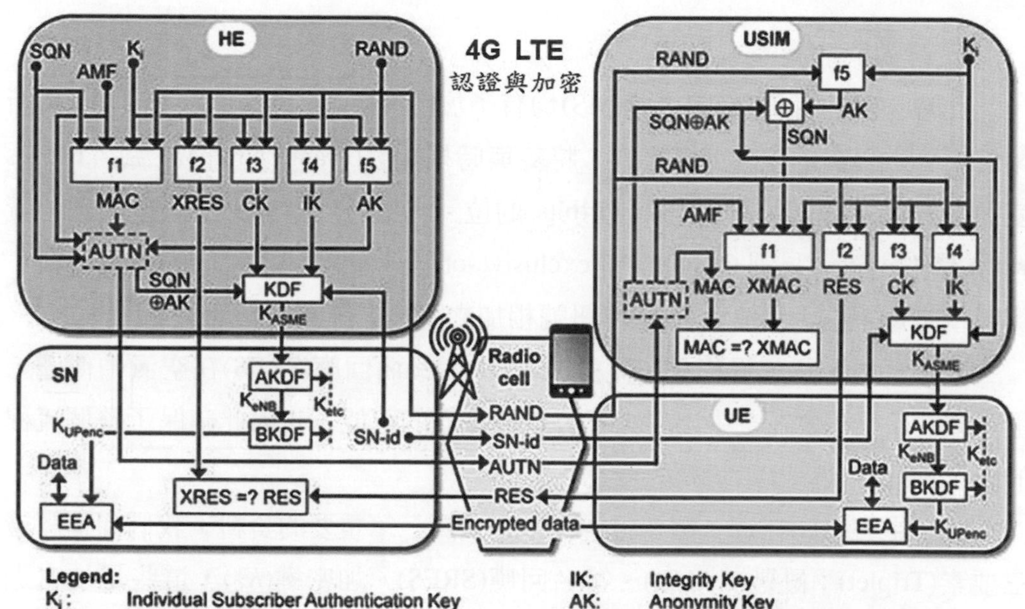

圖 6-18a　4G 認證與加密

6-10 形成傳送格式

請參閱圖 6-4。

到目前爲止我們介紹了數位資料屬於固定流程的部份，這些流程無論是2G手機或是3G/4G/5G手機，均需有相類似的處理過程，而每個過程也都有其特殊的功能與目的，我們整理如表 6-1。

接下來的流程，我們開始準備將數位訊號轉換成調變訊號(RF訊號)經由天線把訊號送出。由於 2G/3G/4G/5G的調變方式各不相同，因此數位訊號組成的[傳送格式]也各不相同。

表 6-1　訊號處理固定流程之目的

訊號處理固定流程			
項次	項目	名稱	主要目的
1	A/D 轉換器	A/D Converter	類比訊號轉成數位訊號
2	語音編碼器	Voice Encoder	數位訊號壓縮
3	CRC	Cyclic Redundency Code	解碼時偵測訊號是否有誤
4	編碼	Encode	解碼時可修正訊號的錯誤
5	交錯置	Interleaving	將連續干擾轉成分散干擾
6	加密	Ciphering	預防訊號被竊聽

2G 的 GSM 與 DCS 系統採用 TDMA 與 FDMA 的多工方式，RF 訊號的產生則採用 GMSK 調變(高斯最小位移鍵 Gaussian Minimum Shift Keying)，因此傳送格式是以 Burst 爲單位，可作時間與時間的區隔，將加密後的 114 位元放入一個 Burst 之中。一個 Burst 的時間則爲一個時槽(Slot)等於 0.577ms，亦爲一個時框(Frame = 4.615ms)的 8 分之 1，請參考圖 6-19 及圖 4-2。圖中的測試位元(Training Sequence)可用於測試空氣介面的雜訊干擾程度。

3G 的 WCDMA 系統採用 CDMA 的多工方式，RF 訊號的產生則採用 QPSK 調變(4 相位位移鍵 Quatrature Phase Shift Keying)， 傳送格式是以時框(Frame =

10ms = 15 個時槽)與時槽(Slot)爲單位，雖然此名詞與 GSM 相同，但訊號是連續傳送(參閱圖 4-3 及圖 4-4)不會間斷，時槽時框只是方便資料傳送時計數及加密之用;而不同的使用者則使用不同的正交碼(orthogonal codes)予以區別。更細部的說明將在 WCDMA 的章節中介紹。

4G-LTE 與 5G-NR 的 RF 訊號則依空氣雜訊品質，調變方式可爲 QPSK、16QAM、64QAM 或 256QAM。調變訊號的產生方式，請見圖 6-8e。

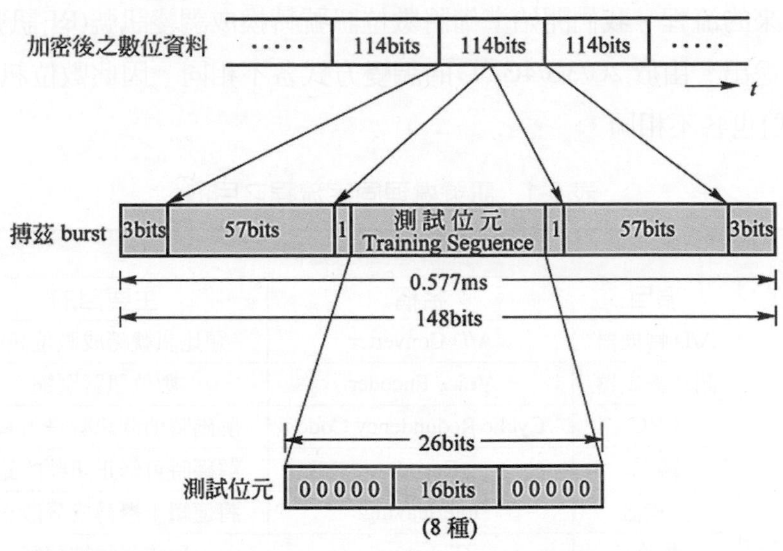

圖 6-19　GSM 的 Burst 結構圖

6-11 解碼(Decode)

由圖 6-4 中，接收端(Receiver)的天線從空氣中將訊號接收後，經過類似發射端(Transmitter)的相反動作將訊號解出，其中解碼(Decode)是最精華的部份，它能很大程度的修正(correcting)受干擾的數位資料，這也是數位資料遠比傳統類比訊號更優異的主要原因。

由於發射端的編碼(Encode)與接收端的解碼(Decode)是相互有關聯的，因此我們將一併討論。2G-GSM、3G-WCDMA及4G-LTE部份信號的編碼方式，是採用卷積編碼(Convolution coding)。

爲了方便解說，我們取$f_1 = D^2+1$與$f_2 = D^2+D+1$作爲卷積編碼的輸出，D代表一個位元的延遲暫存器(Delay Register)，D^2代表2個位元的延遲。我們將全部可能的情況畫成如圖6-20。

我們發現其實在多次的輸入後，圖6-20產生了某些簡單的規則性，f_1與f_2的輸出僅有 4 種狀態(State)：$f_1 f_2 = a(00)$，$f_1 f_2 = b(11)$，$f1f2 = c(01)$，$f_1 f_2 = d(10)$，我們歸納如圖6-21。

假設輸入值爲Input = [1101]，編碼後的輸出值爲output = [11 10 10 00]，請參考圖6-20與圖6-22。

在介紹解碼(Decode)之前，我們先介紹一個新名詞：漢米距離(Hamming Distance)，如果編碼後的發射訊號T=[11101000]爲眞確值，但經過空氣雜訊干擾之後，接收訊號R=[10101001]，R與T的差異爲2個位元，我們便稱漢米距離等於2。

我們以一個實際案例來做說明，假設編碼器的輸入值爲[0110100]，則編碼器的輸出值爲T = [00 11 10 10 00 01 11](請由圖6-21推算)，我們將此訊號經由天線送出。假設於空氣介面產生某些雜訊干擾，於接收端我們收到的訊號爲R= [00 10 10 10 01 01 11]，我們將對接收訊號R做處理，如圖6-23。

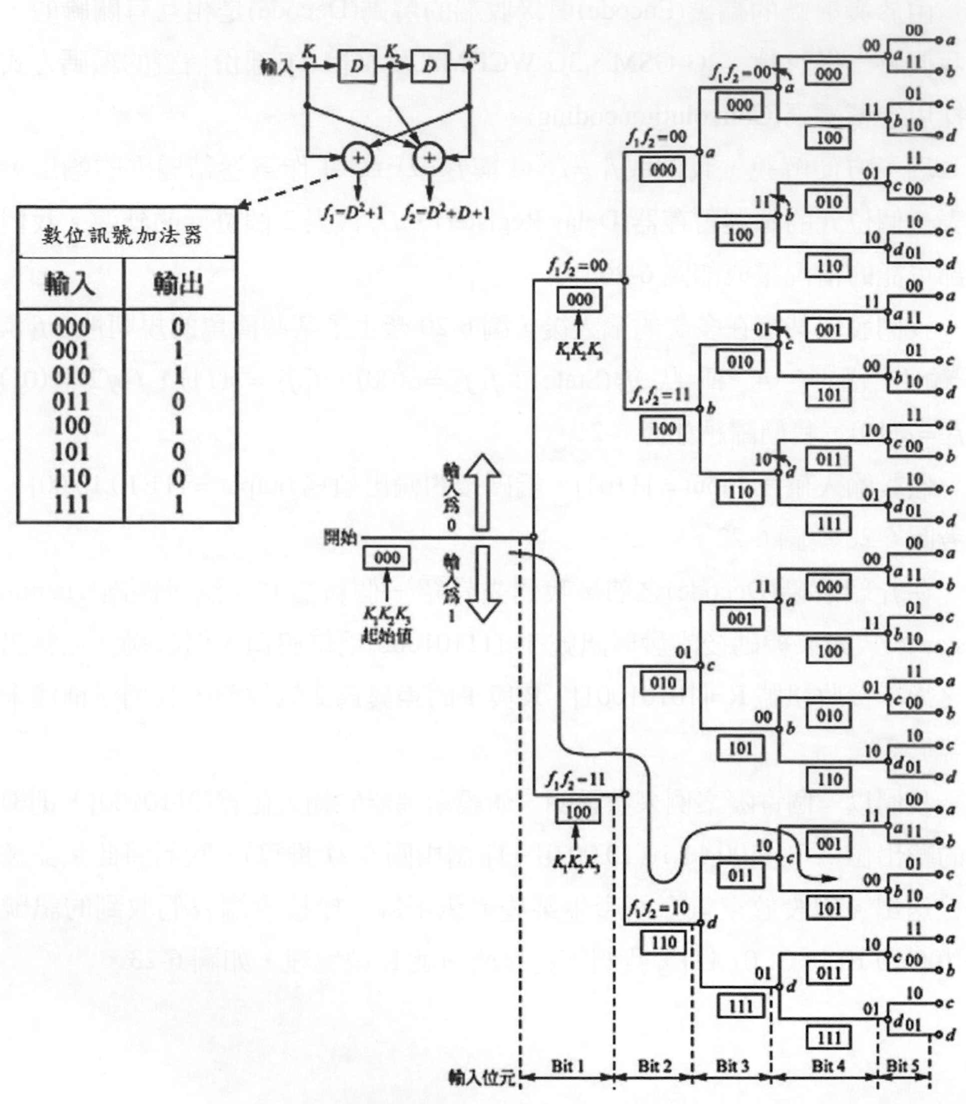
輸入
K_1
K_2
K_3
D
D
$f_1=D^2+1$
$f_2=D^2+D+1$
數位訊號加法器
輸入 輸出
000 0
001 1
010 1
011 0
100 1
101 0
110 0
111 1
開始
000
$K_3K_2K_1$
起始值
輸入為0
輸入為1
$f_1f_2=00$
000
$K_1K_2K_3$
$f_1f_2=11$
100
$K_1K_2K_3$
$f_1f_2=00$
$f_1f_2=11$
$f_1f_2=10$
輸入位元
Bit 1
Bit 2
Bit 3
Bit 4
Bit 5

圖 6-20　卷積編碼器

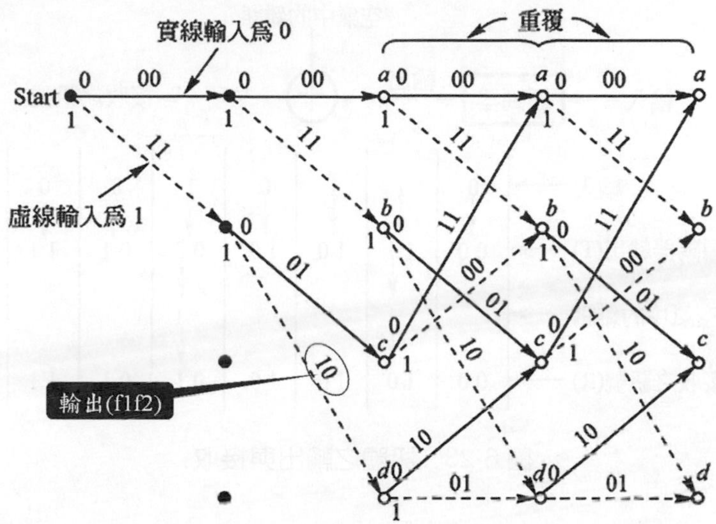

圖 6-21　編碼器歸納之輸出

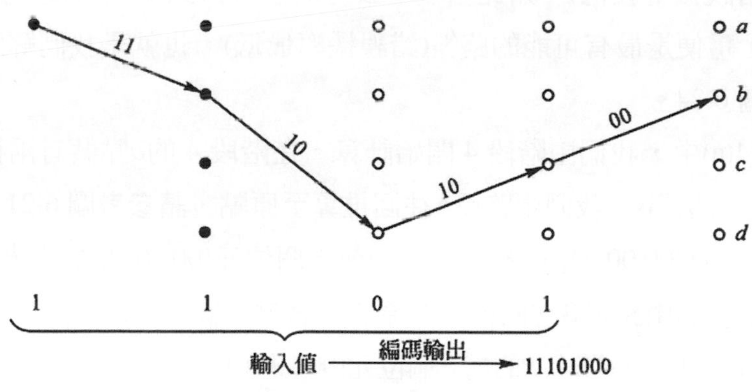

圖 6-22　編碼器輸入 1101

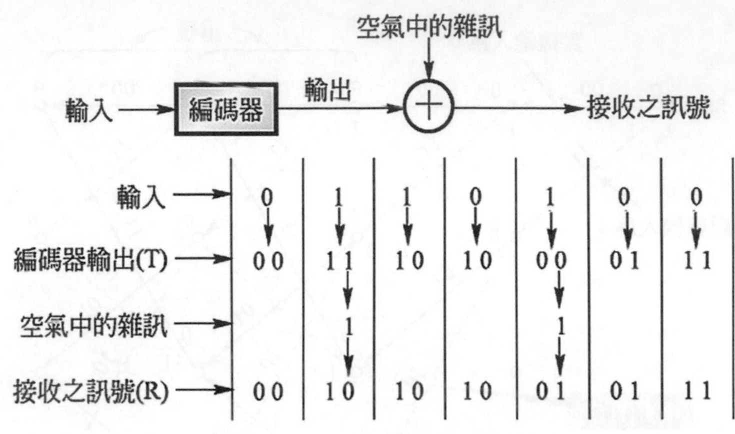

圖 6-23　訊號之輸出與接收

訊號的解碼過程，我們採取維特比解碼(Viterbi Decoding)方式，其精神是計算每一階段 4 個狀態(a，b，c，d)的全部可能的漢米距離，然後取較小值(代表可能的錯誤機率較低)，如此循環下去，最後可得到唯一且漢米距離最小的一條路徑，這便是最有可能的路徑(錯誤機率最低)，也就是我們解碼出來的答案。請見圖 6-24。

圖 6-24(a)中，我們由階段 4 開始計算。在階段 4 的*a*點共有兩種可能的路徑：路徑A與路徑B。我們由路徑A往回推算至原點，請參考圖 6-21，可得知路徑A的資料是爲[00 00 00]，路徑A與*R*的前 6 個位元[00 10 10]的漢米距離是 2。同理推算，我們由路徑B往回推算至原點，請參考圖 6-21，可得知路徑B的資料是爲[11 01 11]，路徑B與*R*的前 6 個位元[00 10 10]的漢米距離是 5。因爲 2<5，故我們選擇路徑A爲到目前爲止(階段 4)的*a*點最有可能的路徑，路徑A變實線，路徑B變虛線並於下一階段(階段 5)的計算時忽略此路徑。*b*點、*c*點、*d*點都是運用此法，因此到階段 4 爲止的運算結果，共有 4 條實線，即 4 個可能的結果。

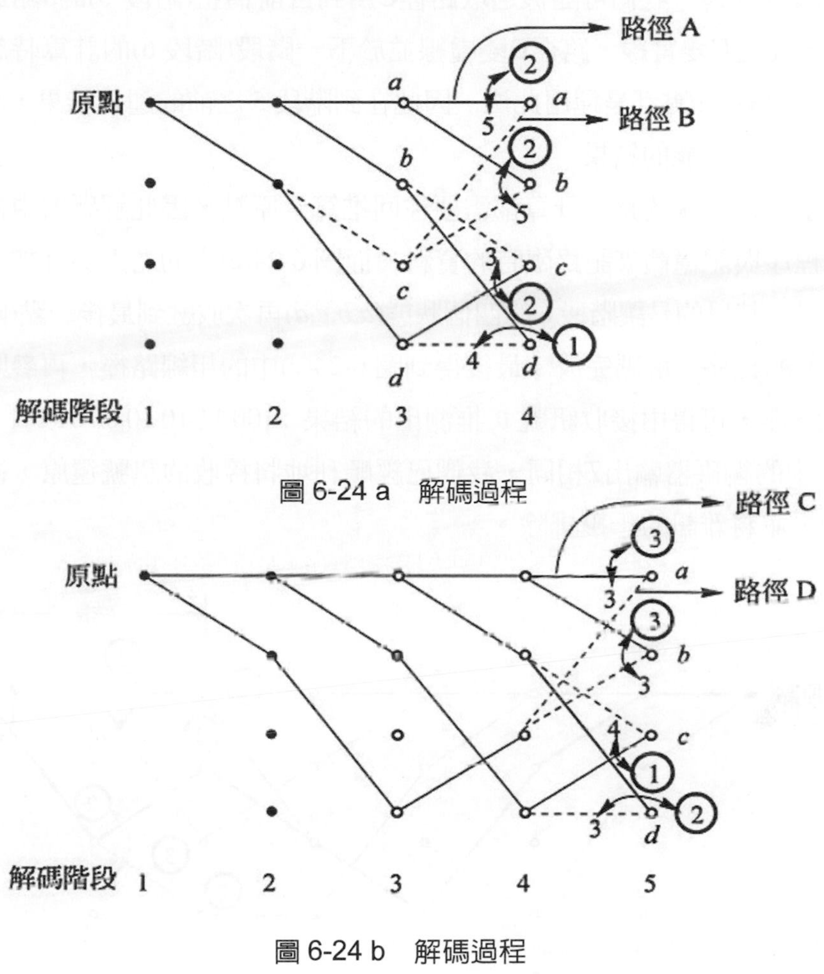

圖 6-24 a　解碼過程

圖 6-24 b　解碼過程

圖 6-24(b)中，在階段 5 的a點共有兩種可能的路徑：路徑C與路徑D。我們由路徑C往回推算至原點，請參考圖 6-21，可得知路徑C的資料是為[00 00 00 00]，路徑C與R的前 8 個位元[00 10 10 10]的漢米距離是 3。同理推算，我們由路徑D往回推算至原點，請參考圖 6-21，可得知路徑D的資料是為[11 10 10 11]，路徑D與R的前 8 個位元[00101010]的漢米距離是 3。

因爲 3 ＝ 3，我們可隨機選取路徑C爲到目前爲止(階段 5)的*a*點最有可能的路徑，路徑C變實線，路徑D變虛線並於下一階段(階段 6)的計算時忽略此路徑。*b*點、*c*點、*d*點都是運用此法，因此在到階段 5 之前的運算結果，共有 4 條實線，即 4 個可能的結果。

以上的每一次的路徑計算都需要往回推算至原點，因此解碼器中需要大量的計算程序與記憶體來記錄臨時的資料。而圖 6-24(c)中的右邊另外加了兩個位元的結尾，其目的是讓階段 6 的四個狀態(*a*,*b*,*c*,*d*)再次收斂到最後一點(階段 8)，完成全部的程序，解碼完成。最後得到圖 6-24(c)中的粗線路徑，再參照圖 6-21 來反推路徑，可得由接收訊號 R 推測出的結果：[00 11 10 10 00 01 11]，此值與圖 6-23 中的編碼器輸出*T*相同，我們已經順利地將接收的訊號還原，得到正確的資料，並將雜訊的干擾排除。

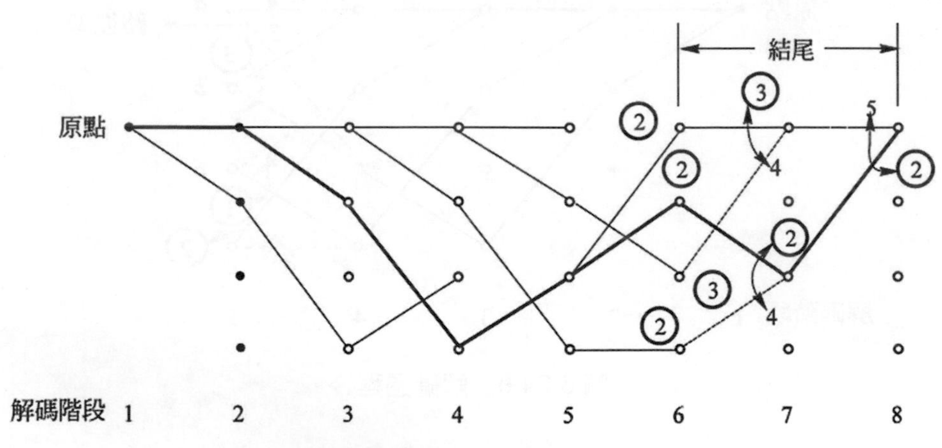

圖 6-24 c　解碼過程

此種方法對於分散的錯誤有很好的解碼效果，但對於連續的錯誤其解碼效果就大幅降低，這也是數位訊號的處理過程要加入交錯置(Interleaving)的原因(見圖 6-15)。

維特比解碼(Viterbi Decoding)是以軟體的方法在接收端解出最有可能的路徑(漢米距離最小的路徑)，這種方法約有類似訊號增強 13～17dB 的增益，可將錯誤訊號還原，是非常有效的處理方式，因此被普遍應用在 2G GSM 系統之中。

圖 6-25 為 3G-WCDMA 與 4G-LTE 使用的渦輪碼(Turbo Code)技術, 對於一般語音資料採用 1/3 率渦輪編碼(1/3 rate Turbo coding)，圖中以輸入 5 個位元為例，經過渦輪編碼後總共產出 15 個位元(故編碼率為 5/15 = 1/3)，其中原始的 5 位元亦包含在其中。此種包含原始位元的編碼方式稱為系統性編碼(Systematic Coding)，編碼率(coding rate)可以動態變化，被諸多通訊系統使用。

3G-WCDMA 與 4G-LTE 對於封包數位資料(packet data)，其渦輪編碼的編碼率可依通訊環境的優劣採動態調整，當環境品質優良、干擾不多，可提升編碼率(例如由 1/3 升至 3/4)，對原始資料產生較少的保護，進而提高傳送原始資料的速度。當環境品質不良、干擾嚴重，則維持 1/3 編碼率，對原始資料產生諸多保護，但傳送原始資料的速度無法太快。圖 6-25a 則顯示全球數位通訊系統的編碼技術(coding)。

圖 6-26 為 5G-NR 使用的 LDPC (Low Density Parity Check Code 低密度奇偶檢查碼)技術，對於大量數位資料，LDPC 的編碼(encode)與解碼(decode)效果更快更好，由於 5G 要求在極短的時間內必須解碼完成，因此 LDPC 取代 4G 的 Turbo Code 成為 5G 的主要編碼與解碼技術。

圖 6-26 的 LDPC 以輸入資料(b1,b2,b3)=(101)為例，編碼(encode)規則為：c1=b1, c2=b2, c3=b3, c4=b1⊕b2(亦可說 b1⊕b2⊕c4=0), c5=b2⊕b3(亦可說 b2⊕b3⊕c5=0), c6=b1⊕b2⊕b3(亦可說 b1⊕b2⊕b3⊕c6=0), c4 與 c5 與 c6 可視為對 b1 與 b2 與 b3 的奇偶碼檢查 parity check。因此發射端(transmitter)的輸出為(c1,c2,c3,c4,c5,c6) = (101110)。

訊號在空氣中傳送，如果產生 1 位元的錯誤，於接收端(receiver)接收的結果為(r1,r2,r3,r4,r5,r6) = (100110)，可依以下解碼過程(decode)將接收資料還原為正確，圖中 f1=r1⊕r2⊕r4, f2=r2⊕r3⊕r5, f3=r1⊕r2⊕r3⊕r6. 其中 f1=f2=f3=0 代表檢查正確。

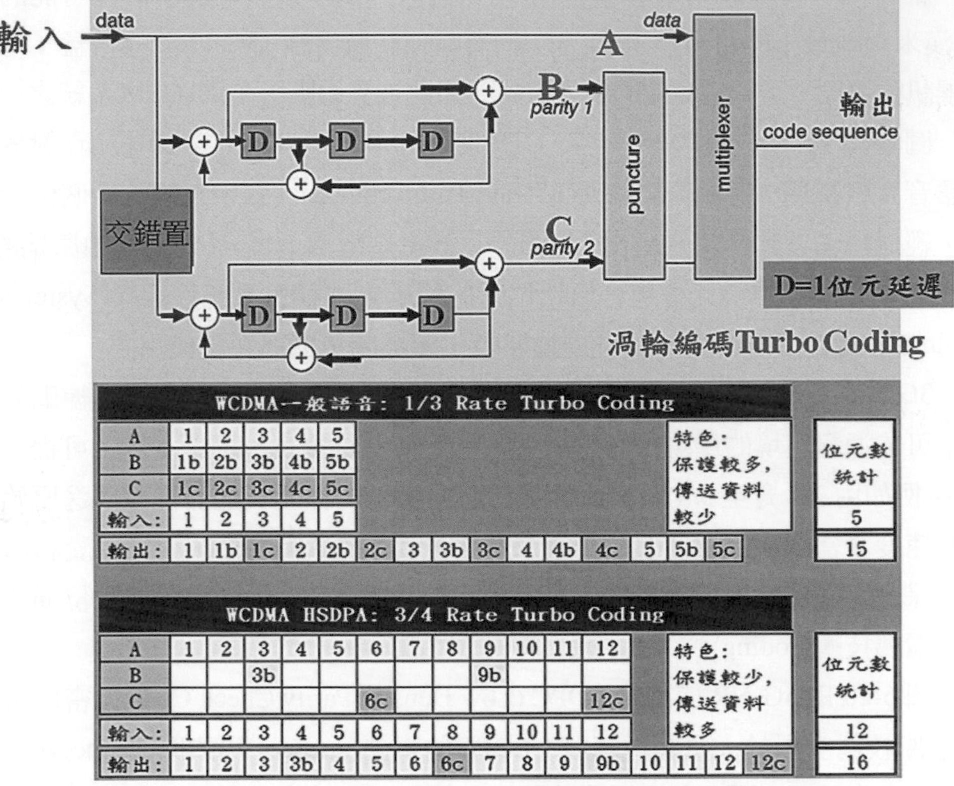

圖 6-25　3G/4G 渦輪碼 Turbo Code

通訊系統	主要編碼(Coding)技術
2G-GSM	卷積碼(Convolution Code)
3G-UMTS	渦輪碼(Turbo Code)
4G-LTE	渦輪碼(Turbo Code)
5G-NR Control Plane(控制用)	極性碼(Polar Code)
5G-NR User Plane(資料用)	低密度奇偶檢查碼(LDPC)

圖 6-25a　通訊系統之編碼技術 Coding

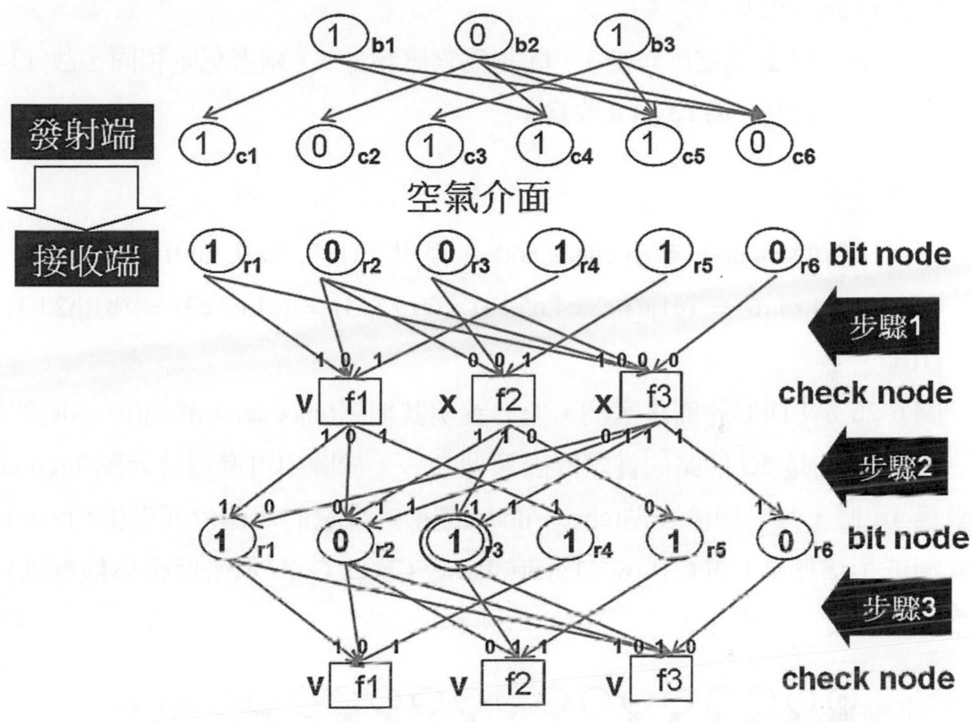

圖 6-26 5G LDPC 簡化案例

步驟 1

由位元點(bit node)推算檢查點(check node)(小字)，得出：f1=0, f2=1, f3=1，代表 f1 的來源(bit node)均正確，f2 與 f3 的來源(bit node)含有錯誤。

步驟 2

因 f1 正確，代表 f1 的來源(bit node)均正確，f2 與 f3 的來源(bit node)含有錯誤，將 f2 與 f3 的 bit node **全部反相**(0 變 1,1 變 0)。

對於 r1，f1 認為它應該是 1，f3 認為它應該是 0，認定非完全相同，故 r1 保持原狀為 1。

對於 r2，f1 認為它應該是 0，f2/f3 認為它應該是 1，認定非完全相同，故

r2 保持原狀爲 0。

對於 r3，f2 認爲它應該是 1，f3 認爲它應該是 1，兩者認定相同，故 r3=1 的可能性最高，將 **r3 由 0 改爲 1**。

步驟 3

以新的 bit node 產出 check node，得出：f1=0, f2=0, f3=0 資料正確，故 (r1,r2,r3,r4,r5,r6) = (c1,c2,c3,c4,c5,c6)，(r1,r2,r3) = (c1,c2,c3) = (b1,b2,b3) = (101)。

圖 6-26 是LDPC的簡化案例，便於說明其編碼(encode)與解碼(decode)的過程。圖 6-27 則是 5G 網路的實際解碼類型之一，於圖中可發現位元點(bit node)全數爲 16 個，每一個檢查點(check node)僅檢查少量的 4 個位元點(bit node)，密度頗低，這便是 LDPC (Low Density Parity Check Code 低密度奇偶檢查碼)名稱中〝低密度〞的由來。

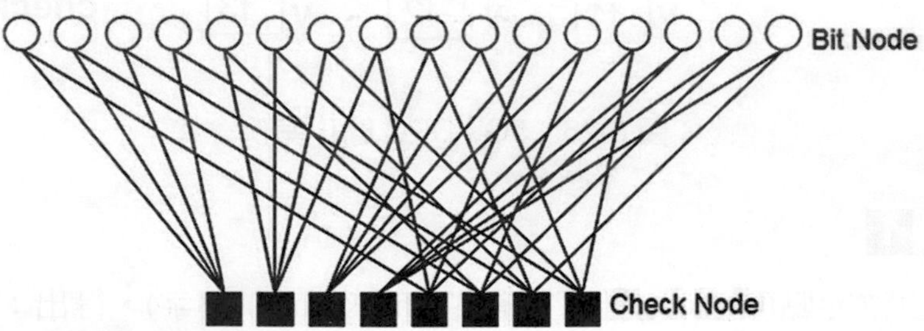

$$H = \begin{bmatrix} 1&1&1&1&0&0&0&0&0&0&0&0&0&0&0&0 \\ 0&0&0&0&1&1&1&1&0&0&0&0&0&0&0&0 \\ 0&0&0&0&0&0&0&0&1&1&1&1&0&0&0&0 \\ 0&0&0&0&0&0&0&0&0&0&0&0&1&1&1&1 \\ 1&0&0&0&0&0&0&1&0&0&1&0&0&1&0&0 \\ 0&1&0&0&1&0&0&0&0&0&0&1&0&0&1&0 \\ 0&0&1&0&0&1&0&0&1&0&0&0&0&0&0&1 \\ 0&0&0&1&0&0&1&0&0&1&0&0&1&0&0&0 \end{bmatrix}$$

圖 6-27　5G LDPC 解碼實例

習 題

1. 語音編碼器(Voice Encoder)與卷積編碼器(Convolutional Coding)之功能有何不同？
2. 數位通訊系統在做聲音壓縮時，一般都以多少時間作爲壓縮的單位？
3. 如圖 6-9 中，若接收值爲：

   (a)723196468， 則認定此接收正確否？

   (b)336880761 ， 則認定此接收正確否？爲什麼。
4. GSM的加密過程中，爲了防止外人的竊聽，哪些資訊不能在空氣中傳遞？
5. 交錯置(Interleaving)的主要功能爲何？
6. 圖 6-20 的卷積編碼器，若輸入爲[001011]，編碼器輸出爲何？
7. 圖 6-4 的手機內部訊號處理，哪個方塊的功能可[偵測(detect)錯誤]？哪個方塊的功能可[修正(correct)錯誤]？
8. 若發射訊號 T=[0011 1011]及接收訊號 R=[0110 1001]，則 T 與 R 的漢米距離爲何？
9. 通訊品質優良時，編碼率(coding rate)可上升或下降？
10. 5G-NR 的編碼技術爲何？

CHAPTER 7

2G-GSM/EDGE 系統架構

7-1 簡介

2G 的 GSM(或稱 GSM900)與 DCS(或稱 GSM1800)是手機系統第一次由類比訊號進展到數位訊號的里程碑,在世界上已經被使用了好幾年的時間，它的數據傳輸速度(packet data rate)可能不及現今 3G 或 4G 系統來的快速，2G 系統已慢慢退場中，但它的整體通訊架構仍是 3G/4G/5G 的初步基礎。

7-2 網路架構

目前 2G(含 2.5G)網路架構如圖 7-1 所示。分項解釋如下：

BTS 或 BS：基地台 Base Transceiver Station

MS：手機 Mobile Station

BSC：地區資料匯集中心 Base Station Controller

MSC：交換機中心 Mobile Switching Center (語音資料 Voice)

OMC：電腦管控中心 Operation and Maintenance Center

AC：認證中心 AuthenticationCenter

HLR：永久客戶資料暫存器 Home Location Register

VLR：暫時客戶資料暫存器 Visitor Location Register

PSTN：外部公共電話網路 Public Switched Telephone Network，公共電話與市話是藉由 PSTN 與業者交換機連繫。

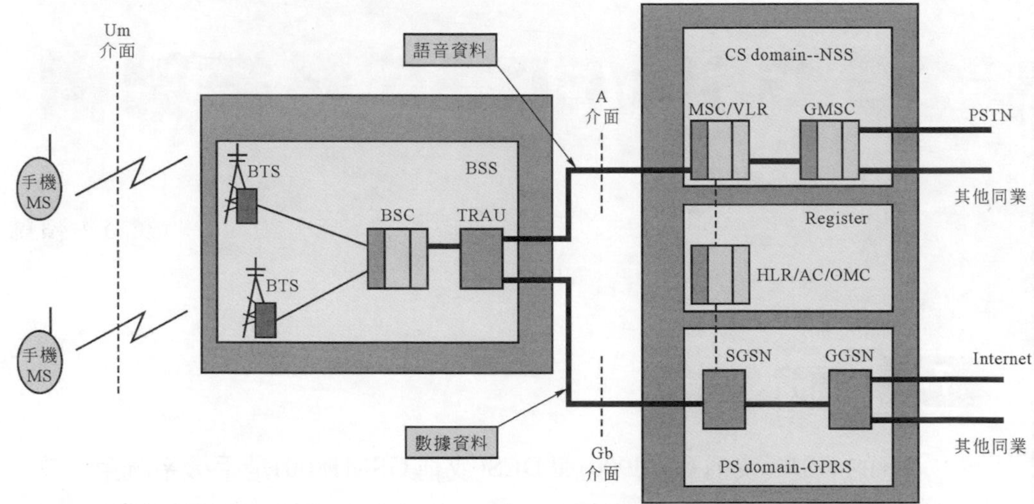

MS：Mobile Station 手機
BSS：Base Station Sub-System
BTS：Basc Station 基地台
BSC：Base Station Controller
TRAU：Transcodcr & Ratc Adaptor
AC：Authentication Centre 認證中心

NSS：Network & Switching Subsystem
MSC：Mobile Switching Centre 交換機中心
SGSN：Serving GPRS Support Node
GGSN：Gateway GPRS Support Node
HLR：Home Location Register 顧客位置暫存器(永久)
VLR：Visitor Location Register顧客位置暫存器(暫態)

圖 7-1　GSM/GPRS 網路架構

SGSN：數據資料(Data)的交換機中心 Serving GPRS Support Node

GGSN：GPRS 與外界之介面 Gateway GPRS Support Node

GPRS： 2.5 代封包通訊服務 General Packet Radio Services

圖 7-1 中，訊號經過BSC之後會分成兩大種類：語音數位訊號(Voice Digital Signal)與數據數位訊號(Data Digital Signal)。由於這兩種訊號的處理精神大不相同，因此語音訊號(Voice)會經過交換機MSC做及時(Real-time)的訊號交換；數

據訊號(Data)的封包資料(Packet)則會經過SGSN做非即時(Non Real-time)的訊號交換。它們的差異性請見圖 7-2。

- 聲音訊號(Voice)的傳遞必須是連續的，不能斷斷續續，一個人使用完頻道後，下一個人才能再繼續使用；如果無法連續傳送，打電話的使用者聲音聽起來便會斷斷續續，這是不被允許的。此種傳遞模式優點是訊號傳遞不會延遲；缺點是它佔用的頻道資源較多。
- 數據資料(Data)的傳遞可以斷斷續續；例如傳遞一封信，我們可以將此封信分成 6 部分(封包，Packet)，以不同時間、不同路徑將此 6 個封包分別寄出，於目的地再將此 6 封包分別收回，最後再拼回原本的一封信，此種傳遞模式優點是佔用的頻道資源較少且較有效率；缺點是它的訊號傳遞會延遲。對於須及時(in-time)傳遞的資訊不適合此法，不過現今的網路，頻寬大，傳送資料量多，因此也有類似即時傳遞的效果，例如網路電話(Voice over IP)便是一例。

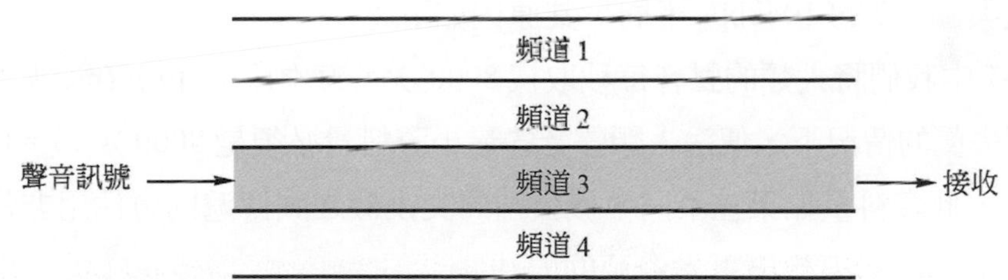

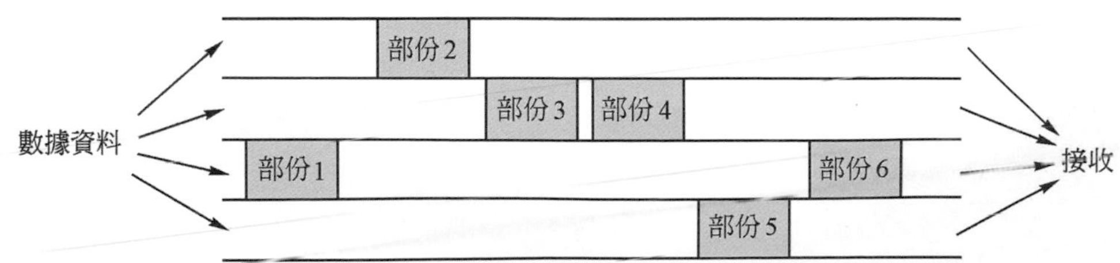

圖 7-2　聲音訊號與數據資料傳遞之差異

交換機中，CS-domain (Circuit Switch)可處理連續性的語音資料；PS-domain (Packet Switch)可處理非連續性的封包資料。

架構中各個部門均有其特殊且重要的功能：手機(MS)與基地台(BS)是真正收發訊號的地方；通話初期，必須先經過認證中心(AC)與客戶基本資料(HLR, VLR)的核可電話才會接通；接通後，所得的資料在交換機中心(MSC)與外部資料(PSTN或其他手機業者)做相互的傳遞；電腦管控中心(OMC)則記錄全部的流程。地區資料匯集中心(BSC)則負責交遞(handover)的判斷與執行。

7-3 訊號處理流程

我們結合圖 6-4 與圖 7-1 後，將 2G 的完整訊號流程會整如圖 7-3。

圖中交換機(MSC)與其他業者的交換機(MSC)或 PSTN(公共電話網路，例如：家用電話或公共電話)的資料傳遞，對每一位通話者的傳遞資料量是 64kbps，此資料量與圖 6-7 的 104kbps 不同，其原因如下：

圖 6-7 中我們將人類的聲音每秒取樣 8000 次，每次用 13 位元(bit)來表示，因此在不失真的情況下，傳送人類聲音的最小資料量必須是 $8000 \times 13 = 104000 = 104\text{kbps}$，此資料量如果在不同手機公司的交換機之間傳遞則會佔用非常多的線路資源，因此必須想出更省資源的方法。

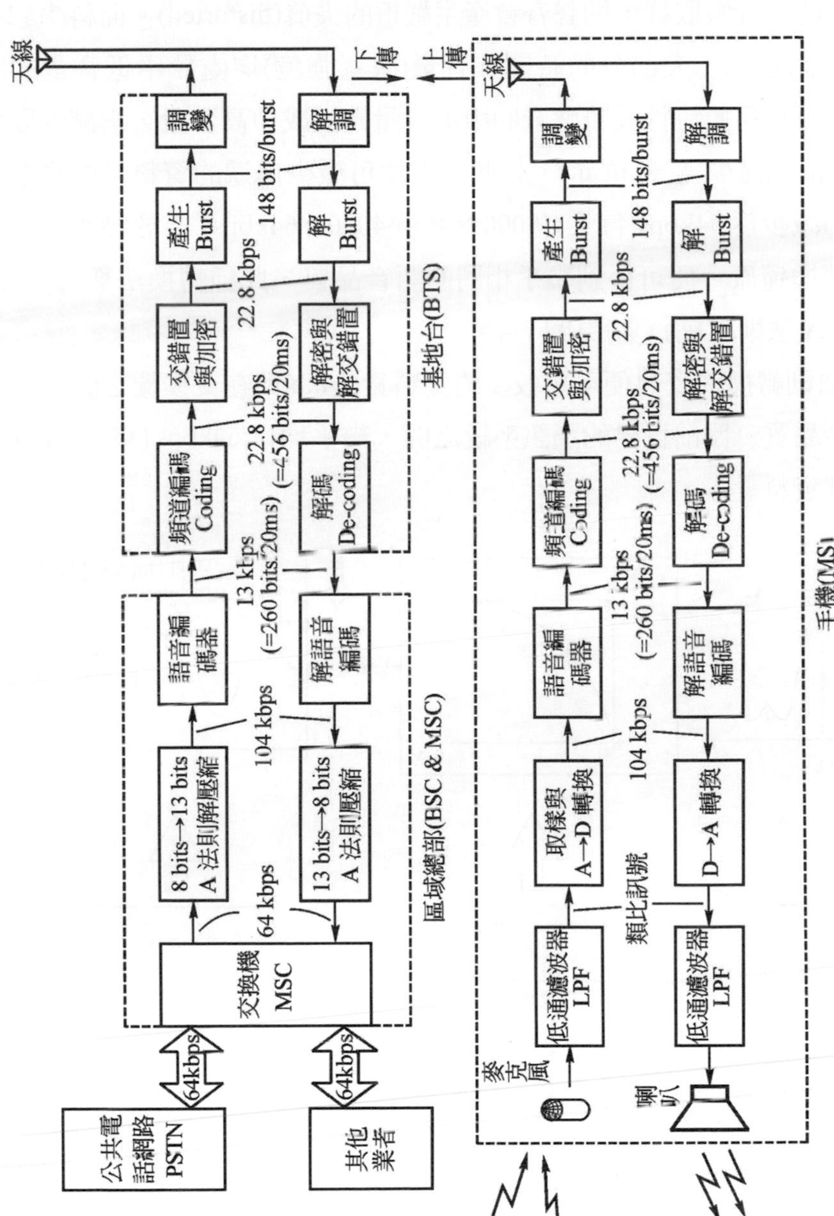

圖 7-3 2G 訊號處理流程

圖 6-7 中，每秒 8000 次聲音取樣的位元數，若用 13 位元可得較正確的資訊，若用較少的位元數取樣，則聲音會產生嚴重的失真(distorted)。而科學家發現，人類的說話過程，大部分的時間其音量(聲音強度)均處於中低音量的狀態，因此我們可利用此特性先將聲音的中低音量轉換成中高音量，再減少取樣的位元數(13 位元減少為 8 位元)，如此一來便可減少傳遞的資料量由原來的 104kbps(每人)減少為 64kbps(每人) [8000 × 8 = 64000 = 64kbps]，於接收端再將此非線性的轉換還原，便可得到幾乎相同的語音品質，此種轉換法稱為[A 法則轉換](或稱 A 法則壓縮)。請見圖 7-4。

經過 A 法則轉換的資料便可用較少的資料量(64kbps)在交換機之間傳遞卻又不影響通話品質。目前世界的通訊系統之間，幾乎均以 64kbps (每人)做為相互傳遞的基準資料量。

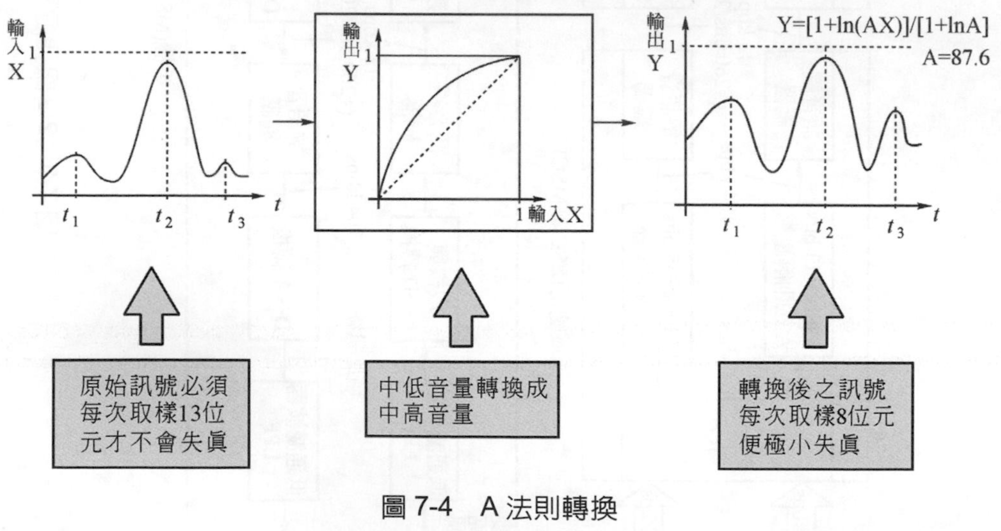

圖 7-4　A 法則轉換

7-4 空氣介面的訊號通道

由於 2G 是以 TDMA(時間分割)作爲多工方式，每個頻道可以由 8 個人共同使用，請見圖 7-5。每個人佔用一個時槽(slot = 0.577ms)，8 個時槽組成一個時框(Frame = 4.615ms)，一個時槽則放入一個 burst，一個 burst 則包含 114 位元的眞正資料(請參考圖 6-19)及其他控制用的附屬資料。

爲了方便說明，我們一般會將圖 7-5(b)簡化成圖 7-5(d)，而圖 7-6 則是實務上GSM 實體頻道的內容。我們將實體頻道(Physical Channel)的功能與意義介紹如下：

BCCH：廣播頻道 Broadcast Channel

FCCH：頻率校正頻道 Frequency Correction Channel

SCH：同步頻道 Synchronization Channel

PCH：呼叫頻道 Paging Channel (基地台呼叫手機)

RACH：手機呼叫頻道 Random Access Channel (手機呼叫基地台)

AGCH：呼叫認可頻道 Access Grant Channel

SDCCH：單一控制頻道 Stand-alone Dedicated Control Channel

SACCH：慢速話中控制頻道 Slow Associated Control Channel

FACCH：快速話中控制頻道 Fast Associated Control Channel

TCH：話務頻道 Traffic Channel(for Voice)一般通話用

PDTCH：封包頻道 Packet Data Traffic Channel(for Data)封包資料用

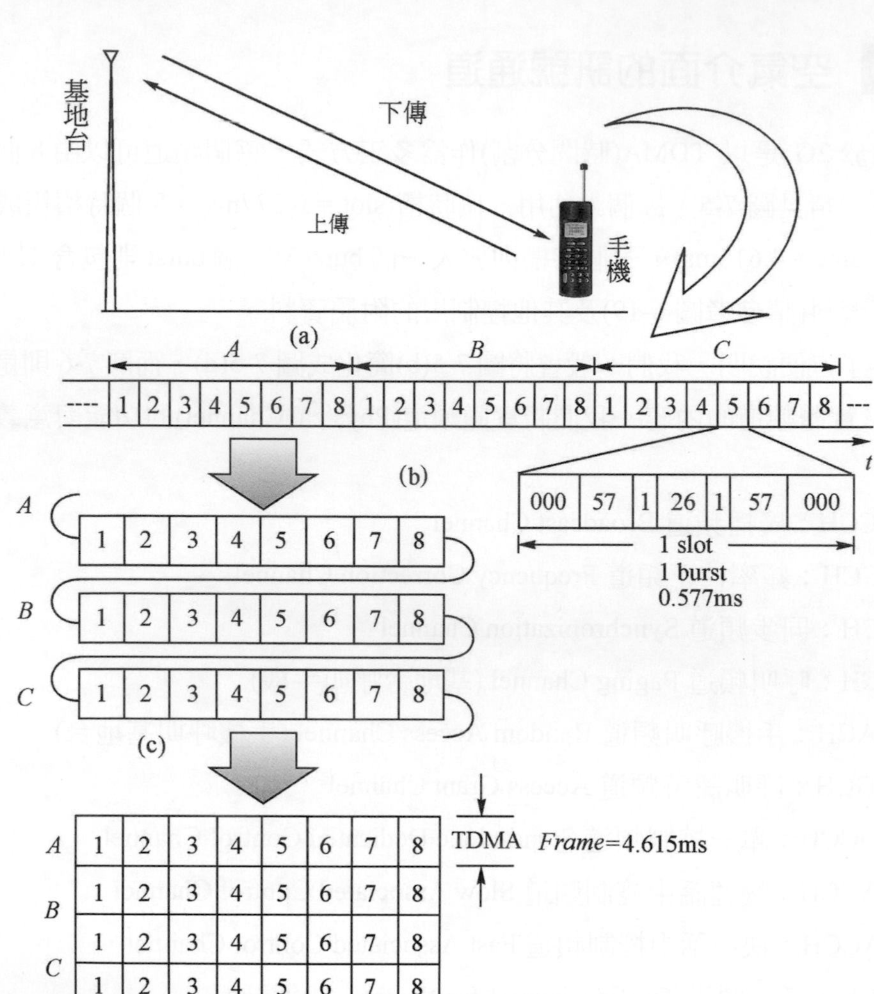
基地台
下傳
上傳
手機
(a)
A
B
C
---- 1 2 3 4 5 6 7 8 1 2 3 4 5 6 7 8 1 2 3 4 5 6 7 8 ---
t
(b)
000 57 1 26 1 57 000
1 slot
1 burst
0.577ms
A
B
C
(c)
TDMA Frame=4.615ms
(d)

圖 7-5 空氣中實體頻道

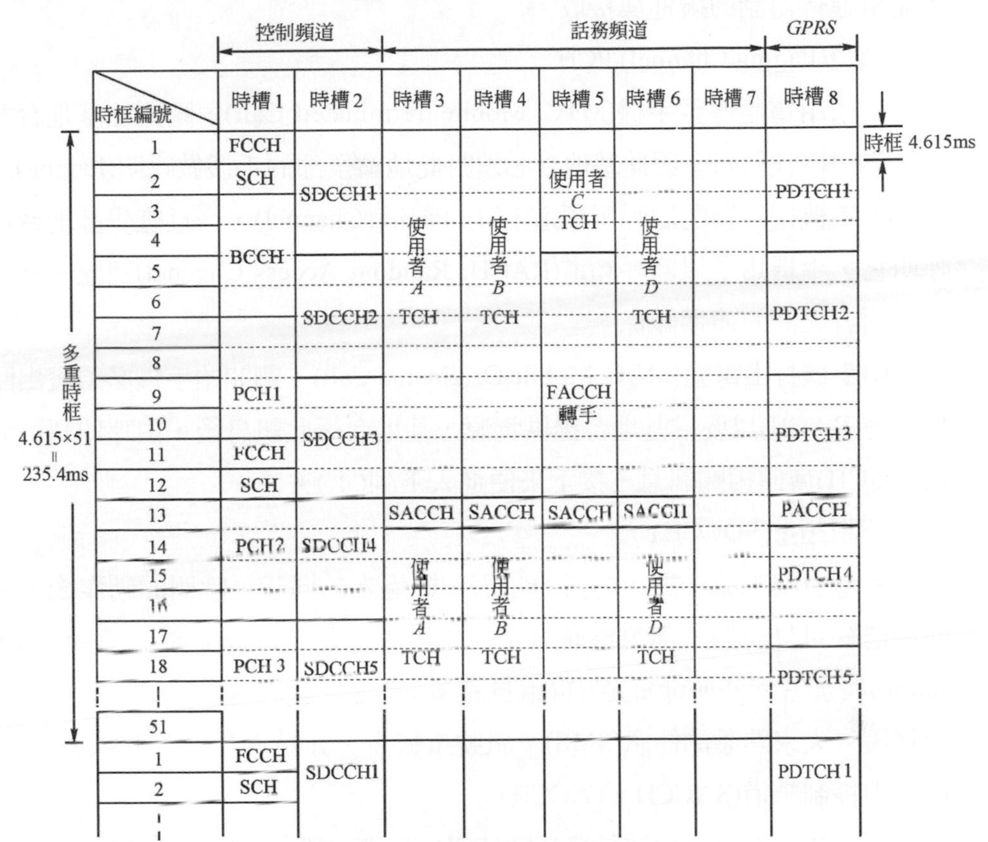

圖 7-6 GSM 實體頻道內容

1. 廣播頻道(Broadcast Channel) BCCH

   類似廣播電台，由基地台向四周發射訊號，手機只接收此訊號，但不回應，此訊號內包含鄰細胞及頻道編號(512...)等基本資料。如果手機開機一整天都不收發任何電話，則此手機整天只靜靜地接收此廣播頻道與呼叫頻道(見下 3.)即可，手機本身沒有發射訊號，因此較省電。

2. 同步頻道(Synchronization Channel) SCH

   通訊系統中，基地台與手機之間時間並沒有同步，當手機開機後欲進入待機狀態時(idle mode)，必須先進行手機與基地台的時間同步，時間同步後，才能再進行電話的撥通與接收。

3. 呼叫頻道(Paging Channel) PCH

   如果有家用電話傳至手機(MTC, Mobile Terminated Call)，剛開始基地台並不知道手機在何處，因此基地台必須對此地區全部的手機做呼叫(Paging)的動作，手機則持續監聽呼叫頻道(PCH, Paging Channel)，一旦查覺基地台在呼叫它，手機馬上以回呼頻道(RACH, Random Access Channel)回應，進而建立兩者之間的連通關係。

   如果由手機打出電話(MOC, Mobile Originated Call)，剛開始手機必須發出回呼頻道(RACH)以要求基地台提供資源，基地台得此訊息後，由呼叫認可頻道(AGCH)傳回相關訊息，接下來便進入下列(*4.*)。

4. 單一控制頻道(SDCCH)

   這是基地台與手機一對一的溝通頻道，經過之前同步、呼叫的動作後，基地台已經可以一對一與手機溝通了，此頻道主要是負責手機認證(authentication)與加密(ciphering)的動作(請見圖 6-18)，一旦通過，才真正進入通話的階段。大家熟悉的簡訊(SMS)，訊號量較少，亦是靠此頻道來傳送。

5. 通話中控制頻道(SACCH，FACCH)

   通話中，我們主要是傳遞話務頻道(TCH, Traffic Channel)見下(*6.*)，但仍有少量的控制訊號須加以傳遞，通話中控制頻道主要負責交遞(hand-over，由 FACCH 負責，雙向)與訊號強度偵測報告(Measurement Report，由 SACCH 負責，上傳)與功率控制(Power Control，由SACCH負責，下傳)的工作。通話完成，電話切斷後，聲音已斷，但仍有控制訊號需傳送，此最後的結尾動作亦是由 FACCH(雙向)處理。

6. 話務頻道(Traffic Channel) TCH

   真正的聲音資料(voice)是靠此頻道傳送，這是通話過程中，時間佔用最久的頻道。

7. 封包資料頻道(Packet Data Traffic Channel) PDTCH

此通道是專屬給 GPRS 用以傳送封包資料之用，它跟話務頻道(TCH)是分屬不同之時槽(time-slot)。

7-5 手機通話流程

爲了熟悉各頻道的使用時機及方法，我們舉一個眞實通話流程來做說明，請見圖 7-7。它是手機收話流程(MTC， Mobile Terminated Call)。另外有手機發話流程(MOC， Mobile Originate Call)，它與 MTC 過程相似，只要將圖 7-7 的前三項程序取消，便是完整 MOC 流程了。

圖 7-7 的通話流程可發現，我們打電話大約有 6～8 秒的前置時間才能眞正響鈴或接電話，而使用者掛上電話後，手機仍會傳訊 2～3 秒作結尾。

通話的流程，一開始基地台(BTS)先呼叫手機(MS)(PCH)，MS 可能因收不到訊號而沒有回應，若 MS 收到呼叫訊號則必須立刻回應(RACH)，之後 BTS 與 BSC 會協議安排一個可供使用的初步頻道(SDCCH)，此 SDCCH 頻道是 MS 與BTS之間暫時性的連絡管道，主要目的是做正式通話前認證與加密的動作，一旦動作完成，BSC 會賦予 MS 一個正式的話務頻道(TCH)，然後 MS 開始響鈴直到使用者按通手機開始通話。通話之中，除了語音訊息外，亦有 SACCH 與 FACCH 的控制訊號(Signalling)在 MS 與 BTS 之間傳遞，直到使用者按斷通話鍵，FACCH 會繼續斷話後的處理動作直到步驟全部完成。

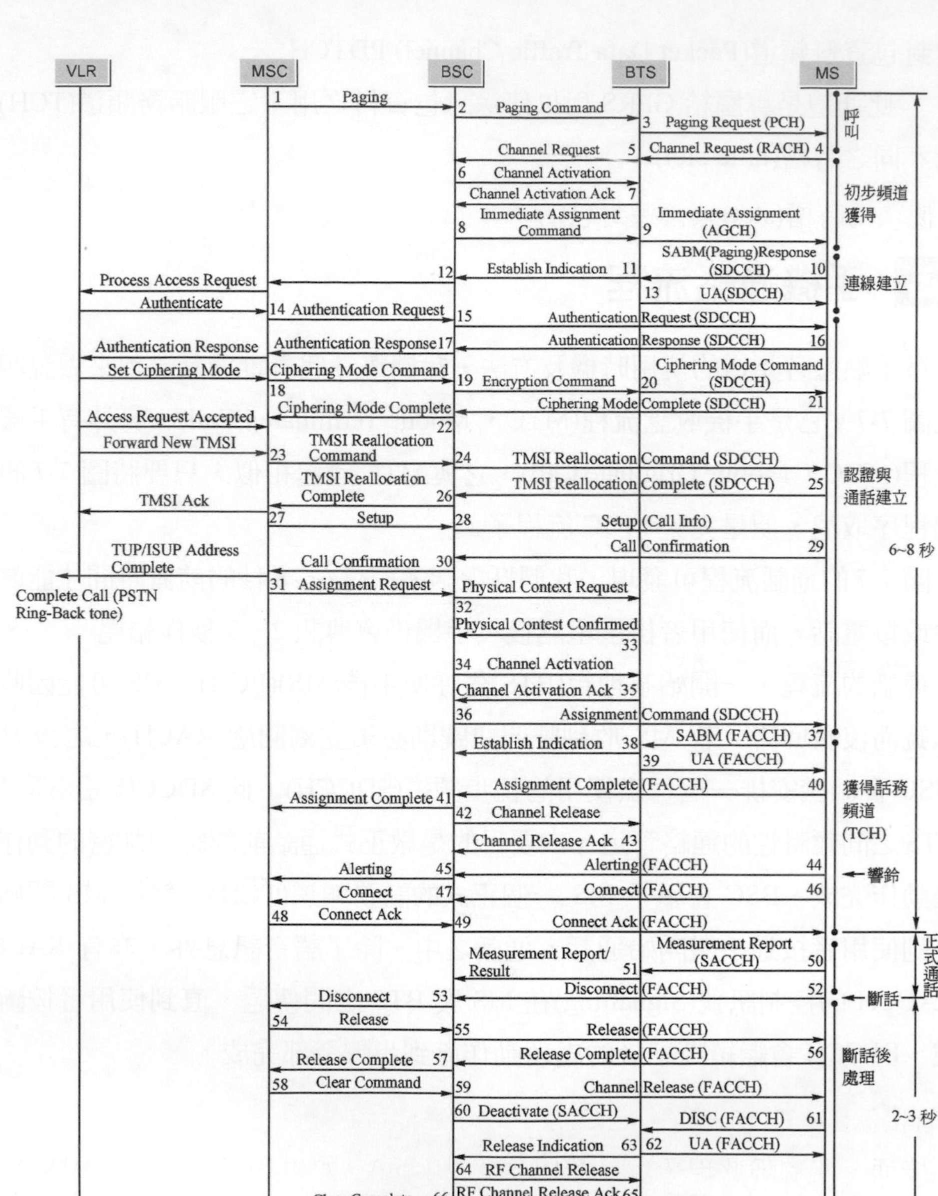

圖 7-7　GSM 手機收話流程 MTC

7-6 GPRS 特性(2.5G)

GPRS 是由傳統的 GSM 系統中衍生出來的，它利用 GSM 於通話中多餘且尚未使用的時槽(slot)來傳遞封包(packet)資料，見圖 7-8。

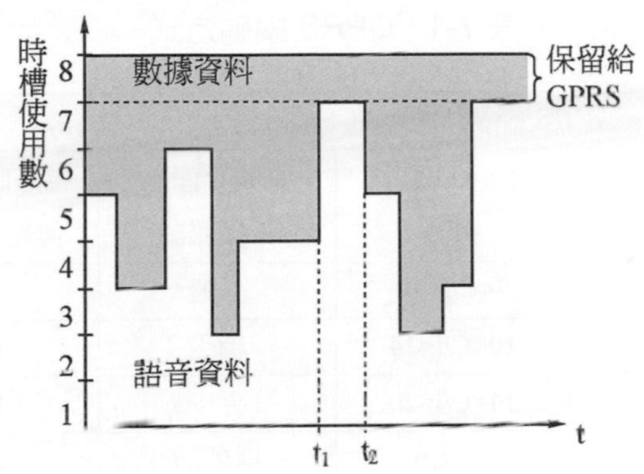

圖 7-8　GPRS 時槽配置法

圖 7-8 中，下半部是語音訊號(voice)所佔用的頻道資源，我們發現：其實還有很多頻道資源是閒置(idle)沒利用的(灰色部分)。於是我們將數據資料(data)從語音資料(voice)中獨立出來，以語音資料爲優先使用權，閒置的部分(灰色部分)便可用來傳送數據資料。

語音資料(voice)有比數據資料(data)更高的頻道優先使用權(Priority)，如果語音頻道太過擁擠，便會把數據頻道騰空，讓語音頻道佔用，不過數據頻道至少保留一個時槽專門使用，因此上圖中 t_1 至 t_2 之間，因爲語音資料已佔滿，第 8 個時槽保留給數據資料傳送之用，此時若有另外一人想通電話，話務訊號便無法接通，我們稱此現象爲話務阻塞(Blocking)。如果通話至一半，因種種原因造成通話中斷，我們稱爲話務斷話(Drop Call)。

GPRS 在資料處理過程中有 4 種編碼方式 CS (Coding Scheme)，請見表 7-1。表中 C/I 代表載波訊號強度(眞正的訊號)與干擾訊號強度的比值(Carrier over Interference)，此值越大代表干擾的影響越少，通訊品質越佳。以實務上的經驗，在室外的環境中 C/I 大於 12dB 的機率很小，因此室外大概只能用到 CS2 的編碼方式，故在室外的環境下使用GPRS，每個時槽(slot)最多只能傳遞(DL下傳)13.4kbps 的資料量(CS2)。而室內環境干擾較少，比較可能用到 CS3 或 CS4 的下傳速率。

表 7-1　GPRS 編碼方式

GPRS 編碼方式　CS(Coding Scheme)			
編碼方式	環境 C/I 條件 (dB)	空氣介面之干擾雜訊	每一時槽最大傳輸量(kbps)
CS1	7<C/I<10	一般	9.05
CS2	10<C/I<14	稍少	13.4
CS3	14<C/I<20	更少	15.6
CS4	20<C/I	極乾淨	21.4

CS1 與 CS2 的編碼方式請見圖 7-9。

CS1的原始數位資料量爲每 20ms 含 181 位元(=9.05kbps)，經過加頭碼(Header)及少量控制資料後經過 1/2 率遞迴編碼(1/2 rate convolutional coding)產生 456 位元的結果，讀者可參考圖 6-11(GSM的語音資料編碼過程)，我們發現語音資料(Voice)編碼結果與數據資料(Data)編碼結果產生相同的資料量(456bits/20ms)，因此自此之後我們可以將它們視爲相同的數位資料，經過交錯置及加密及形成 burst 等過程，經過調變便能將訊號送出。

CS2的原始數位資料量爲每 20ms 含 268 位元(=13.4kbps)，經過加頭碼(Header)及少量控制資料後經過 1/2 率遞迴編碼(1/2 rate convolutional coding)及截斷少量編碼結果(puncturing)，最後產生 456 位元的輸出，此輸出量與CS1 相同。由於有截斷少量編碼結果(132 位元)，故CS2 的編碼效果稍遜於CS1，也因此CS2的編碼條件必須是空氣品質較佳的環境下(雜訊較少， C/I 值較高)才能夠適用。

目前市售 GPRS 手機均支援 4+1 的傳輸量，4+1 代表下傳最多接受 4 個時槽的資料量，上傳 1 個時槽。因此室外下傳速度(以 CS2 爲例)最快可達到 13.4 × 4 = 53.6kbps。室內下傳速度(以 CS4 爲例)最快可達 21.4 × 4=85.6kbps。

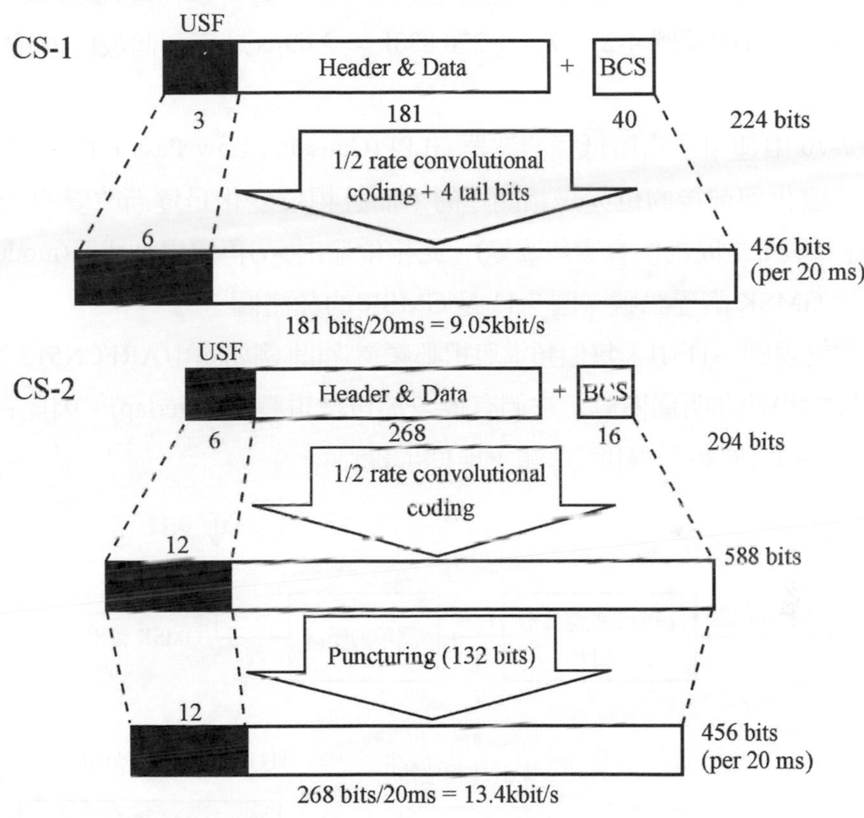

圖 7-9 CS1 與 CS2 編碼方式

7-7 EDGE 與 GSM 調變方式

EDGE (Enhanced Data rates over GSM Evolution)是繼 GPRS(2.5G)之後對傳統 GSM(2G)的另一項改進技術，因此又稱 2.75G(2.75 代)。其中 GPRS 改進的方向是時槽(slot)的運用及訊號種類(語音訊號 Voice 與數據訊號 Data)的分流；EDGE 改進的方向是調變技術的進化，由 GSM 的 GMSK 調變改進成 8PSK 調變。

傳統 GMSK(高斯最小位移鍵 Gaussian Minimum Shift Keying)的調變方法請見圖 7-10。

GSM 在調變前的數位資料，速度達到 270.833kbps，GMSK 調變的頻寬為 200kHz＝0.2MHz(見圖 4-2)。T＝1/270.833k＝3.69μs 是每一個數位位元(bit)持續的時間。

圖 7-10 中運用了高斯低通濾波器 GLPF(Gaussian Low Pass Filter)，每一位元的相位變化與前後的位元是相關連的，而且相位變化是逐漸改變的(傳統的 PSK，在 0 與 1 之間相位會突然改變)，此相位輸出$\phi(t)$再經過調變器(modulator)便可產生 GMSK 調變訊號。圖 7-11 是 GMSK 的頻譜圖。

我們發現圖 7-11 中，每個頻道與相鄰頻道之間(例如圖中 ARFCN513 與 ARFCN514 之間)並非明顯區隔，它們有很多部份是重疊的 (overlap)，因此實務上 GSM 須注意有[同頻干擾]與[鄰頻干擾]的問題。

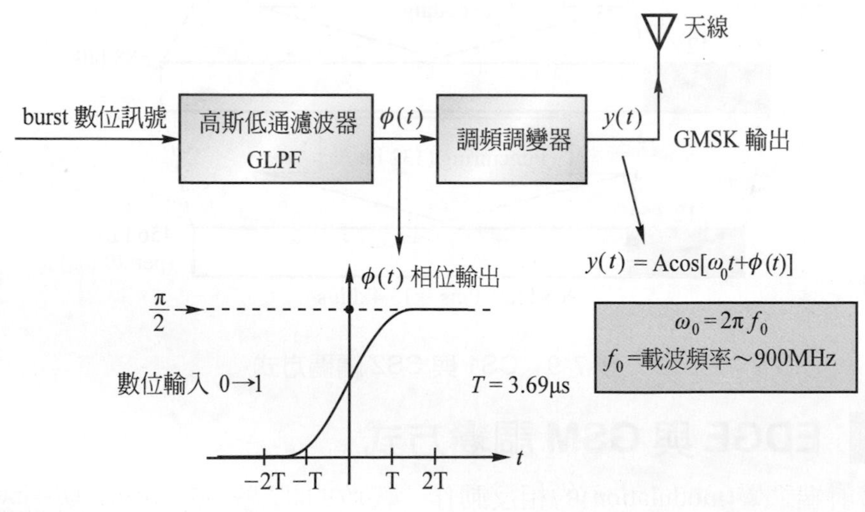

圖 7-10　GMSK 調變

EDGE 的 8PSK(8 相位位移鍵 8 Phase Shift Keying)調變方式與 3G 的 16QAM 調變方式類似。請見圖 7-12a。發射端(Transmitter)的 burst 數位資料(已通過編碼、交錯置、加密等處理過程，只剩最後的調變階段)每 3 位元一組對應到 I-Q

平面，經過低通濾波器(Low Pass Filter)可將低頻頻寬(0～200kHz)以外的雜訊濾除，相對應的 I 值乘上 cosine 載波，相對應的 Q 值則乘上-sine 載波(以上的動作便是將基頻的 I-Q 訊號調變至高頻的射頻訊號)，最後將此兩個調變訊號(射頻訊號 RF signal)相加(請見圖 6-8e)形成一個訊符(Symbol)，便可接至天線，將訊號送出。

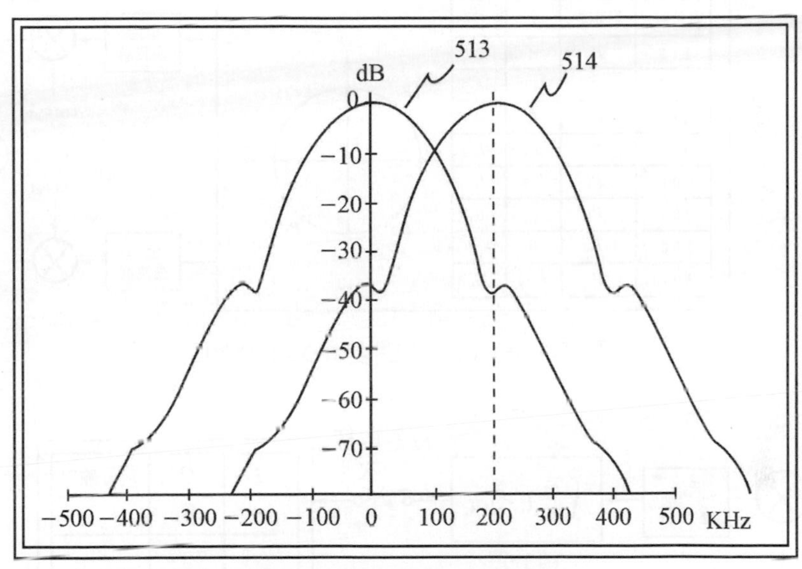

圖 7-11 GMSK 頻譜圖

我們發現 8PSK 的一個 symbol(空氣中眞正傳送的符號)代表是 3 位元的資料量，而一個 GMSK 的 symbol 則代表 1 位元的資料量，因此 EDGE 的傳輸速度是傳統 GPRS 的 3 倍。

圖 7-12b 則是接收端(Receiver)解調變(demodulation)的基本線路，其原理幾乎是發射端調變(modulation)的相反動作，接收的訊號經過 cosine 與-sine 載波(carrier)的相乘，便可將高頻的射頻訊號(RF signal)轉變爲低頻訊號，再經過低通濾波器(Low Pass Filter)將低頻頻寬(0～200kHz)以外的雜訊濾除。

積分器每 Tb(每一 symbol 的持續時間)內做訊號的累積，然後每 Tb 被取樣一次(取樣後則歸零)，最後決定 I 與 Q 值各爲多少並對應到 3 個位元(bit)的輸出。

8PSK 的封包傳送速率與接收速率均爲傳統 GMSK 的 3 倍，但空氣介面抵抗雜訊(noise)的能力則劣於 GMSK，因此目前數位通訊的方法大多是：在雜訊太多的通訊環境，基地台會用 GMSK 與手機連通；在雜訊較少的通訊環境，基地台會改用 8PSK 與手機連通，以達到更快的封包傳送速度。

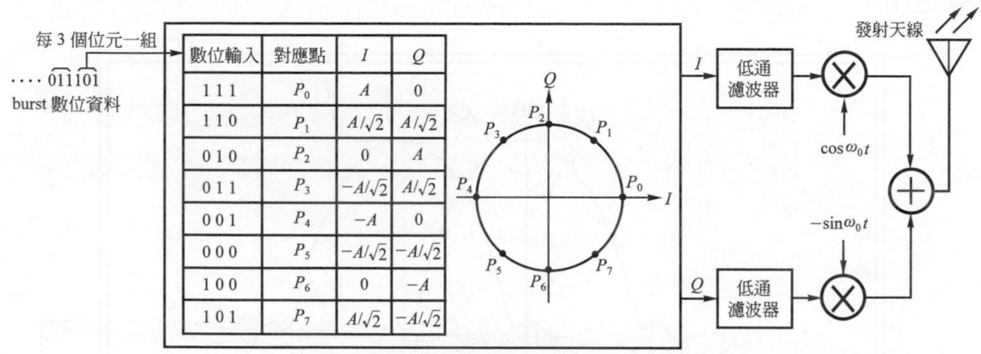

圖 7-12a　8PSK 調變 modulation

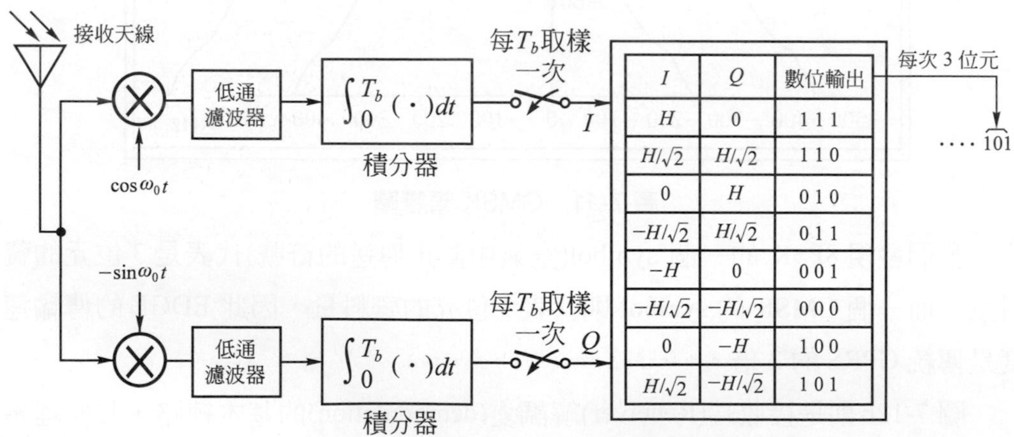

圖 7-12b　8PSK 解調變 de-modulation

7-8 GSM 完整時槽配置

圖 7-13 是目前手機業者常用的時槽(Slot)配置方式，請參考。圖中使用了 2 個 TRX(訊號收發器)可產生 8 × 2 = 16 個時槽(slot)，其中有 3 個時槽(TRX0_TSL0 與 TRX0_TSL1 與 TRX1_TSL0)做認證/簡訊等控制(Signaling)之用，另外設定至少 3 個時槽給 GPRS 做傳輸數據資料(Data)之用，其餘 10 個時槽為一般話務(Voice)或 GPRS 之用，亦即最多可同時提供 10 個人通話。

圖中GPRS部份，PDTCH與TCH功能類似，TCH是傳送語音訊號(voice)，PDTCH 是傳送數據訊號(data); SACCH 是傳送 TCH 時的控制訊號，PACCH 是傳送 PDTCH 時的控制訊號。

TRX0

	MBCCH	SDCCB	TCH	TCH	TCH	GPRS	GPRS	GPRS
	控制訊號	控制訊號	聲音訊號	聲音訊號	聲音訊號	data 訊號	data 訊號	data 訊號
	多人用	多人用	1 人用	1 人用	1 人用	1-9 人用	1-9 人用	1-9 人用 (dedicated)
	TSL 0	TSL 1	TSL 2	TSL 3	TSLt 4	TSL 5	TSL 6	TSL 7
0	FCCH	SDCCH 0	TCH	TCH	TCH	PDTCH'' 0	PDTCH' 0	PDTCH 0
1	SCH		TCH	TCH	TCH			
2	BCCH		TCH	TCH	TCH			
3			TCH	TCH	TCH			
4		SDCCH 1	TCH	TCH	TCH	PDTCH'' 1	PDTCH' 1	PDTCH 1
5			TCH	TCH	TCH			
6	CCCH0		TCH	TCH	TCH			
7			TCH	TCH	TCH			
8		SDCCH 2	TCH	TCH	TCH	PDTCH'' 2	PDTCH' 2	PDTCH 2
9			TCH	TCH	TCH			
10	FCCH		TCH	TCH	TCH			
11	SCH		TCH	TCH	TCH			
12	CCCH1	SDCCH 3	SACCH	SACCH	SACCH	PACCH	PACCH	PACCH
13			TCH	TCH	TCH	PDTCH'' 3	PDTCH' 3	PDTCH 3
14			TCH	TCH	TCH			
15			TCH	TCH	TCH			
16	CCCH2	SDCCH 4	TCH	TCH	TCH			
17			TCH	TCH	TCH	PDTCH'' 4	PDTCH' 4	PDTCH 4
18			TCH	TCH	TCH			
19			TCH	TCH	TCH			
20	FCCH	SDCCH 5	TCH	TCH	TCH			
21	SCH		TCH	TCH	TCH	PDTCH'' 5	PDTCH' 5	PDTCH 5
22	CCCH3		TCH	TCH	TCH			
23			TCH	TCH	TCH			
24		SDCCH 6	TCH	TCH	TCH			
25			IDLE	IDLE	IDLE	IDLE	IDLE	IDLE
26	CCCH4		9CCCH= 2AGCH +7PCH		TCH	PDTCH'' 6	PDTCH' 6	PDTCH 6
27					TCH			
28		CBCH			TCH			
29					TCH			
30	FCCH				TCH	PDTCH'' 7	PDTCH' 7	PDTCH 7
31	SCH				TCH			
32	CCCH5	SACCH 0			TCH			
33					TCH			
34					TCH	PDTCH'' 8	PDTCH' 8	PDTCH 8
35					TCH			
36	CCCH6	SACCH 1			TCH			
37					TCH			
38					SACCH	PACCH	PACCH	PACCH
39					TCH	PDTCH'' 9	PDTCH' 9	PDTCH 9
40	FCCH	SACCH 2			TCH			
41	SCH				TCH			
42	CCCH7				TCH			
43					TCH	PDTCH'' 10	PDTCH' 10	PDTCH 10
44		SACCH 3			TCH			
45					TCH			
46	CCCH8				TCH			
47					TCH	PDTCH'' 11	PDTCH' 11	PDTCH 11
48		IDLE			TCH			
49		IDLE			TCH			
50	IDLE	IDLE			TCH			
51					IDLE	IDLE	IDLE	IDLE

< 1 Block > = 4 TDMA Frame

1 Multi_Frame(TCH) = 26 TDMA Frames = 120ms

1 Multi_Frame(GPRS) = 52 TDMA Frames = 240ms = 12 Blocks

圖 7-13a GSM 時槽配置圖

TRX1 (Hopping 跳頻)

	SDCCH	TCH	TCH	TCH	TCH	TCH	TCH	TCH
	控制訊號	聲音訊號	聲音訊號	聲音訊號	聲音訊號	聲音訊號	聲音訊號	聲音訊號
	多人用	1 人用	1 人用	1 人用	1 人用	1 人用	1 人用	1 人用
	TSL 0	TSL 1	TSL 2	TSL 3	TSL 4	TSL 5	TSL 6	TSL 7
0	SDCCH 0	TCH	TCH	TCH	TCH	TCH/FACCH	TCH	TCH
1		TCH	TCH	TCH	TCH	TCH/FACCH	TCH	TCH
2		TCH	TCH	TCH	TCH	TCH/FACCH	TCH	TCH
3		TCH	TCH	TCH	TCH	TCH/FACCH	TCH	TCH
4	SDCCH 1	TCH	TCH	TCH	TCH	TCH/FACCH	TCH	TCH
5		TCH	TCH	TCH	TCH	TCH/FACCH	TCH	TCH
6		TCH	TCH	TCH	TCH	TCH/FACCH	TCH	TCH
7		TCH	TCH	TCH	TCH	TCH/FACCH	TCH	TCH
8	SDCCH 2	TCH	TCH	TCH	TCH	TCH	TCH	TCH
9		TCH	TCH	TCH	TCH	TCH	TCH	TCH
10		TCH	TCH	TCH	TCH	TCH	TCH	TCH
11		TCH	TCH	TCH	TCH	TCH	TCH	TCH
12	SDCCH 3	SACCH	SACCH	SACCH	SACCH	SACCH	SACCH	SACCH
13		TCH	TCH	TCH	TCH	TCH	TCH	TCH
14		TCH	TCH	TCH	TCH	TCH	TCH	TCH
15		TCH	TCH	TCH	TCH	TCH	TCH	TCH
16	SDCCH 4	TCH	TCH	TCH	TCH	TCH	TCH	TCH
17		TCH	TCH	TCH	TCH	TCH	TCH	TCH
18		TCH	TCH	TCH	TCH	TCH	TCH	TCH
19		TCH	TCH	TCH	TCH	TCH	TCH	TCH
20	SDCCH 5	TCH	TCH	TCH	TCH	TCH	TCH	TCH
21		TCH	TCH	TCH	TCH	TCH	TCH	TCH
22		TCH	TCH	TCH	TCH	TCH	TCH	TCH
23		TCH	TCH	TCH	TCH	TCH	TCH	TCH
24	SDCCH 6	TCH	TCH	TCH	TCH	TCH	TCH	TCH
25		IDLE	IDLE	IDLE	IDLE	IDLE	IDLE	IDLE
26								
27								
28	SDCCH 7							
29								
30								
31								
32	SACCH 0							
33								
34								
35								
36	SACCH 1							
37								
38								
39								
40	SACCH 2							
41								
42								
43								
44	SACCH 3							
45								
46								
47								
48	IDLE							
49	IDLE							
50	IDLE							
51								

1 Multi_Frame(TCH) = 26 TDMA Frames = 120ms

1 Multi_Frame(Signalling) = 51 TDMA Frames = 235.38ms

FCCH	Frequency Correction Channel	D:讓手機與基站"時間同步"(純 sine 波)
SCH	Synchronization Channel	D:BSIC,TDMA frame number
BCCH	Broadcast Control Channel	D:BTS 對眾人"廣播"
PCH	Paging Channel	D:BTS 對一人"呼叫"
AGCH	Access Grant Channel	D:BTS 對一人"授權可使用之頻道"
RACH	Random Access Channel	U:一人對 BTS"呼叫"
SDCCH	Stand_alone Dedicated Control Channel	雙向:身份認證,location update(通話前)
SACCH	Slow Associated Control Channel	雙向, U:測試結果 D:PC,TA(通話中)
FACCH	Fast Associated Control Channel	雙向:HO,call setup releas.(通話前.中.後)
TCH	Traffic Channel	雙向:聲音訊息(通話中)
PDTCH	Pack Data TCH	雙向:data 訊息 D:Max9 人 U:Max7 人
PACCH	Packet Associated Control Channel	雙向: U:Ack.,無 HO D:PC,TA,Ack.

附註 D:downlink 下傳
U:uplink 上傳
HO:hand over 轉手
PC:power control 輸出功率控制
TA:timing advance 傳送時間調整
Ack.:acknowledge 回報

Capacity(容量)計算：
1 Super_Frame(TCH)=51 Multi_Frame(TCH)=6.12 秒
1 Super_Frame(Signalling)=26 Multi_Frame(Signal)=6.12 秒

PCH: 1 MultiFrame(Signalling)含 7 個 PCH 共 235.38ms
故每秒可有 29.74PCH---->BTS 每秒可呼叫 29.7×2 隻手機(2 IMSI/PCH)

圖 7-13b GSM 時槽配置圖

習題

1. 交換機中一般包含 MSC 與 SGSN，何者是處理語音資料的交換動作？
2. 若 GPRS 手機的能力爲 5+1，則在 CS3 的條件下最快下傳速度爲何？
3. 交換機中的[A 法則轉換]爲什麼能節省傳輸的資源？
4. EDGE 的傳送速度是 GPRS 的幾倍？爲什麼？
5. 圖 7-1 中，何者負責交遞動作(handover)的執行？
6. 通話的初期，手機必須先經過系統的認證過程(authentication)才能繼續接下來的連通程序(圖 7-7)，認證是由圖 7-1 的何者執行？
7. GSM 系統爲什麼有鄰頻干擾的問題？
8. 一般通話中，佔用最久的實體頻道爲何？
9. 圖 7-7 中，手機在認證階段(authentication)是佔用哪一個實體頻道？

CHAPTER 8

3G-CDMA2000 系統架構

8-1 簡介

美規第二代手機系統 IS-95(或稱 CDMA one)是由美國軍方的機密技術逐漸演變出來，它在全球的市佔率雖然沒有 GSM 來的大，但 CDMA (Code Division Multiple Access 碼多工)的技術有簡潔多變的優點，因此 3G 系統的 WCDMA(歐規)或 CDMA2000(美規)均以此爲基礎。

CDMA2000 是 IS-95 的延伸，IS-95 主要是傳遞語音訊號(Voice)；CDMA2000 則是另外加入數據訊號(Data)的處理，此觀念幾乎與 WCDMA 完全相同。

8-2 網路架構

CDMA2000 與 WCDMA 的網路架構有頗多類似之處，可參考圖 8-1 與圖 9-1。

圖 8-1 中，BSC 的功能與 WCDMA 中 RNC(圖 9-1)功能類似，主要負責諸多基地台(BTS)的資源保留(resource reservation)及交遞(handoff)動作的完成；交換機(與外部網路訊號之交換溝通)部份，則有負責語音訊號(voice)的 MSC 及負責封包訊號(packet)的 PDSN；AAA server (Authentication， Authorization and Accounting)則負責認證及計費的工作；O&M (Operating and Monitoring)則負責網路執行及監控記錄的工作；PDGN 是封包資料與外部網路連繫的介面。

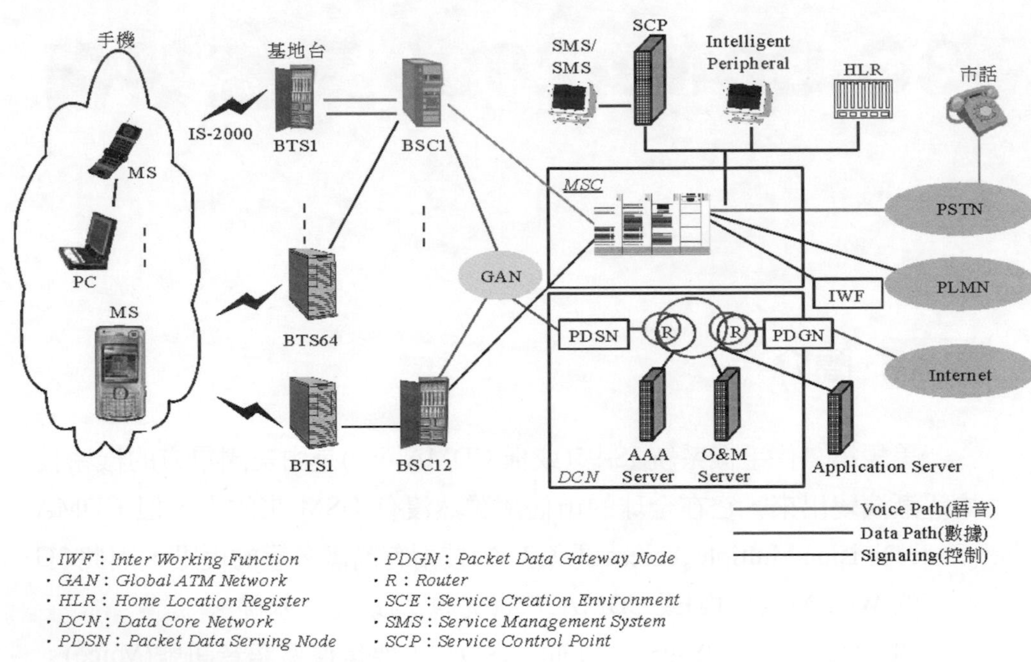

圖 8-1　CDMA2000 網路架構圖

8-3 訊號處理流程

CDMA2000 的訊號處理流程以圖 6-4 為基礎，細部內容如圖 8-2 所示。

圖 8-2 顯示 CDMA2000 一般通話訊號下傳(Down Link 基地台至手機)的流程，於交換機端每位通話者有 64kbps 資料量；在語音編碼(壓縮)之前會經過μ法則轉換(μ law，圖 8-3)，此原理與 A 法則轉換(A law，圖 7-4)相同，只是變化的幅度稍有不同，將聲音由中低音量轉為中高音量，可在極小失真的情況下減少取樣的位元數;A 法則轉換一般用於歐洲規格的設備中，μ法則轉換則多用於美國或日本規格的設備之中。

聲音經過語音編碼(Vocoder)後產生 8.6kbps 的壓縮資料(參考圖 6-7)，增加 CRC (循環冗碼檢查，12bits)及 1/2 率遞迴編碼(1/2 rate Convolution Coding)後產生 384bits(每 20 毫秒)的資料量，然後經過交錯置(block interleaving)的保護；在此同時，長碼產生器(內含 42 個暫存器，2^{42}chip 循環一次)可與通話者遮罩(每一個通話者有一個特有的遮罩)產生 1.2288Mcps(chip per sec)的保密晶片資訊，經過 64：1 產生器(取每 64 晶片的第 1 個晶片)降速成與語音資料相同的 19.2kcps，然後再加上每秒 800 次的功率控制資訊(1 Frame = 16 slot = 20 毫秒，每個 slot 含一次功率控制)，最後再乘上展頻因子為 64 的正交碼(SF = 64)，最後再乘上 PN 攪拌碼(PN code，每一個基地台細胞會有一個自己獨有的 PN code)產生 1.2288Mcps(chip per sec)的數位資料；經過 QPSK 調變後(參考圖 9-7)，便可將 1.2288Msps (symbol per sec)的訊符接上天線將訊號送出。

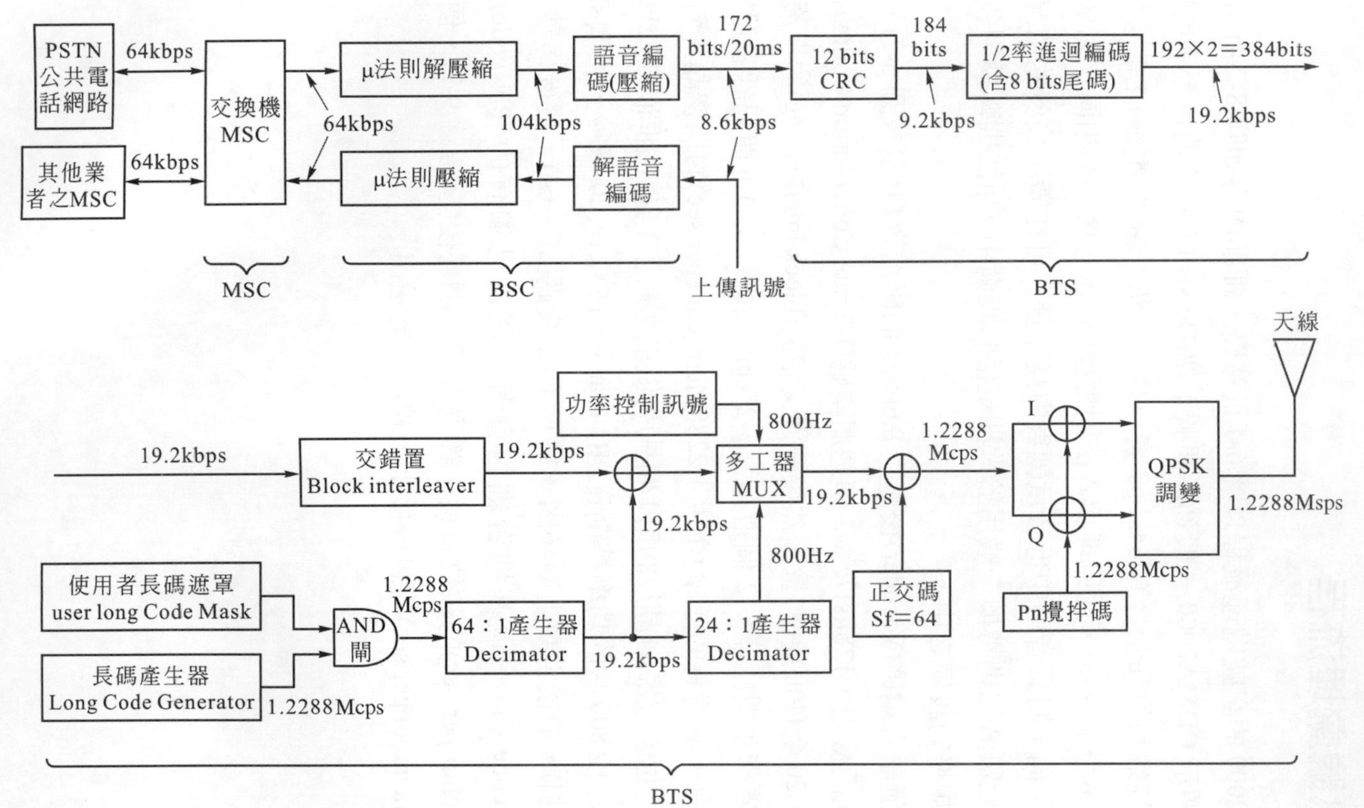

圖 8-2 CDMA2000 通話 訊號下傳流程

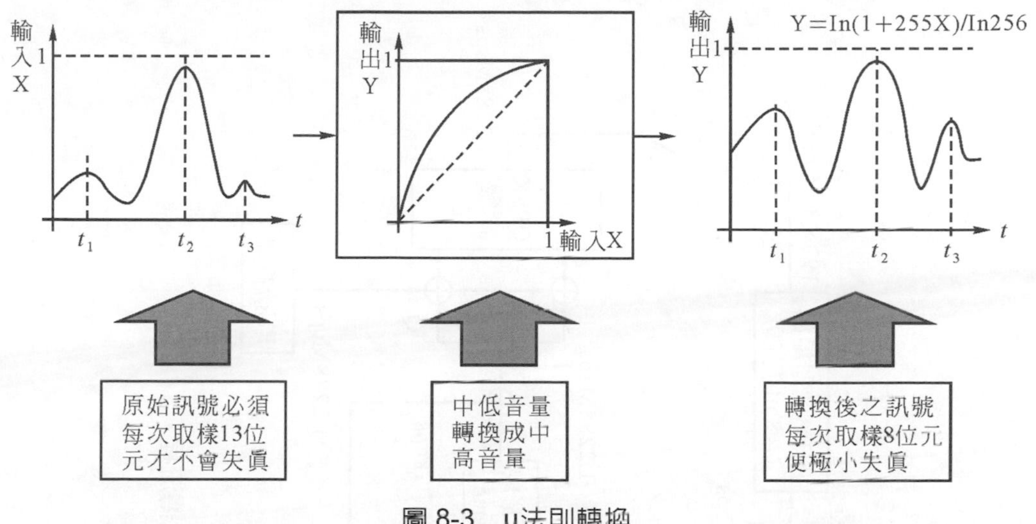

圖 8-3　μ法則轉換

圖 8-4 顯示 CDMA2000 一般通話訊號上傳(Up Link 手機至基地台)的流程，手機的麥克風將人類說話聲音的類比訊號(analog signal)經過取樣(sampling)與語音編碼(vocoder)後產生 8.6kbps 資料量，加入 CRC(12 位元，圖 6-10)後再經過 1/3 率遞迴編碼(圖 6-12a)產生 28.8kbps(每 20 毫秒含 576 位元)的資料量，再經過交錯置(interleaver，圖 6-17)的處理，接著每 6 位元的資料(共有 $2^6 = 64$ 種可能組合)產生一組展頻因子爲 64(SF = 64)的正交碼(64-ary orthogonal modulator)，輸出 307.2kcps；此資料再與由長碼產生器(long code generator)產生之 1.2288Mcps 加密資料以 1：4 的方式組合成調變前的 1.2288Mcps 數位資料，最後經過 QPSK 調變(實際上是 offset-QPSK)產生 1.2288Msps 的訊符(symbol)，接上天線便可將訊號送出。

CDMA2000 系統由於架構的特點，它有一個異於其他手機系統的特別要求：基地台之間必須時間同步。此功能可藉由基地台接收 GPS(全球定位系統 Global Positioning System)衛星訊號得以達成。因此 CDMA2000 的基地台旁邊一定有一個小型接收天線，用以接收天空中 GPS 訊號以便做彼此的時間同步，若是短時間內 GPS 訊號不良，基地台亦會靠本身內部的精密震盪器作時間的校正。

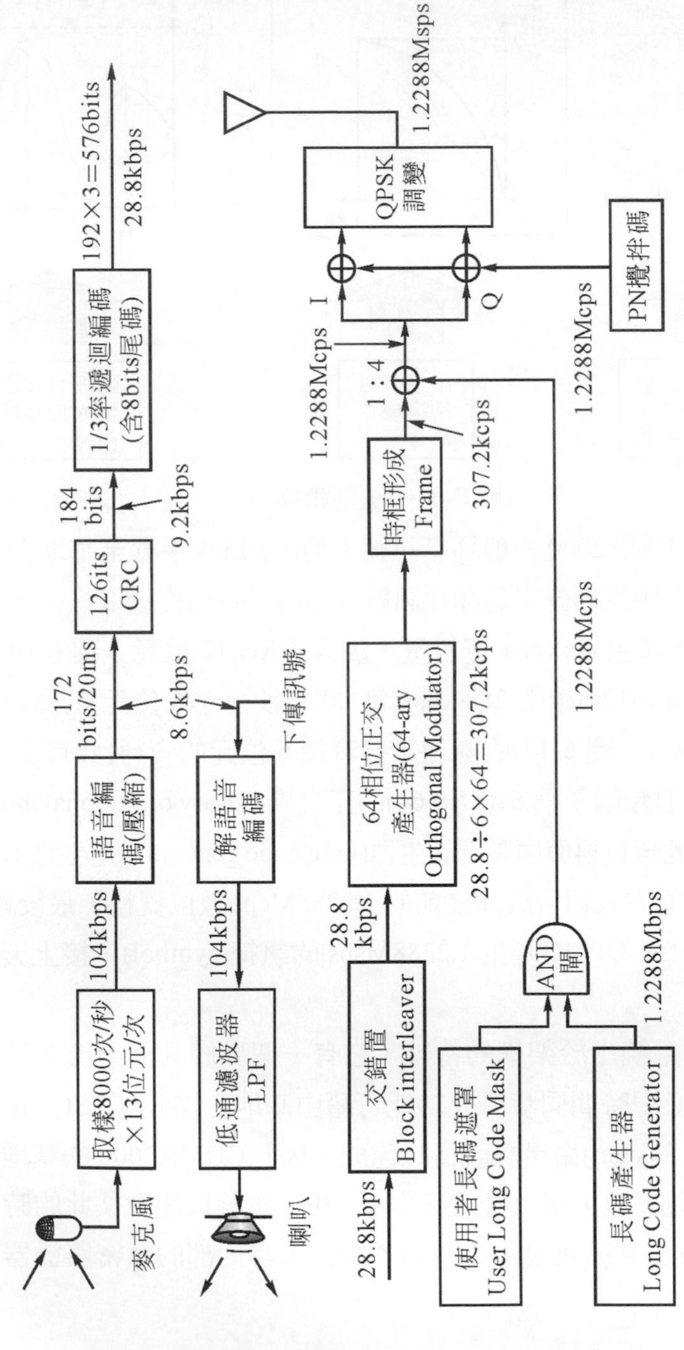

圖 8-4 CDMA2000 通話 訊號上傳流程

8-4 空氣介面訊號通道

如圖 8-2 與圖 8-4，CDMA2000 的訊號在接上天線前的速率是 1.2288Msps (symbol per sec)，而訊號經由天線送出去之前會再經過一個帶通濾波器 BPF (band-pass filter)將訊號做乾淨的濾波，此濾波器頻寬則爲 B=1.25MHz。因此 CDMA2000 的空中頻寬分布如圖 8-5。

圖 8-5 中，一般採用展頻率 1 的架構做訊號上傳/下傳的基本傳遞方式；若需要更快的上傳/下傳速率，則會採展頻率 3 的架構。

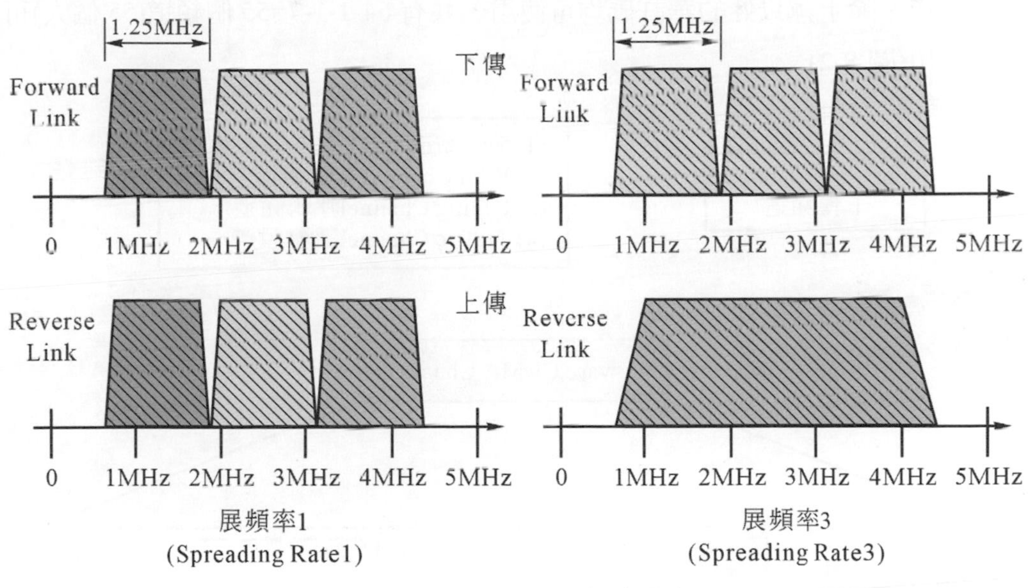

圖 8-5　CDMA2000 頻寬分布

傳統 CDMA2000 的實體頻道(Physical channel)使用固定展頻因子爲 64 (SF=64)的正交碼，通稱爲華許碼(Walsh code：W0，W1，W2…W63)，共 64 組且相互正交(orthogonal)，每個實體頻道會使用一個華許碼，圖 8-6 顯示 CDMA2000 下傳(Forward)頻道的種類：

①同步頻道(Syn Channel)：手機必須先利用此頻道與基地台的時間同步然

後才有能力接收基地台的其他頻道，使用 W32 與 WCDMA 的 P-SCH 功能相同(圖 9-4a)。

②導引頻道(Pilot)：CDMA 系統下的最基本頻道，可導引手機量測此基地台的其他頻道，使用 W0(內容全是 0)，此頻道之功能與 WCDMA 的 P-CPICH 相同(圖 9-4a)。

③呼叫頻道(Paging Channel)：基地台臨時呼叫手機時之頻道，使用 W1～W7，此頻道之功能與 WCDMA 的 PICH 相同

④話務頻道(Traffic Channel)：真正語音(voice)或數據(data)資料使用此頻道，除上述以外的華許碼均可使用，共有 64-1-1-7=55 個頻道(55 個人)可用(圖 8-2)。

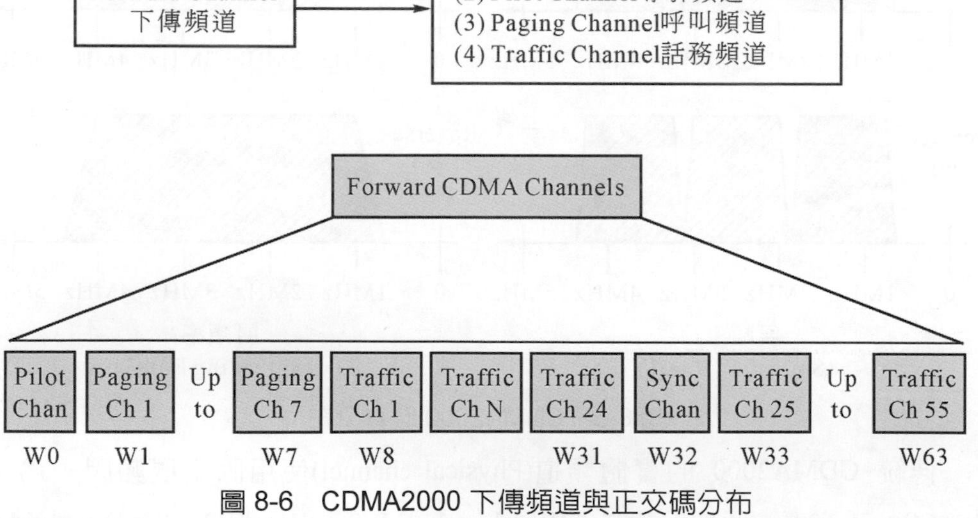

圖 8-6　CDMA2000 下傳頻道與正交碼分布

圖 8-7 顯示 CDMA2000 上傳(Reverse)頻道的種類：

1. 存取頻道(Access Channel)：手機若要初始一通電話，必須靠此頻道先告知基地台，然後取得基地台的其他安排與 WCDMA 的 PRACH 功能相同。

2. 話務頻道(Traffic Channel)：真正語音資料(voice)或數據資料(data)使用此頻

道，與 WCDMA 的 DPCH(=DPDCH+DPCCH)功能相同(圖 9-4b)。

圖 8-8 爲 WCDMA2000 的一般通話流程，與 WCDMA 的通話流程亦有類似之處，請參考圖 9-5b。

圖 8-8 中，手機先與 BSC 建立完成連接動作，進而再藉由交換機(MSC)與外界產生正式的資料交換連通，因此可達成通話雙方的語音連結。

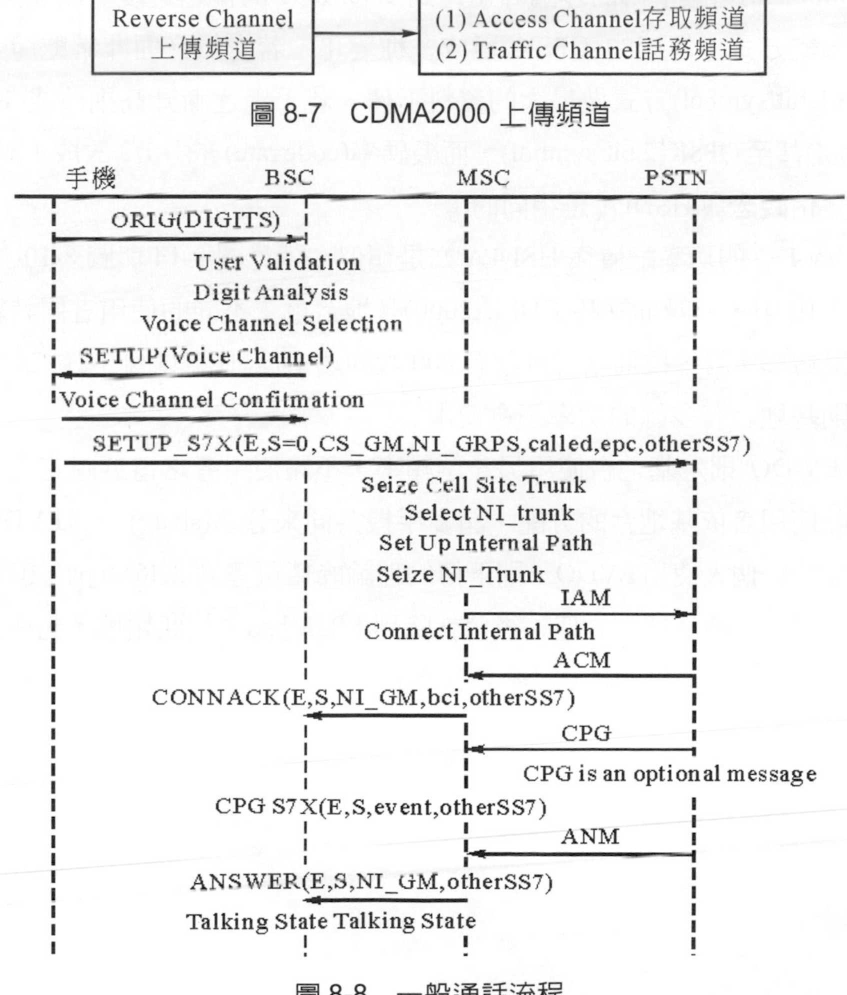

圖 8-7　CDMA2000 上傳頻道

圖 8-8　一般通話流程

8-5 CDMA2000 1x EV-DO 高速封包傳送

CDMA2000 的演進如同 WCDMA，在基本語音連接後進而想加快封包資料的傳遞，因此在 3G 的 WCDMA 中進化成 3.5G 的 HSDPA，可讓下傳的理論峰值達到 14.4Mbps 的傳送速度。而傳統 CDMA2000 則進化成 1x EV-DO (Evolution-Data Optimized)可讓下傳的理論峰值達到 2.46Mbps 的傳送速度，請見圖 8-9。輸出的調變方式由傳統的 QPSK 變成多種變化，若空氣介面非常乾淨，則用 16QAM(4 bit/symbol)方式做最大的資料下傳，若干擾逐漸升高則改成 8PSK(3 bit/symbol)甚至 QPSK(2 bit/symbol)，而編碼率(code rate)亦由 1/3 改成 1/5，此種動態的變化觀念與 HSDPA 是相同的。

1x EV-DO 的功率配置與 HSDPA 亦是類似，請見圖 9-14 與圖 8-10。

圖 8-10 中，一般通話時(CDMA2000)基地台會依不同的使用者同時給予不同的輸出功率，對每位通話者每秒有 800 次的功率控制(請見圖 8-2)，若通話者較少，則基地台有多餘的功率不會使用。

1x EV-DO 則是基地台使用另一個頻率，不論使用者之遠近固定全功率輸出，因此使用者依基地台的分配，諸多手機共同來分享(share)一個 EVDO 的通道。因此若一個人使用 EVDO，則下傳的理論峰值可達到 2.46Mbps。但若同時有兩個人使用，則每個人的理論鋒值就降到 1.23Mbps…依此類推。此種運作模式與 HSDPA 是完全相同的，可參考圖 9-14。

	Physical Layer Parameters											
Data Rates (kbps)	38.4	76.8	153.6	307.2	307.2	614	614.4	921.6	1228.8	1228.8	1843.2	2457.2
Modulation Type	QPSK	QPSK	QPSK	QPSK	QPSK	QPSK	QPSK	8 PSK	QPSK	16QAM	8 PSK	16QAM
Bits per Encoder Packet	1024	1024	1024	1024	2048	1024	2048	3072	2048	4096	3072	4096
Code Rate	1/5	1/5	1/5	1/5	1/3	1/3	1/3	1/3	1/3	1/3	1/3	1/3
Encoder Packet Duration (ms)	26.67	13.33	6.67	3.33	6.67	1.67	3.33	3.33	1.67	3.33	1.67	1.67
Number of Slots	16	8	4	2	4	1	2	2	1	2	1	1

圖 8-9　1x EV-DO 資料下傳速率

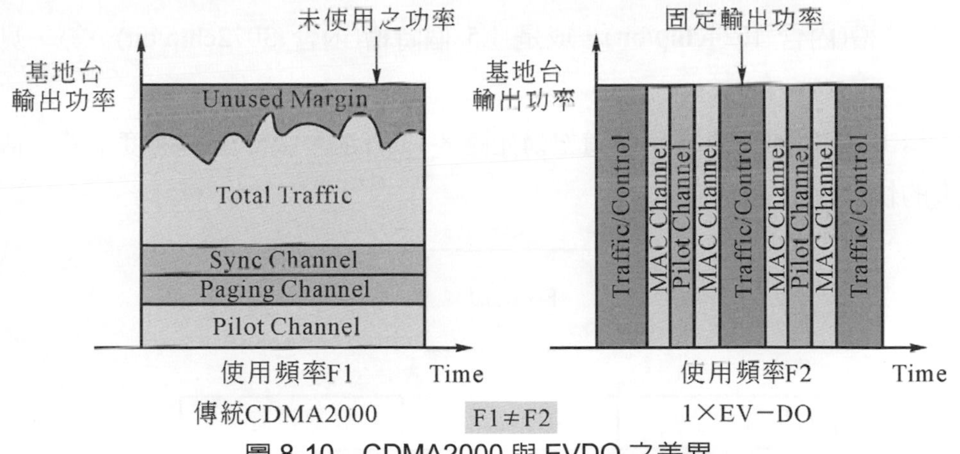

圖 8-10　CDMA2000 與 EVDO 之差異

1x EV-DO 的下傳邏輯頻道架構如圖 8-11 所示：

①導引頻道(Pilot)： CDMA 系統下的最基本頻道，可導引手機量測此基地台。

②上傳指示(RAB， Reverse Activity Bit)：基地台指示手機的上傳行為。

③資料速率控制(DRC， data rate control)：指示下傳之數據資料速率。

④上傳功率控制(RPC， Reverse Power Control)：基地台控制手機之上傳功率。

⑤數據頻道(Traffic)：眞正數據(data)資料放在此頻道中。

⑥其他控制頻道(Control)：呼叫(paging)或 ACK 訊息放在此頻道中。

將功能性(functionality)的邏輯頻道(logical channel)對應到眞正空氣中的實體頻道(physical channel)，如圖 8-12 所示。

每個時槽(slot)由傳統 CDMA2000 的 1.25 毫秒改變成 1.667 毫秒，內含 2048chip 的資料量，因此仍可維持傳統 CDMA2000 的基本數位訊號處理速度(1.2288Mcps，見圖 8-2)；16 個時槽(slot)組成一個時框(1 frame=26.67 毫秒)。傳送的基本時間單位爲 16 個時框(= 256 slot = 426.667ms = 524288 chip)，其中前 8 個時槽(slot)傳送 pilot 及 RPC 等控制資料，眞正的數據封包資料則放在接下來的 248 個時槽(slot)中，由基地台分配不同的時槽組合給不同的使用者，可能是 0.5 個時槽(內含 1024chip/bit)，或是 1.5 個時槽(內含 3072chip/bit)…等，見圖 8-12(b)。

1x EV-DO 的上傳邏輯頻道架構如圖 8-13 所示。由於上傳速度不若下傳速度來的快，因此暫不贅述。

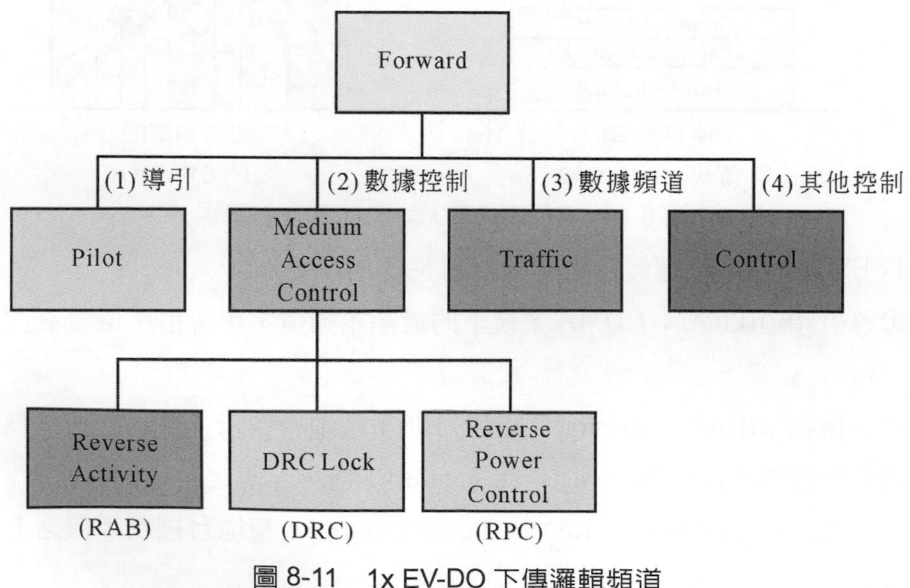

圖 8-11　1x EV-DO 下傳邏輯頻道

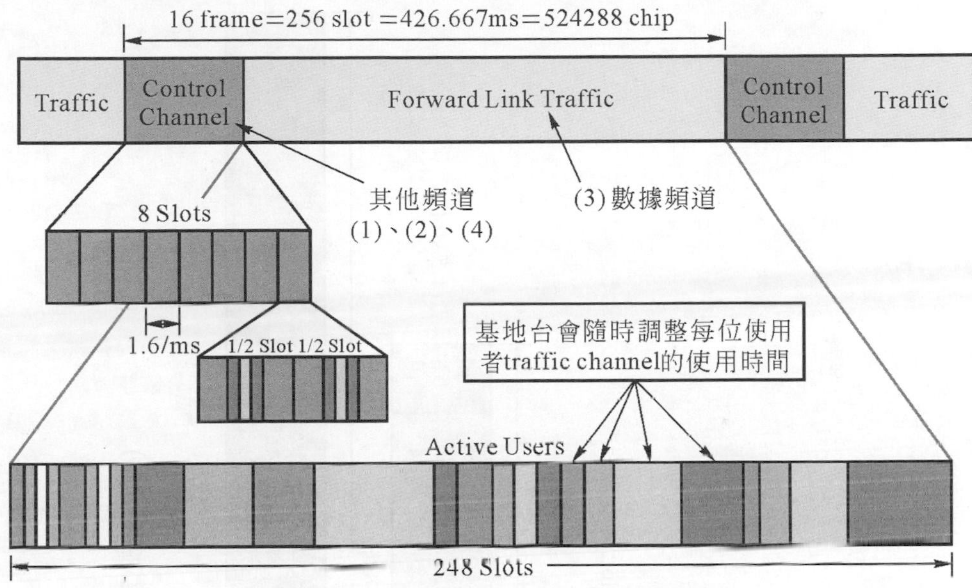

圖 8-12a 1x EV-DO 下傳實體頻道

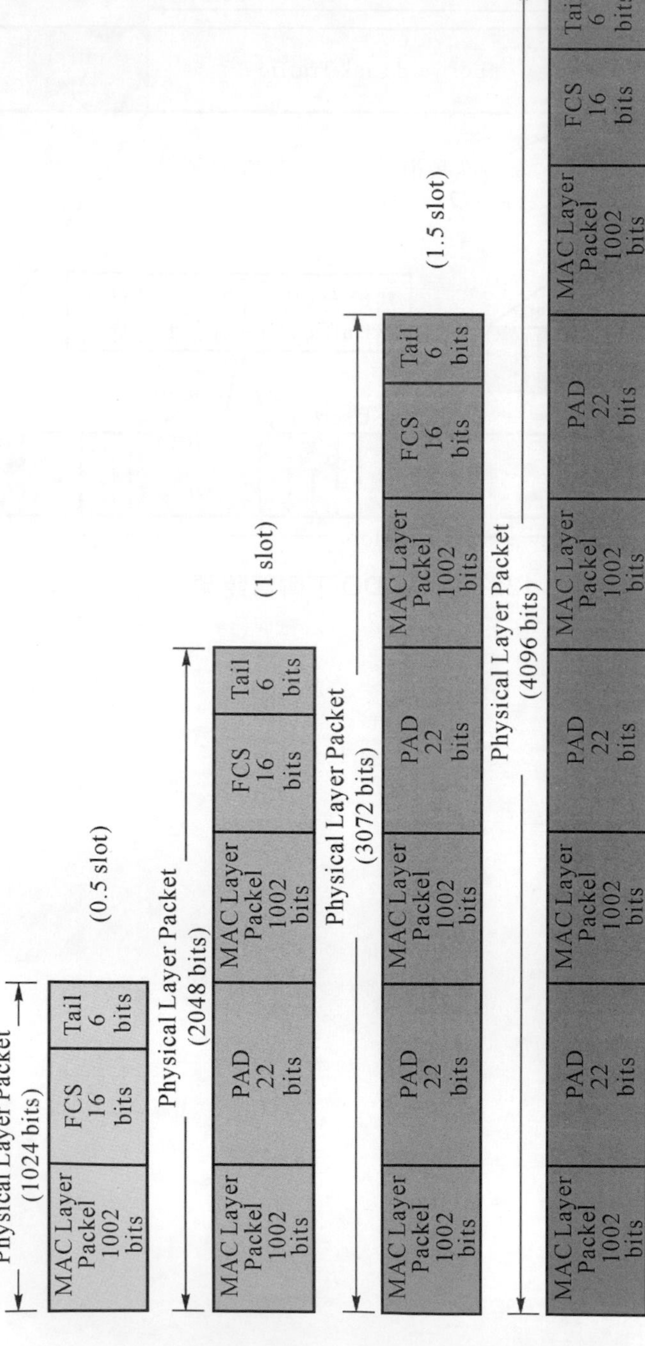

圖 8-12b　1x EV-DO 實體數據頻道(3)

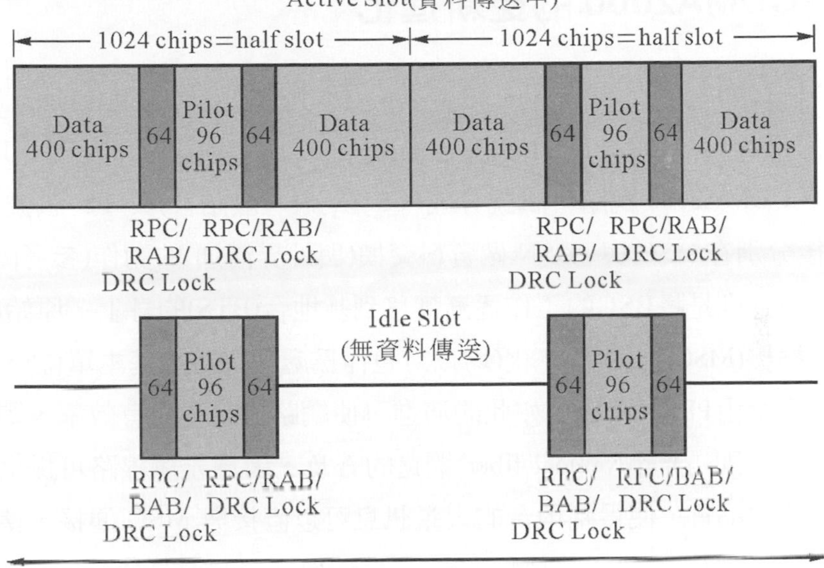

圖 8-12c　1x EV-DO 實體其他頻道(1)(2)(4)

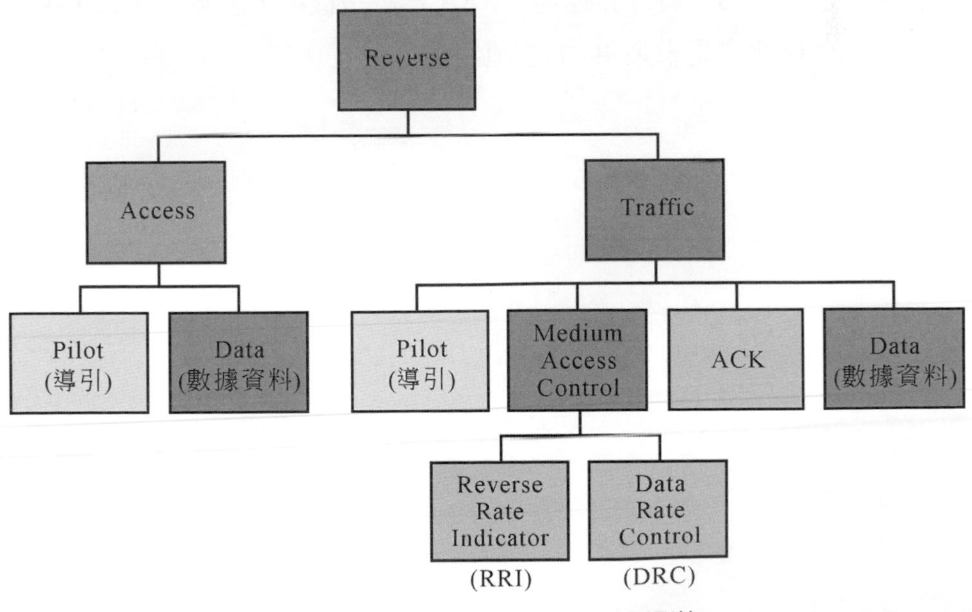

圖 8-13　1x EV-DO 上傳邏輯頻道

8-6 CDMA2000 的更新進化

CDMA2000 的網路演進如同 WCDMA，除了空氣介面的進化(1x EV-DO)，核心網路(Core Network 含交換機)亦逐漸 IP 化了，請見圖 9-21 及圖 8-14。

傳統 CDMA2000 網路，訊號分成 CS 訊號(一般語音)與 PS 訊號(封包資料)，然後分別在 MSC 與 PDSN 做資料交換(與外界溝通)的動作(參考圖 8-1)，而最新的演進則是將BSC的工作逐漸轉移到基地台(BTS)的身上，原始處理CS訊號的交換機(MSC)亦開始 IP 化(均以封包作爲處理資料的基本單位)，與外界的資料交換全由PDSN承擔，如此的演進可使網路更爲精簡有效率，驅動此架構的形成動力則是光纖(optical fiber)網路的普及，因爲光纖線路可提供高速且遠距離的傳輸品質，使得基地台的大量訊息可以直接與 MSC 連接，傳輸的速度更快而且更省錢。

網路 IP 化之後，通訊流程亦開始簡化，無論是 CS 或 PS 資料均變成封包格式(packet)藉由 PDSN 與外界連通，AAA 爲認證機構，請見圖 8-15，因此手機網路架構的 IP 化亦是未來 4G 的主流趨勢。

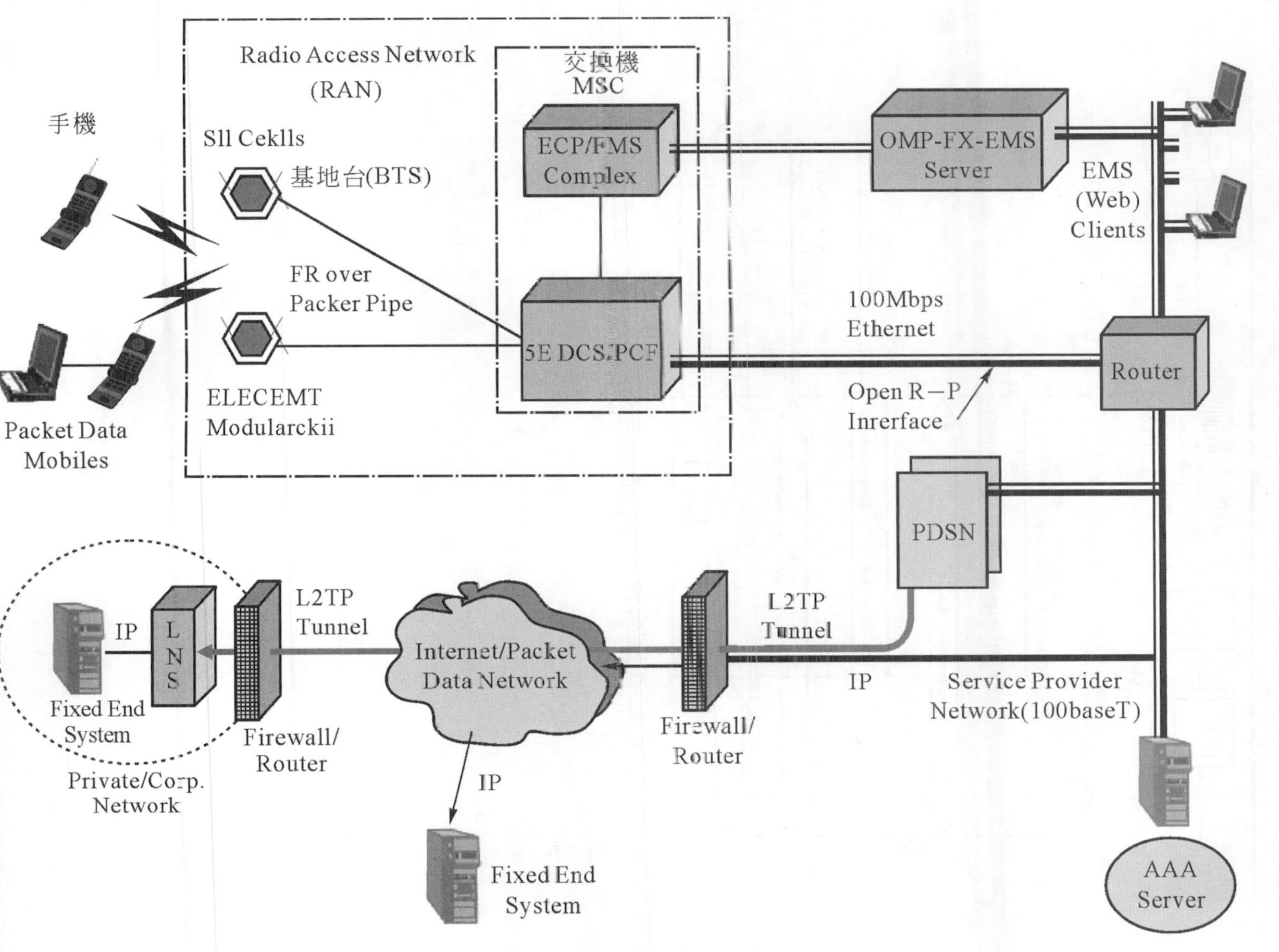

圖 8-14 網路架構之演進

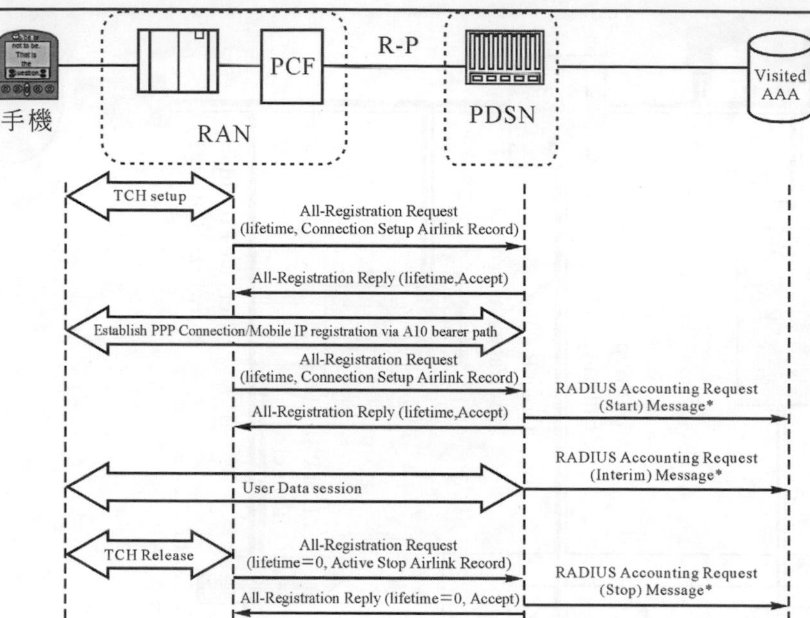

圖 8-15　通訊流程之演進

習題

1. CDMA2000 的射頻訊號(RF)要送入天線前，速率為每秒多少符號(symbols/sec)？
2. CDMA2000 實體頻道，真正通話的內容放在哪個頻道中？
3. CDMA2000 中的 Walsh code，其展頻因子 SF=？
4. CDMA2000 的基地台為什麼需要接收 GPS(全球衛星定位系統)訊號？
5. 在交換機中，單一用戶的語音資料是以 64kbps 傳遞，歐規體系是經過 A 法則轉換；美規的 CDMA2000 則是經何種轉換？
6. 如果同時有 3 個人使用 1x EV-DO，則每人最大接收的下傳速度為何？
7. 圖 8-14 中，演進的網路架構中，原始 BSC 的主要功能將由何者取代？

CHAPTER 9

3G-WCDMA 系統架構

9-1 簡介

3G 的 WCDMA (Wide-band Code Division Multiple Access 寬帶分碼多工技術)主體標準架構，是由 3GPP 此國際組織(主要的成員是歐洲的 ETSI 及日本 TTC 等機構組成)制定完成，其目的是做 2G 的 GSM 演變至 3G 的系統規範(specification)，雖然 GSM 到 WCDMA 的空氣介面差異甚大，但核心網路採用 GPRS(2.5G)的架構，因此仍保有某些類似的延續性。

WCDMA 是 2013 年前世界最多人使用的 3G 系統，隨著 4G 與 5G 的盛行，WCDMA 已慢慢在退場中。

9-2 網路架構

WCDMA 的網路架構與 GPRS(2.5G)類似，如圖 9-1 所示。

於 WCDMA 的網路中，一支手機(UE)可能同時與 2 或 3 個基地台(BS)連接(此動作稱爲軟式交遞 Soft Handover)。RNC 的主要功能其一是基地台(BS)與核心網路(CN 主要是交換機的功能)的聯接；其二則是協助手機完成交遞(Handover)的動作，以達到永續通話的目的。WCDMA 的 RNC 功能類似 GSM 的 BSC。

核心網路(Core Network)則將 CS 與 PS 資料分別作處理：CS(語音資料)以 MSC(交換機)爲基礎，與公共網路(PSTN，市話)或其他手機業者的 MSC 做資料交換(通話)的動作；PS(數據資料)以 SGSN(數據交換機)爲基礎，與網際網路(Internet)或其他手機業者的 GGSN 做數據資料交換的動作；Register (註冊中心)則是通話初期做通話者認證與加密的機構。

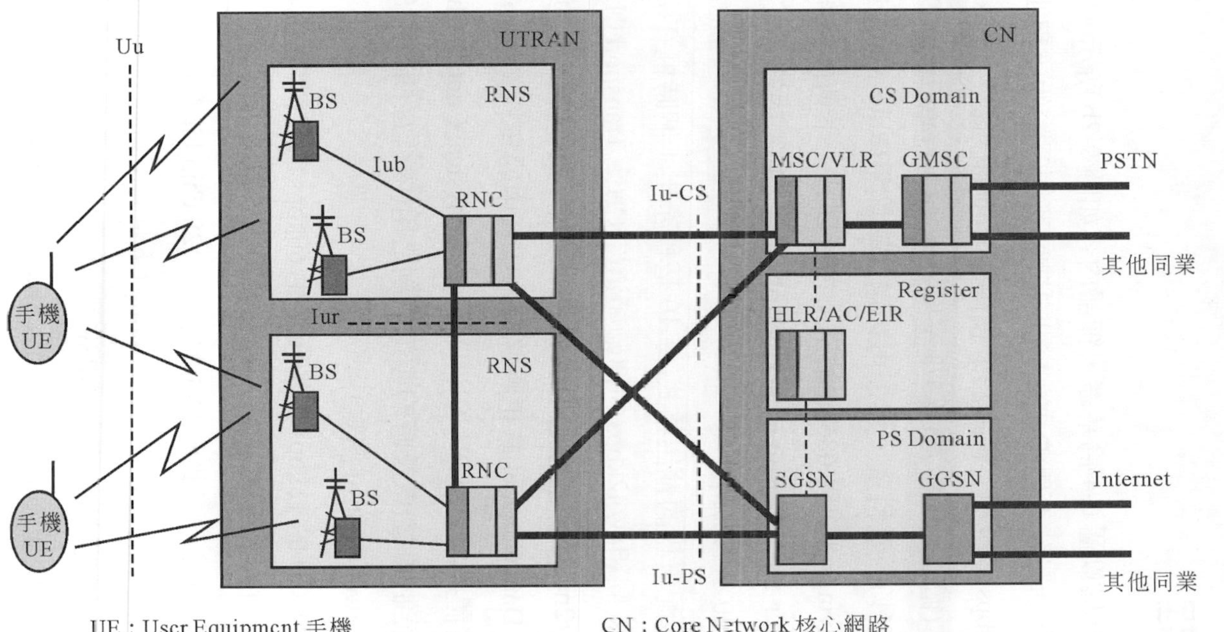

UE：Uscr Equipmcnt 手機
UTRAN：Universal Treeestrial Radio Access
BS：Base Station 基地台 = Node B
RNS：Radio Network Subsystem
RNC：Radio Ncteork Control
CS Domain：Circuit-Switch Domain
PS Domain：Packet-Switch Domain

CN：Core Network 核心網路
EIR：Equipment Identity Register 設備辨認暫存器
GMSC：Gateway MSC
HLR：Home Location Register 顧客位置暫存器(永久)
AC：Authentication Centre 認證中心
SGSN：Swrving GPRS Support Node(數據資料交換機)
GGSN：Gateway GPRS Support Node

圖 9-1　WCDMA 網路架構

9-3 訊號處理流程

WCDMA 的訊號處理流程以圖 6-4 爲基礎，細部內容如圖 9-2b 所示。

圖 9-2a 顯示 3G 一般通話訊號下傳(Down Link 基地台至手機)的流程，於交換機端每位通話者有 64kbps 資料量；經過語音編碼(Vocoder)後產生 12.2kbps 的壓縮資料，經過增加 CRC(循環冗碼檢查)及 1/3 率增速編碼(1/3 rate Turbo Coding)後產生 804bits(每 20 毫秒)的資料量，然後再經過速率調整(Rate Matching)及第一次交錯置(1st interleaving)後成爲 686bit 輸出；在此同時，下傳的控制訊號 SRB (Signaling Radio Bearer：含 Measurement Control 量測控制等內容)亦經過類似的程序產生 308bits(每 40 毫秒)輸出。

此後，這兩種訊號需匹配眞正的輸出格式(每 10 毫秒產出 1 個時框 Frame 內含 15 個時槽 Slot)並相加共同組成 42kbps 的傳輸頻道(TrCH：Transport Channel)，再經過第二次交錯置(2nd interleaving)最後產出 42kbps 的實體資料頻道 DPDCH (Dedicated Physical Data Channel 眞正將傳送於空氣中的資料頻道)，在此同時，另外有 18kbps 的實體控制頻道 DPCCH (Dedicated Physical Control Channel 眞正將傳送於空氣中的控制頻道)做及時的頻道控制之用(內含每個時槽 Slot 均有針對手機的功率控制 Power Control 訊息)。

DPDCH 的 42kbps 與 DPCCH 的 18kbps 相加後產生 60kbps 的資料量，經過 I-Q 分流分別有 30kbps，在 CDMA 的系統下，通話資料每一位元(bit)會與 128 個晶片(chip，可稱爲正交碼)相乘，因此形成 30kbps × 128 chip/bit = 3.84 Mcps (chips per second)，再與相同速率的攪拌碼(Scrambling Code， 3.84Mcps)相乘。最後 I 與 Q 分別產生 3.84Mcps 的資料量，經過 QPSK 調變形成 3.84Msps (symbols per second)的射頻訊號(RF signal symbol)，接上天線(Antenna)便可將訊號送出(基地台天線送至手機)。

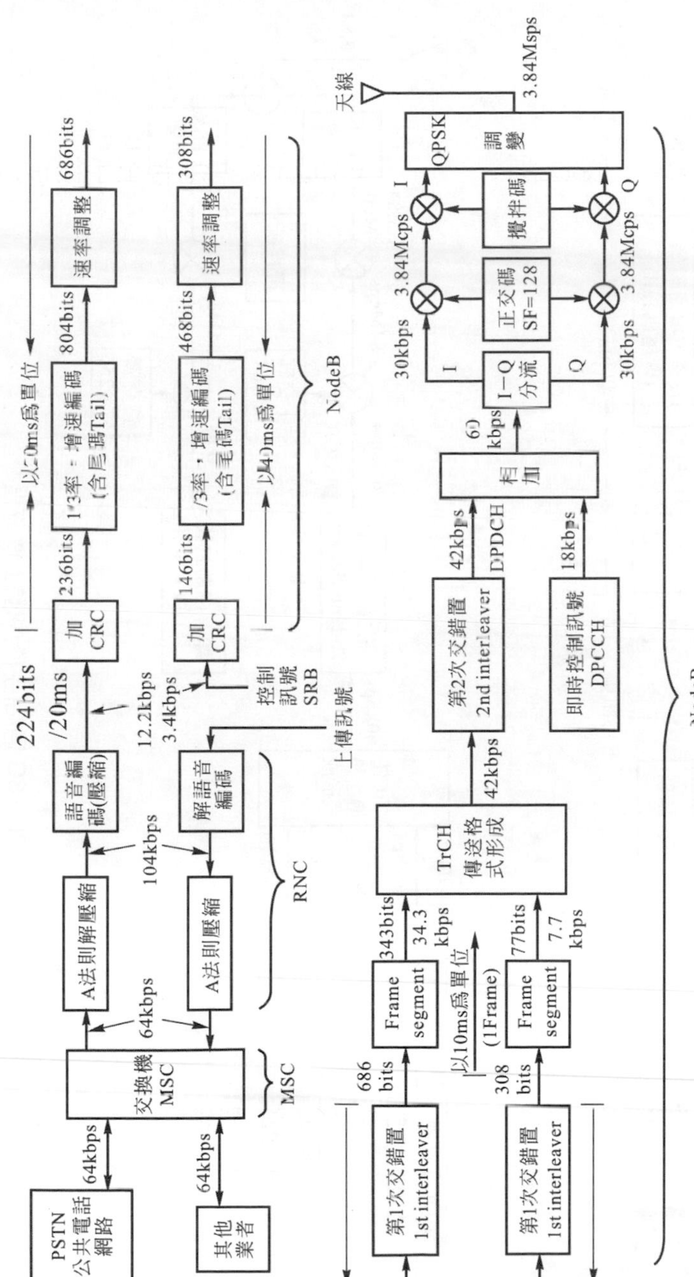

圖 9-2a 3G 通話訊號下傳流程

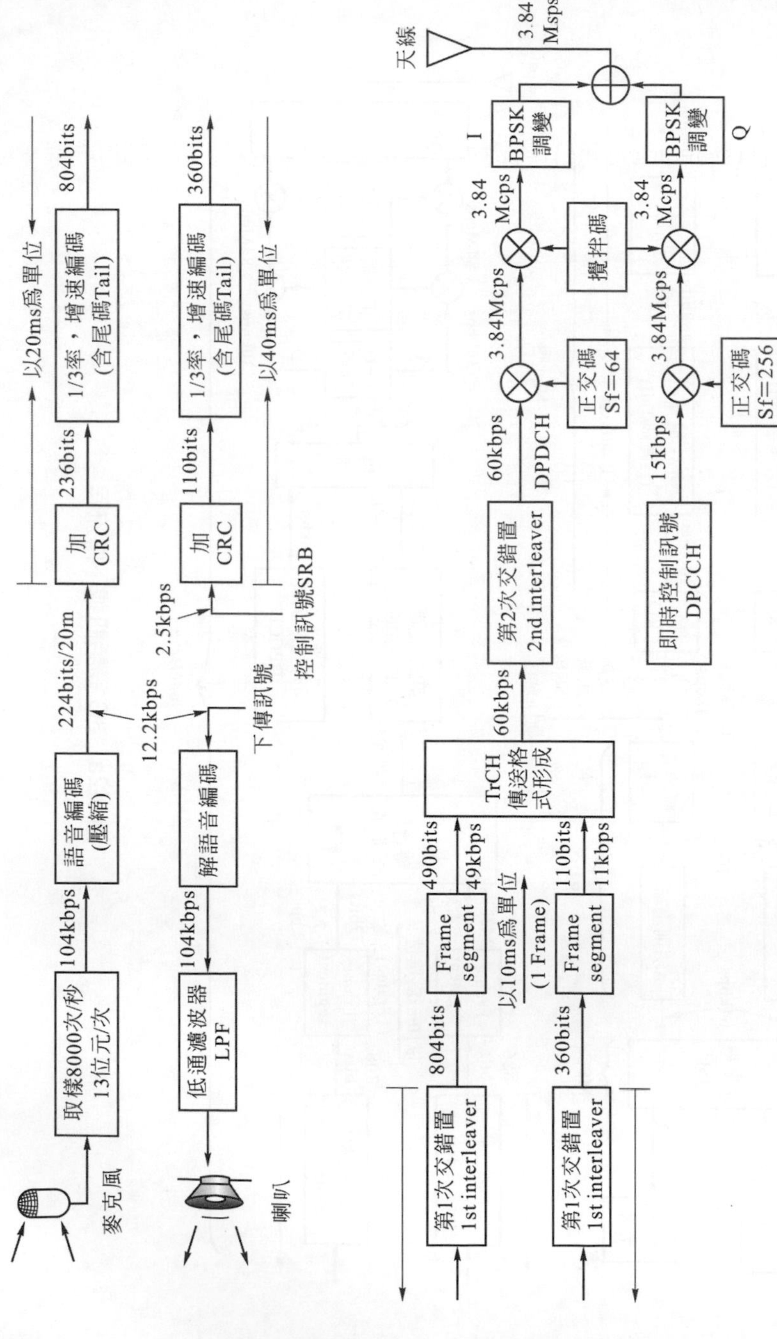

圖 9-2b 3G 通話(手機)訊號上傳流程

圖 9-2b 顯示 3G 手機一般通話訊號上傳(Up Link 手機至基地台)的流程，某些部分與下傳流程類似，人類語音經過麥克風取樣及語音編碼(vocoder)壓縮後產生 12.2kbps 資料，經過 CRC(循環冗碼檢查)及 1/3 率增速編碼(1/3 rate Turbo Coding)及交錯置(1st interleaving)後產生 804bits(每 20 毫秒)；在此同時，上傳的控制訊號 SRB (Signaling Radio Bearer：含 Measurement Report 量測報告等內容)亦經過類似的程序產生 360bits(每 40 毫秒)輸出。

此後，這兩種訊號需匹配眞正的輸出格式(每 10 毫秒產出 1 個時框 Frame 內含 15 個時槽 Slot)並相加共同組成 60kbps 的傳輸頻道(TrCH：Transport Channel)，再經過第二次交錯置(2nd interleaving)最後產出 60kbps 的實體資料頻道 DPDCH (Dedicated Physical Data Channel 眞正將傳送於空氣中的資料頻道)，在 CDMA 的系統下，通話資料每一位元(bit)會與 64 個晶片(chip，可稱爲正交碼)相乘，因此形成 60kbps × 64 chip/bit = 3.84 Mcps (I 分支)。

在此同時，另外有 15kbps 的實體控制頻道 DPCCH (Dedicated Physical Control Channel 眞正將傳送於空氣中的控制頻道)做及時的頻道控制之用(例如每個時槽 Slot 均有針對基地台的功率控制 Power Control 訊息)。控制資料每一位元(bit)會與 256 個晶片(chip，可稱爲正交碼)相乘，因此形成 15kbps × 256 chip/bit = 3.84 Mcps (Q 分支)。

I 與 Q 經過相同速率的攪拌碼(Scrambling Code， 3.84Mcps)相乘。最後分別產生 3.84Mcps 的資料量，各經過 BPSK 調變形成 3.84Msps (symbols per second) 的射頻訊號(RF signal symbol)，兩訊號相加(此時亦可稱爲 QPSK 射頻訊號)接上天線(Antenna)便可將訊號送出(手機天線送至基地台)。

9-4 空氣介面訊號通道

WCDMA 頻道架構(下傳)如圖 **9-3** 所示。頻道共分 **3** 大種類：

1. 邏輯頻道(Logical Channel)：頻道的形成是基於[功能上的需要]，由於 3G 通訊上需要某些必備的通道以傳遞特殊訊息，因此依功能上就必須存在某些邏輯頻道，例如廣播頻道 BCCH (Broadcast Control Channel)是基地台用以傳遞基本參數給手機的頻道；呼叫頻道 PCCH (Paging Control Channel)是基地台呼叫手機時所用頻道。

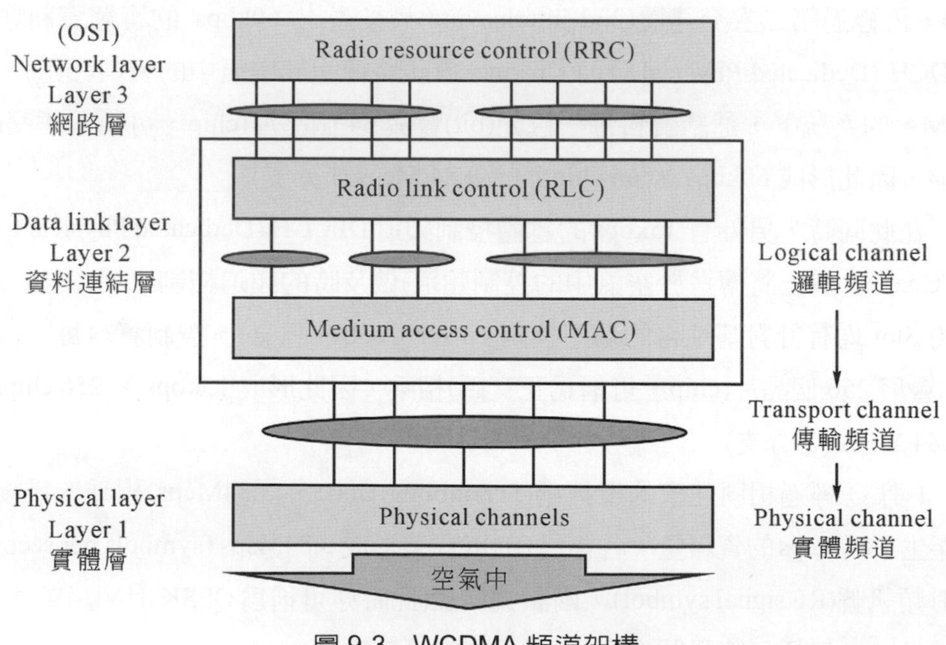

圖 9-3 WCDMA 頻道架構

2. 實體頻道(Physical Channel)：實體頻道是眞正在空氣中傳遞的頻道。基於CDMA的原理，不同的實體頻道會分別被賦予不同的正交碼(orthogonal codes)用以區隔。例如 P-CPICH (Primary Common Pilot Channel)主要共用導引頻道可作爲基地台對外的基本導引(pilot)之用，使用的正交碼爲C256，0(展頻因子爲 256，編號爲 0)；DPCH(內含 DPDCH 與 DPCCH)是基地台對單一手機傳遞訊息的通道(眞正的通話通道)，使用的正交碼爲C128(展頻因子爲128，編號則爲浮動，基地台會自動賦予)，請參閱圖 9-2a 及圖 4-5。
3. 傳輸頻道(Transport Channel)：邏輯頻道與實體頻道之間不是一對一的關係，中間另外存在一個傳輸頻道，可讓不同的邏輯頻道出現在同一個實體頻道之中，反之亦同，因此可讓頻道的使用效率提升。例如邏輯頻道的 BCCH 與 CCCH 可合併成傳輸頻道的 FACH 再對應到實體頻道的 S-CCPCH 傳送到空氣中。

WCDMA 細部的頻道架構如圖 9-4 所示。於實體頻道中，眞正基地台與手機之間話務的傳遞是靠 DPCH(=DPDCH+DPCCH)，其他都是小訊號量的傳遞(例如 P-CCPCH 或 S-CCPCH)或做其他控制之用(例如 P-SCH 或 PICH)。

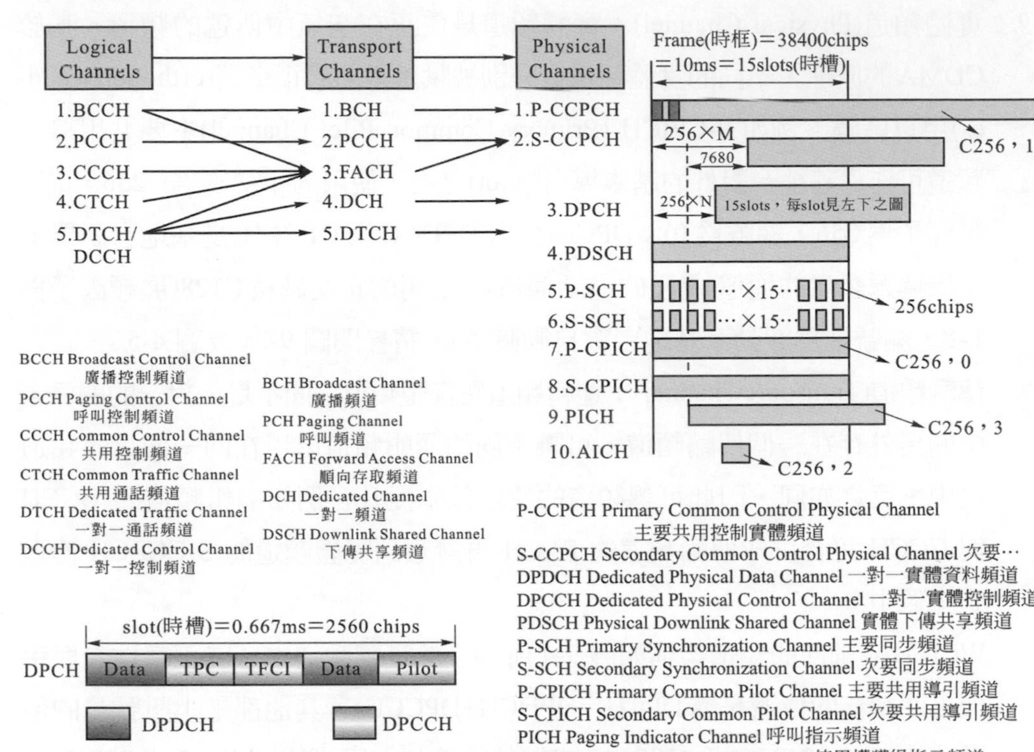

圖 9-4a　WCDMA 下傳頻道結構

P-SCH 主要同步頻道，手機藉此頻道可以與基地台同步，開始收發訊息。

PICH 呼叫指示頻道，基地台藉此頻道呼叫需要開始通話的手機。

P-CCPCH 主要控制頻道，基地台將基本參數訊息持續藉此頻道傳送出去。

S-CCPCH 次要控制頻道，基地台將少量訊息藉此頻道傳送出去。

P-CPICH 主要共用導引頻道，作爲基地臺對外訊號強度的基本導引。

PRACH 實體上呼頻道，手機初始呼叫基地台所使用之頻道。

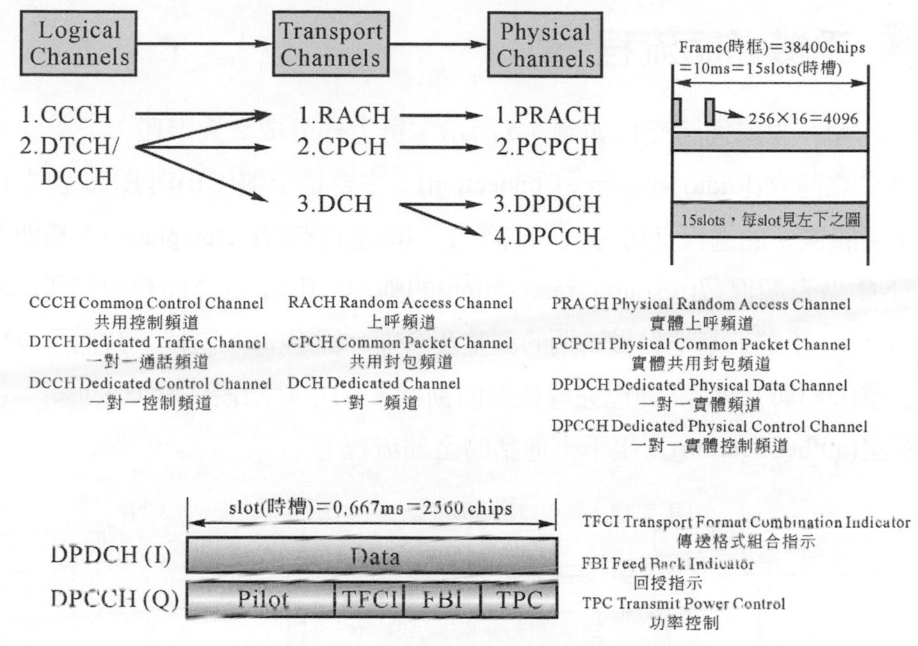

圖 9-4b　WCDMA 上傳頻道結構

手機初開機，手機會開始接收周圍諸多基地台中最強的 P-SCH(主要同步訊號)並利用 S-SCH(次要同步訊號)進行與基地台的時間同步，手機必須與基地台同步後(Synchronized)才可能接收(Receive)或發送(Transmit)訊號給基地台。然後手機開始接收此基地台的 P-CPICH，測出基地台基本訊號強度(RSCP：Received Signal Code Power)並解出此基地台的攪亂碼 SC(每一個基地台細胞有一個攪亂碼 Scrambling Code)，藉此攪亂碼手機再解出 P-CCPCH 中的基本參數資訊，自此手機便進入待機狀態(idle state)，隨時接聽 PICH 是否有其他電話的呼叫，並開始進入接聽電話流程；若是手機要開始發話，則手機先發出 PRACH 給基地台，並進入發送電話流程。正式通話期間，則是靠 DPCH(=DPDCH+DPCCH)做資料(Data)與控制(Control)的雙向聯通。

9-5 手機通話流程

WCDMA 收機通話流程如圖 9-5 所示。可大約分成 2 大階段：

1. RRC 之建立(Radio Resource Connection)：主要是手機(UE)與 RNC 建立初步連接關係。此過程又可分為 3 個階段：(a)建立階段(setup phase)：基地台與 RNC 做資源保留(resource reservation)的動作。(b)空氣介面存取階段(access phase)：手機與基地台做時間的調整及準備。經過(a)(b)階段，我們可以說：手機(UE)與 RNC 之間已完成連接的動作。(c)主動階段(active phase)：包含認證(authentication)及接下來通話的全部流程。

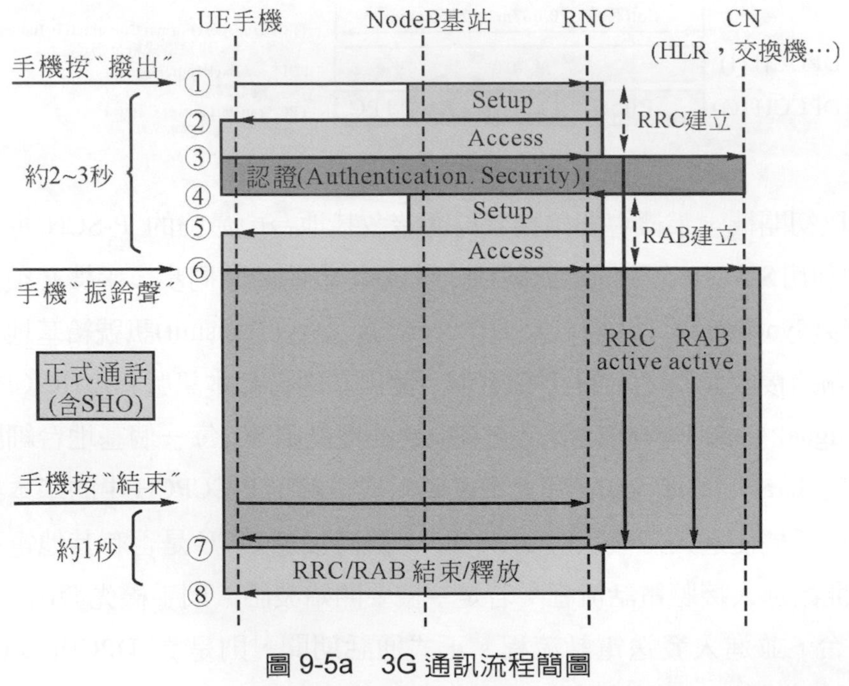

圖 9-5a　3G 通訊流程簡圖

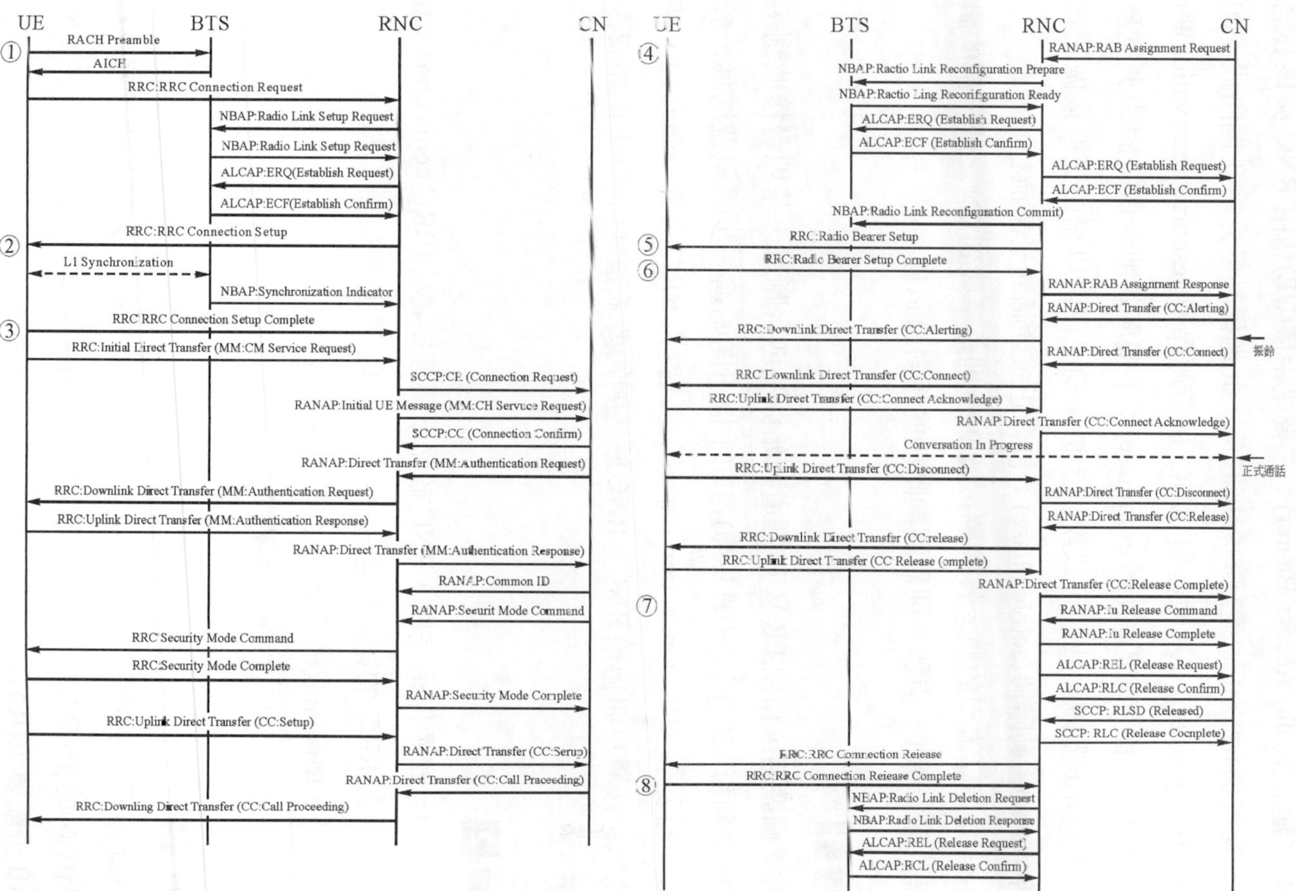
UE
BTS
RNC
CN
①
RACH Preamble
AICH
RRC:RRC Connection Request
NBAP:Radio Link Setup Request
NBAP:Radio Link Setup Request
ALCAP:ERQ(Establish Request)
ALCAP:ECF(Establish Confirm)
②
RRC:RRC Connection Setup
L1 Synchronization
NBAP:Synchronization Indicator
③
RRC RRC Connection Setup Complete
RRC:Initial Direct Transfer (MM:CM Service Request)
SCCP:CR (Connection Request)
RANAP:Initial UE Message (MM:CH Service Request)
SCCP:CC (Connection Confirm)
RANAP:Direct Transfer (MM:Authentication Request)
RRC:Downlink Direct Transfer (MM:Authentication Request)
RRC:Uplink Direct Transfer (MM:Authentication Response)
RANAP:Direct Transfer (MM:Authentication Response)
RANAP:Common ID
RANAP:Seeurit Mode Command
RRC Security Mode Command
RRC:Security Mode Complete
RANAP:Security Mode Complete
RRC:Uplink Direct Transfer (CC:Setup)
RANAP:Direct Transfer (CC:Setup)
RANAP:Direct Transfer (CC:Call Proceeding)
RRC:Downling Direct Transfer (CC:Call Proceeding)
UE
BTS
RNC
CN
④
RANAP:RAB Assignment Request
NBAP:Ractio Link Reconfiguration Prepare
NBAP:Ractio Ling Reconfiguration Ready
ALCAP:ERQ (Establish Request)
ALCAP:ECF (Establish Canfirm)
ALCAP:ERQ (Establish Request)
ALCAP:ECF (Establish Confirm)
NBAP:Radio Link Reconfiguration Commit)
⑤
RRC:Radio Bearer Setup
⑥
RRC:Radio Bearer Setup Complete
RANAP:RAB Assignment Response
RANAP:Direct Transfer (CC:Alerting)
RRC:Downlink Direct Transfer (CC:Alerting)
RANAP:Direct Transfer (CC:Connect)
振鈴
RRC Downlink Direct Transfer (CC:Connect)
RRC:Uplink Direct Transfer (CC:Connect Acknowledge)
RANAP Direct Transfer (CC:Connect Acknowledge)
Conversation In Progress
正式通話
RRC:Uplink Direct Transfer (CC:Disconnect)
RANAP:Direct Transfer (CC:Disconnect)
RANAP:Direct Transfer (CC:Release)
RRC:Downlink Direct Transfer (CC:release)
RRC:Uplink Direct Transfer (CC Release (omplete)
RANAP:Direct Transfer (CC:Release Complete)
⑦
RANAP:Iu Release Command
RANAP:Iu Release Complete
ALCAP:REL (Release Request)
ALCAP:RLC (Release Confirm)
SCCP: RLSD (Released)
SCCP: RLC (Release Cocnplete)
RRC:RRC Connection Release
⑧
RRC:RRC Connection Release Complete
NBAP:Radio Link Deletion Request
NBAP:Radio Link Deletion Response
ALCAP:REL (Release Request)
ALCAP:RCL (Release Confirm)

圖 9-5b 3G 通訊流程

2. RAB 之建立(Radio Access Bearer)：主要是手機(UE)藉由 RNC 與核心網路(CN，交換機)建立正式通話的聯接關係。此過程又可分爲 3 個階段：(a)建立階段(setup phase)：基地台與 RNC 做資源保留(resource reservation)的動作。(b)空氣介面存取階段(access phase)：手機與基地台做時間的調整及準備。經過(a)(b)階段，我們可以說：手機(UE)已經可以藉由交換機做正式的通話了。(c)主動階段(active phase)：包含正式通話的全部流程。

圖 9-5a 是通話流程的概念性簡圖，圖 9-5b 則是手機到 CN 之間細部的訊號流程。而步驟 1～步驟 8 則是關鍵階段的相對應訊息：

步驟 1

手機準備發話，藉由 PRACH 頻道開始與基地台聯繫，基地台接收到手機的 PRACH 後回覆 AICH(可見圖 9-4a)告知手機可開始進一步的訊號溝通，於是手機發出連結要求(RRC connection request)正式進入 RRC 的第一個階段，基地台收到此訊息後將資訊傳給 RNC，RNC 於是開始要求基地台(NodeB)做資源保留的動作。

步驟 2

一旦基地台資源保留完成，RNC 於是下傳連結建立(RRC connection setup)指示，於是進入 RRC 的第 2 個階段，手機收到此訊息後開始與基地台作時間的調整及準備，準備完成後手機會上傳建立完成(RRC connection setup complete)訊息給 RNC，進入 RRC 的第 3 個階段。

步驟 3

進入此階段，手機與 RNC 的初步連結已完成，RNC 會將手機基本資料與核心網路(CN)的 HLR 做通話者的資格認證及加密等程序。程序完成後 CN 會下傳 RAB 分配要求(RAB assignment request)，進入 RAB 第 1 階段。

步驟 4

進入RAB第1階段後，RNC開始要求基地台(NodeB)做其他資源保留的動作。

步驟 5

一旦完成，RNC下傳連結建立(Radio bearer setup)指示，於是進入RAB的第2個階段。手機收到此訊息後開始與基地台作時間的調整及準備，完成後手機會上傳連結建立完成(Radio bearer setup complete)訊息給RNC，準備進入RAB的第3個階段。

步驟 6

進入此階段，手機與CN的連結已正式完成，可正式通話了。於是手機開始響鈴(Alerting)，開始通話。

步驟 7

通話結束手機按<斷話>後，此訊息上傳，CN發出Iu Release訊號給RNC，正式結束RNC與CN之間的RAB的連結。

步驟 8

RNC結束與CN的連結後，下傳訊息給手機準備釋放RRC，手機接到訊息後，上傳RRC釋放完成(RRC connection release complete)，正式結束一通電話。此後，基地台(NodeB)與RNC會做最後的收尾動作。

WCDMA的連通，除了一般通話之外，亦有視訊電話及手機電視等服務項目，故RAB的分類如圖9-6所示。一般通話是屬於CS Voice Call，訊號必須即時連通，不能斷斷續續。

數據電話(Data call)可分兩大類：即時 RT (Real Time)與非即時 NRT (Non

Real Time)。一般上網的 Background class PS data call 歸屬於非即時數據傳送，封包(packet)的傳送可以不必完全即時，時間的延遲可能較長，但頻道的使用效率可大幅提升(諸多封包佔用同一通道)，請參考圖 7-2。

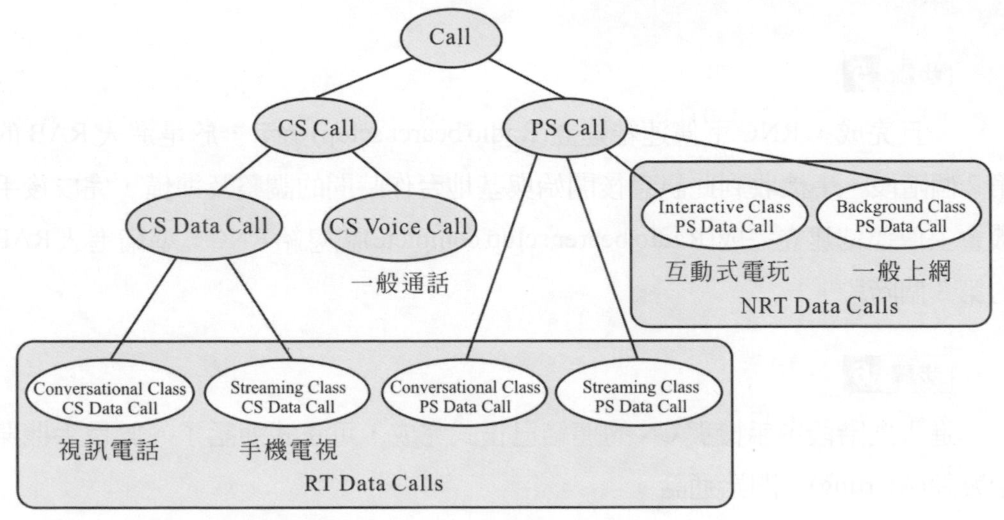

圖 9-6a　RAB 服務分類

9-6 HSDPA 特性(3.5G)

在基本 3G 空氣介面下，科學家做了進一步的改善以便提供更高速的數據下傳(down link)服務。因此演生出 3.5G 的 HSDPA (High Speed Downlink Packet Access 高速下傳封包存取技術)，封包下傳峰值(peak rate)可高達 84Mbps。圖 9-6b 顯示 3GPP 所訂定通訊標準(specification)的演進過程，先有傳統 WCDMA 架構的 R99；接著在 R5 版本引進了 HSDPA 的特色；R6 版本再引進 HSUPA；R7 則再優化(HSPA=HSDPA+HSUPA)；R8 開始引進 LTE 的架構；R9 為正式 4G LTE 規格。

HSDPA在既有的3G通道下增加了5項主要特色，使下傳的速度做了大幅的提升：

1. 調變方式的改善:傳統3G的下傳資料，是以QPSK作爲資料調變方式(請見圖9-2a及圖9-7a)；圖9-7a中數位訊號分別對應到I-Q平面的輸出，各乘上cosine及-sine的載波(由基頻昇至高頻的射頻訊號)，再將此2射頻訊號相加(見圖6-8e)形成訊符(symbol)， 每一個空氣中眞正傳送的訊符(symbol)可攜帶 2 晶片的資料量(2chip/symbol)。圖 9-7b 則爲解調變(demodulation)的架構，其精神與圖7-12b類似。

   而HSDPA則新增加了16QAM的調變方式，方法與QPSK幾乎相同，只是在I-Q平面上由4個點變成16個點(見圖9-7c)，每個空氣中眞正傳送的訊符(symbol)可攜帶4晶片的資料量(4chip/symbol)。因此傳送速度可增爲原來的2倍。16QAM的傳送資料量雖然是QPSK的2倍，但抵抗雜訊的能力則較QPSK爲差，因此須視環境的優劣而做變化。

時間	版本名稱	版本簡稱	主要特色
1999	Release-99	R99	基本 WCDMA 架構(3.8Msps)
2006	Release-5	R5	HSDPA (HS-PDSCH)
2007	Release-6	R6	HSUPA(E-DCH)
2008	Release-7	R7	HSPA+(MIMO, 64QAM DL, 16QAM UL)
2009-2010	Release-8	R8	LTE(OFDMA, IP Core)
2011-2014	Release-9/10	R9	IMT Advanced/LTE Advanced(4G)

圖 9-6b 3GPP 標準之演進

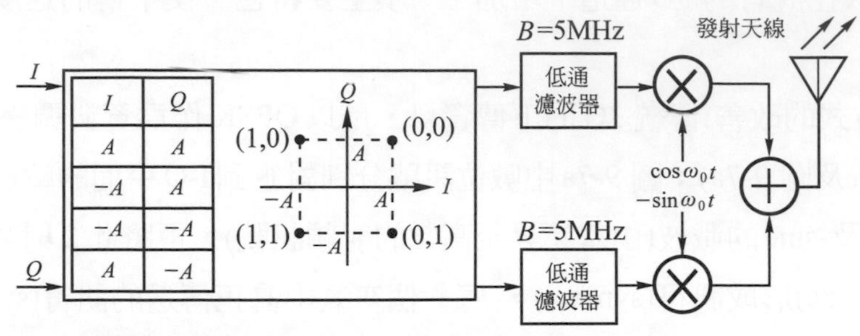

圖 9-7a　QPSK 調變(modulation)架構

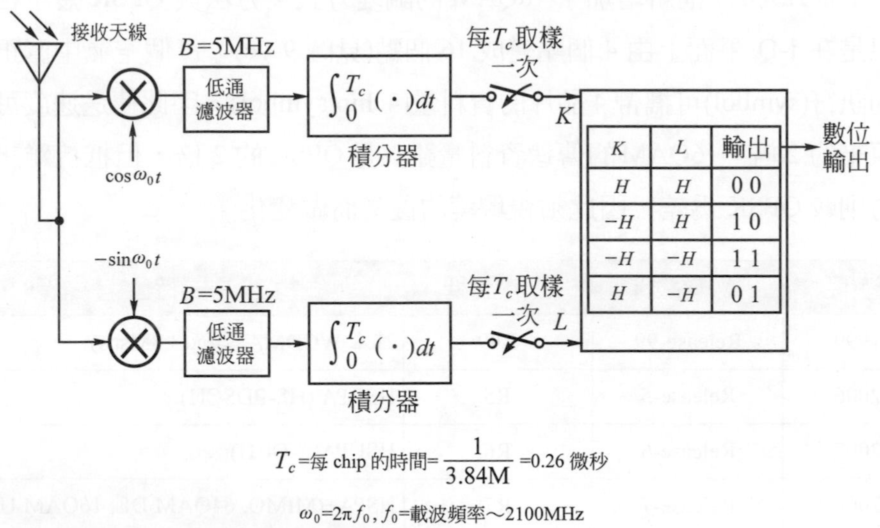

圖 9-7b　QPSK 解調變(demodulation)架構

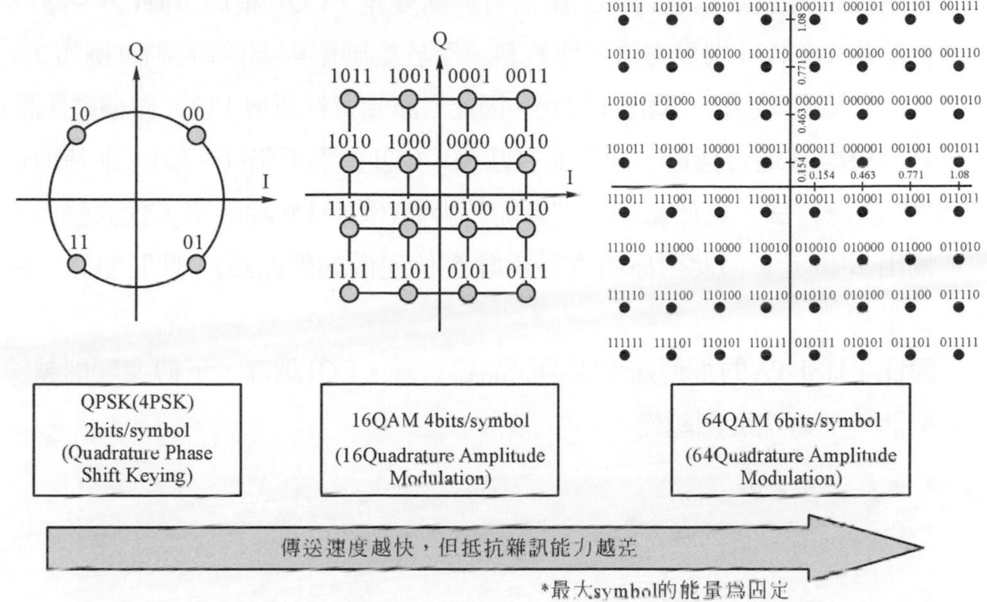

圖 9-7c　HSDPA 調變方式：QPSK 與 16QAM

於 HSDPA 使用期間，手機會量測通訊品質 CQI (Channel Quality Indicator 頻道品質指標)並回傳給基地台，基地台則以此 CQI 做調變方式的改變，如果 CQI 很好(16～25)，則基地台以 16QAM 方式傳送資料，可達較大量的資料傳送；若是CQI不好(1～15)，則基地台改以QPSK方式傳送資料，傳輸量較小，但對雜訊(noise)的抵抗能力較好。

若是 CQI 達到最好(26～30)，則基地台以 64QAM 方式傳送資料，可達最大量的資料傳送，但抵抗雜訊的能力則最差。

我們將訊號的優劣(CQI)與編碼率(coding rate)與調變方式(modulation)的變化顯示如圖 9-7d：當手機離基站很近時，通訊品質最佳，CQI最高(26~30)，空氣中幾乎不會產生雜訊，因此可用 4/4 的編碼率(輸入 4 位元，輸出亦爲 4 位元，因此對原始資料不做任何的編碼保護)，並採用 64QAM 調變方法，可讓速度達到最快，若再加上 MIMO 等技術，理論上可達到 84Mbps(見圖 9-12)。

若手機慢慢遠離基地台，通訊品質逐漸變差，CQI 稍微下降(16～25)，則基地台改用 16QAM 調變方法下傳資料，至於編碼率則要隨時調整(例如 3/4 編碼率，代表輸入 3 位元，輸出 4 位元，因此對原始資料新增 1 位元做編碼保護)。

若手機離基地台甚遠，通訊品質甚差，CQI 更爲下降(1～15)，則基地台改用 QPSK 調變方法，至於編碼率則要隨時調整(例如 1/6 編碼率，代表輸入 1 位元，輸出 6 位元，因此對原始資料新增 5 位元做編碼保護)，此時整體下傳速度會非常緩慢。

因此，HSDPA 的下傳速度跟通訊品質有關，CQI 越高，下傳速度則越快；CQI 越低，下傳速度則越慢。

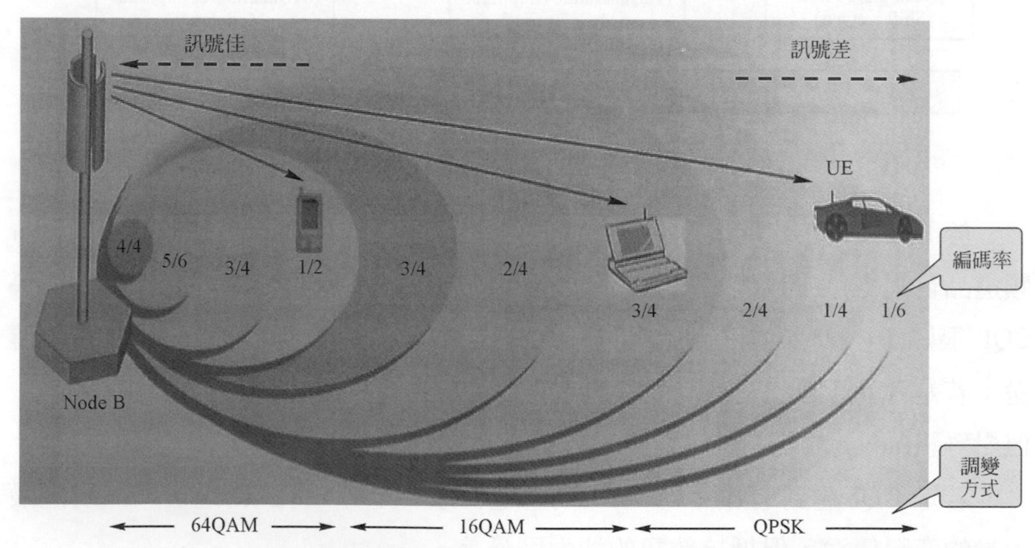

圖 9-7d　訊號優劣與編碼率與調變方式之變化

2. 重傳機制的改善：基地台下傳 PS 資料，若是資料正確，手機會回覆基地台 ACK 訊息(acknowledgement)，請求下一筆的封包資料；若是資料有誤，手機會回覆 NACK 訊息，請求基地台將原來的資料重傳(retransmission)一次。在傳統 3G 的系統下，此 NACK 訊息會經由基地台(NodeB)再回覆給 RNC，由 RNC 重新啓動重傳的動作，如此來回大概會有 150 毫秒(ms)的延遲(de-

lay)；HSDPA 爲了改善此種現象，將重傳的主控權由 RNC 轉移給了 NodeB，只要手機回覆 NACK，直接在 NodeB 做資料重傳的動作，不需再通知 RNC，如此一來訊號延遲可減低到 50 毫秒(ms)左右，因此整體 HSDPA 的下傳速度可大幅提升。請見圖 9-8。

此外，爲了達成更高的重傳效率(retransmission efficiency)， HSDPA 採用了短時框(Short Frame=2 毫秒=3 slot)，傳統 3G 採用一般時框(Frame=10 毫秒=15 slot)，較短的時框可以在需要重傳時有較快的反應時間。

另外，在需要重傳的情況下，HSDPA 採用了混合式重傳機制 HARQ (Hybrid Automatic Repeat Request)，可讓重傳的效能提升，請見圖 9-9。

傳統的 3G 通話，一般的頻道編碼方式是採 1/3 率增速編碼(1/3 rate Turbo Coding)，請參考圖 9-2a，細部結構如圖 9-9 所示。每 1 位元的輸入大約有 3 位元的輸出，如此的編碼方式可以對原始資料產生很大的保護作用。但傳送速度較慢。

而傳送封包資料的 HARQ 重傳機制如圖 9-10 所示(以第一次傳送採 3/4 編碼率做案例)，若第 1 次傳送成功(手機回覆 ACK)，不需要第 2 次傳送，直接傳送下一個封包；若第 1 次傳送失敗(手機回覆 NACK)，則原始第一次傳送的內容與第 2 次重傳的內容並不相同，手機結合此兩種內容並予以解碼，便可以有類似 1/3 率增速編碼的保護效果，大大提升了第二次重傳的解碼效用，因此目前被諸多通訊系統廣泛運用(3G/4G)。

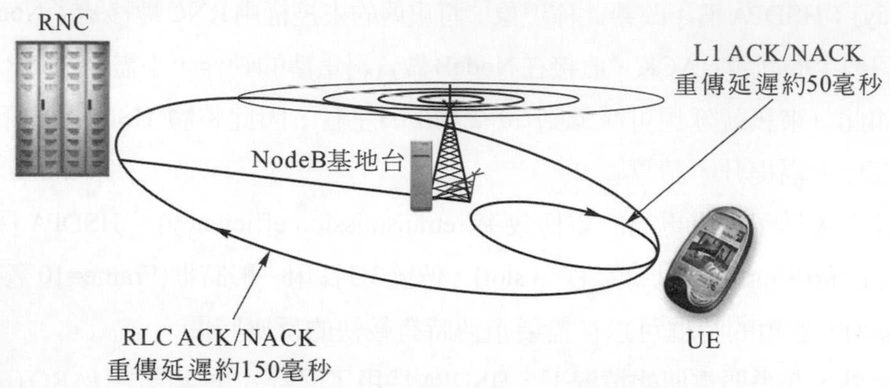

圖 9-8　傳統 3G 與 HSDPA 重傳機制

3. 多個正交碼之使用：原始 3G 通話，一個通話者使用一個正交碼，例如一通話務電話(Voice call)是佔用 SF=128(Spread Factor 展頻因子)的一個正交碼，若是一通視訊電話(Video Call)則佔用 SF=32 的一個正交碼。而 HSDPA 則是同時佔用 SF=16 的數個正交碼。

   圖 9-11 是一位使用 7Mbps 下傳數據資料的使用者爲例，基地台下傳 5 個 SF=16 的頻道，手機同時接收並解出及合併，最快可有 7Mbps 的接收速度。若手機有同時接收 10 個頻道的能力，則速度可增加一倍達到 14Mbps；若可同時接收 15 個頻道，則接收速度可快達 21Mbps。

   綜合以上，我們將 HSDPA 的下傳尖峰值之計算整理如圖 9-12。

   圖中可看到，若以 R9 手機爲例，此手機額外支援 MIMO 及 DC-HSDPA 等功能(後小節會介紹)，則最快速度可達到下傳 84Mbps。

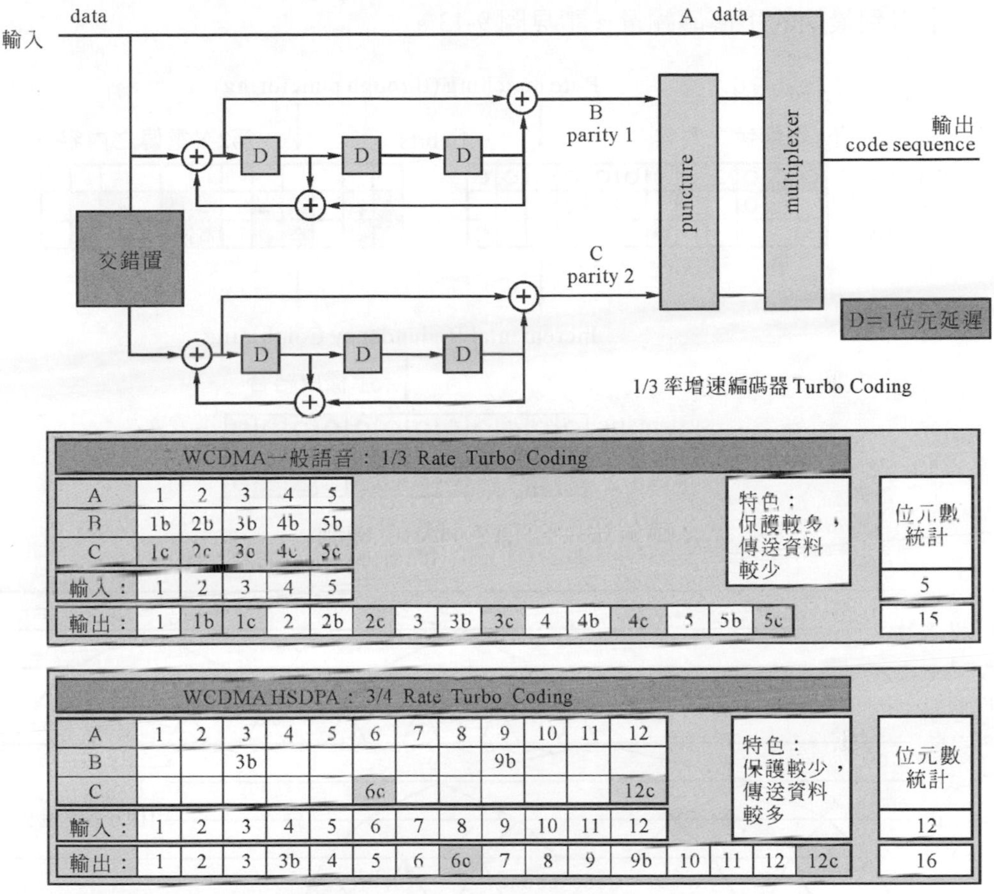

WCDMA一般語音：1/3 Rate Turbo Coding

A	1	2	3	4	5
B	1b	2b	3b	4b	5b
C	1c	2c	3c	4c	5c
輸入：	1	2	3	4	5

輸出：	1	1b	1c	2	2b	2c	3	3b	3c	4	4b	4c	5	5b	5c

特色：保護較多，傳送資料較少

位元數統計
5
15

WCDMA HSDPA：3/4 Rate Turbo Coding

A	1	2	3	4	5	6	7	8	9	10	11	12
B			3b						9b			
C						6c						12c
輸入：	1	2	3	4	5	6	7	8	9	10	11	12

輸出：	1	2	3	3b	4	5	6	6c	7	8	9	9b	10	11	12	12c

特色：保護較少，傳送資料較多

位元數統計
12
16

圖 9-9 WCDMA 頻道編碼方式

4. 固定輸出功率：傳統 3G 通訊，基地台會針對不同的使用者分別給予不同的功率輸出，而且此功率會快速微調，每秒達到 1500 次的微調(每 1 時槽微調 1 次)。因此離基地台較近的通話者，基地台的輸出功率較少；離基地台越遠，則輸出功率越大。

   然而，HSDPA 則是固定輸出功率，無論使用手機距離基地台甚遠或甚近，基地台以最大剩餘功率做輸出。因爲功率固定，所以下傳的整體速度(含重傳)便會變化，距離基地台甚遠的手機，因爲訊號可能較差(CQI 低)，重傳機率大，因此平均下傳速度便會下降；離基地台越近的手機則有較高的機率得到最快的下傳傳輸量。請見圖 9-13。

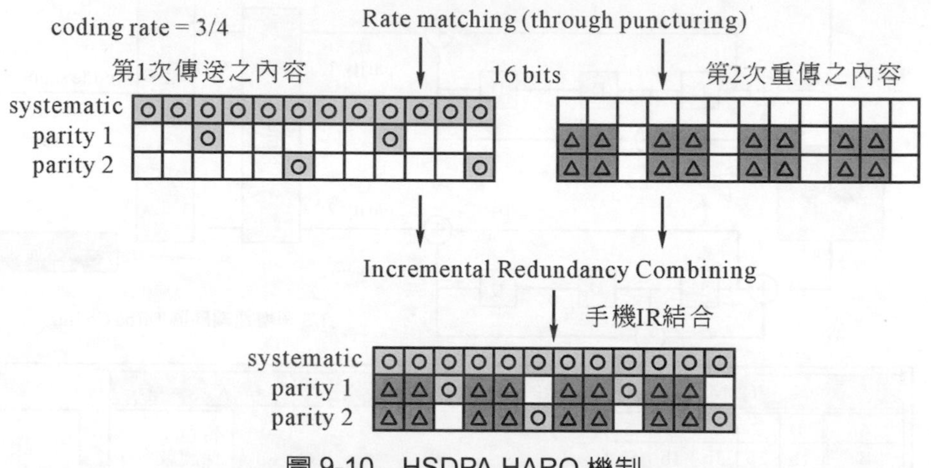

圖 9-10　HSDPA HARQ 機制

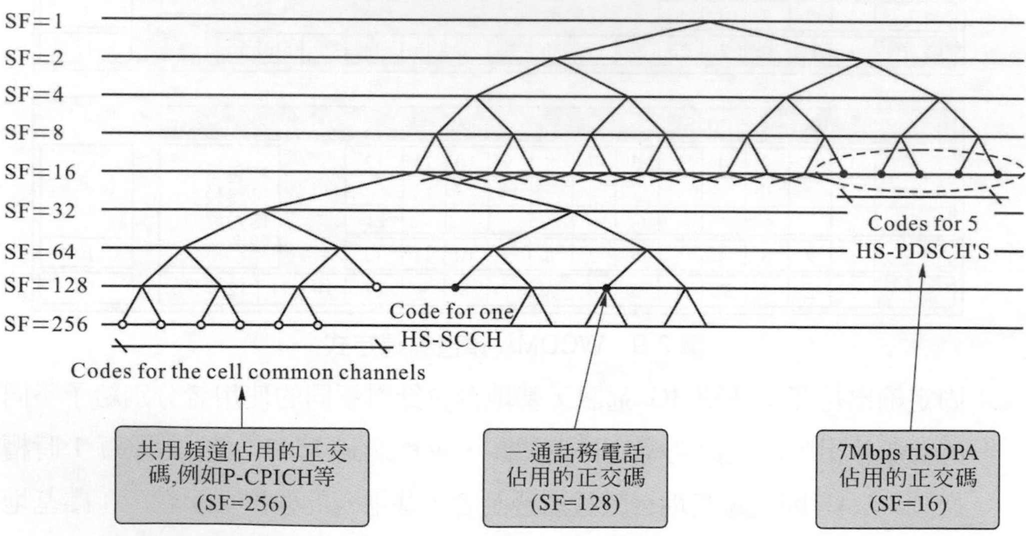

圖 9-11　HSDPA 7Mbps 正交碼使用分佈

手機版本	A Symbol rate	B Modulation	C Turbo Coding Rate	D codes used	E Spreading Factor	F MIMO	G Dual Cell	AxBxCxD ÷ExFxG
R5	3840000	2(QPSK)	0.75(=3/4)	5	16	1(no)	1(no)	1.8M
R5	3840000	4(16-QAM)	0.75(=3/4)	5	16	1(no)	1(no)	3.6M
R6	3840000	4(16-QAM)	0.75(=3/4)	10	16	1(no)	1(no)	7.2M
R6	3840000	4(16-QAM)	0.75(=3/4)	15	16	1(no)	1(no)	10.8M
R6	3840000	4(16-QAM)	1(=4/4)	15	16	1(no)	1(no)	14.4M
R7	3840000	4(16-QAM)	0.98(~1)	15	16	1(no)	1(no)	21.1M
R7	3840000	4(16-QAM)	0.97(~1)	15	16	2(2x2)	1(no)	28M
R8	3840000	4(16-QAM)	0.98(~1)	15	16	1(no)	2(yes)	42M
R8	3840000	4(16-QAM)	0.98(~1)	15	16	2(2x2)	1(no)	42M
R9	3840000	4(16-QAM)	0.98(~1)	15	16	2(2x2)	2(yes)	84M
	symbols/sec	chips/symbol	Coding Rate	codes	chips/bit			bits/sec(bps)

圖 9-12 HSDPA 傳送尖峰值及計算

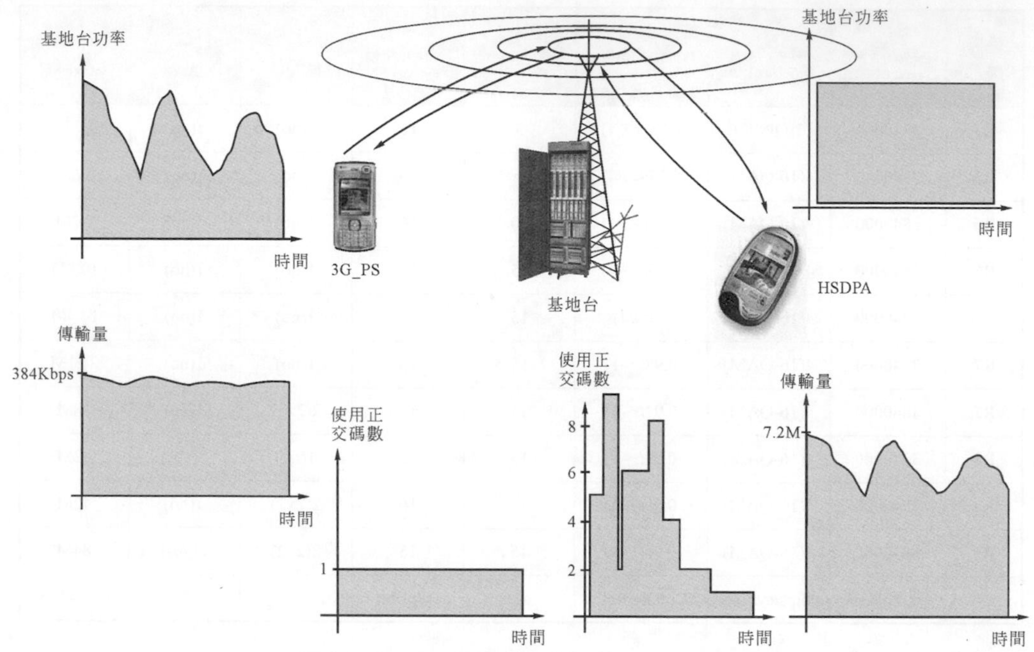

圖 9-13　3G_PS 與 HSDPA 之比較

5. HSDPA是時間共享的頻道：傳統 3G通訊，基地台會針對不同的PS使用者同時傳送資訊給他們(每人使用不同的正交碼)，而且下傳功率會依不同的人而有不同的設定；但 HSDPA 是唯一且共享(shared)的頻道，需要使用HSDPA的手機大家一起共享這個通道，每人被分配 2 毫秒輪流使用。因此若越多人使用HSDPA，則使用者的平均速度就會降下來，例如基地台提供最快 10.8Mbps 的傳送速度，如果同時有 3 個人要使用 HSDPA，則每個人最快的下傳速度只能達到 10.8÷3=3.6Mbps 的速度，請見圖 9-14。

如圖 9-15 所示，HSDPA 的實體通道由 5 個通道組成，其中編號 1～3 爲HSDPA 專屬通道(HS)；編號 4～5 則爲傳統 WCDMA(R99)的既有通道(DCH)：

(1) HS-SCCH(High speed shared control channel)下傳：HSDPA 控制頻道，控制由哪一支手機可讀取 HS-PDSCH 內的內容。

(2) HS-PDSCH(High speed physical downlink shared channel)下傳：眞正HSDPA的數據資料放在此頻道中，此頻道最多可同時15個通道下傳。

(3) HS-DPCCH(High speed dedicated physical control channel)上傳：手機上傳通訊品質(CQI)與是否要重傳訊息(ACK或NACK)。

(4) Associated DPCH 同時存在的傳統 3G 上傳通道，內含 DPDCH 與 DPCCH，HSDPA 通訊時的上傳數據資料(Data)放在此頻道中。

(5) Associated DPCH 同時存在的傳統 3G 下傳通道，內含 DPDCH 與 DPCCH，HSDPA 通訊時的下傳功率控制訊號(power control)放在此頻道中。

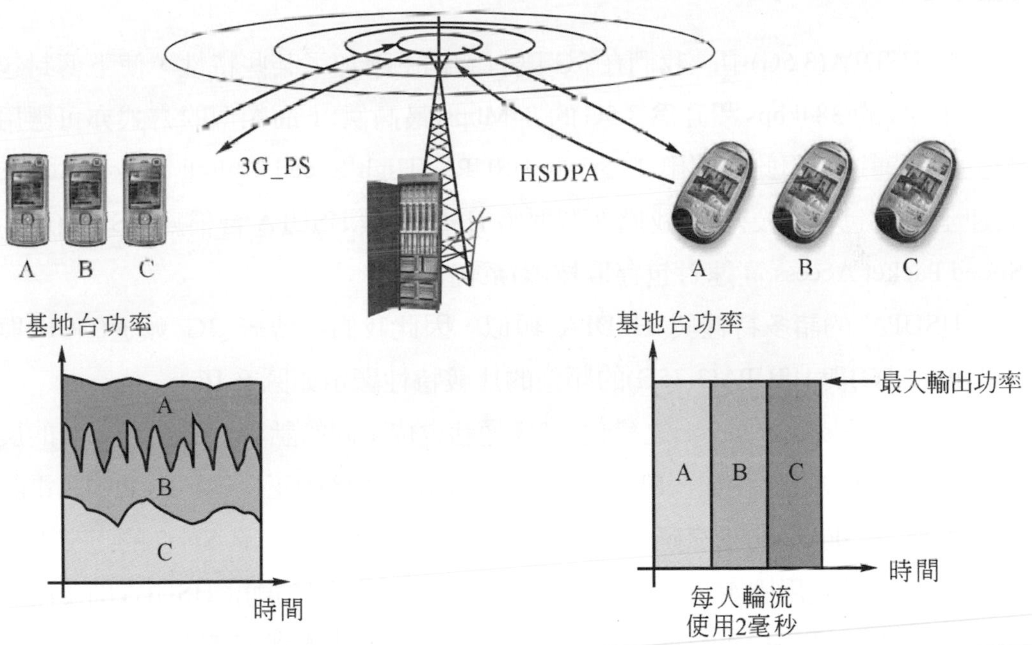

圖 9-14　3G_PS 與 HSDPA 之比較

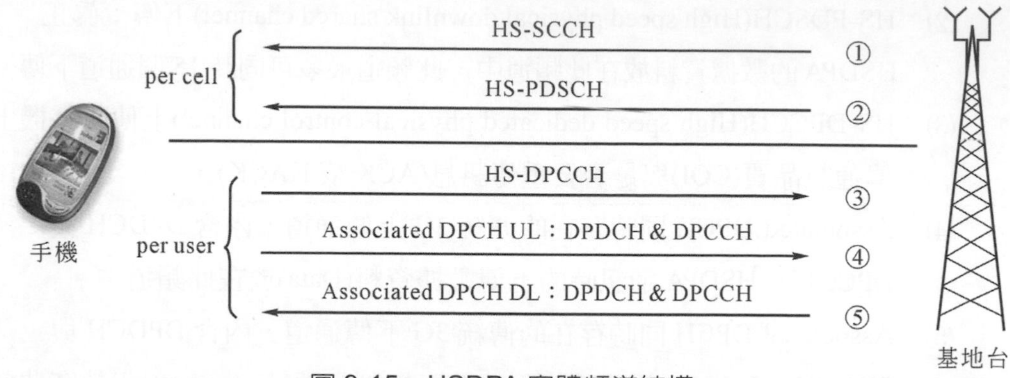

圖 9-15 HSDPA 實體頻道結構

9-7 HSUPA 特性(3.75G)

於 HSDPA(3.5G)中，我們在 3G 既有架構下增加了某些特性，使下傳封包速率由 3G 的 384kbps 躍升爲 3.5G 的 84Mbps(最高值)；而類似的方式亦可應用於上傳的通道，因此演生出 3.75G 的 HSUPA (High Speed Uplink Packet Access 高速上傳封包存取技術)，我們亦習慣將 HSDPA 與 HSUPA 合稱爲 HSPA (High Speed Packet Access 高速封包存取技術)系統。

HSUPA 的諸多特性與 HSDPA 類似，因此我們將傳統 3G 頻道(DCH)與 HSDPA(3.5G)與 HSUPA(3.75G)的頻道的比較特性顯示如圖 9-16：

1. 展頻因子(spread factor)之變化：3G 通話會依不同的話務服務給予不同的展頻因子正交碼，例如一般通話會給予一個 SF=128 的正交碼，一通視訊電話則給予 SF=32 的正交碼，一通傳統 PS 封包傳送則給予 SF=8 的正交碼；HSDPA 則使用固定 SF=16 的正交碼(同時傳送多個頻道)；HSUPA 則使用上傳的 SF=2 及 SF=4 的正交碼，可使上傳速率最快達到 11.5Mbps。
2. 同時傳送多個通道：3G 的每位通話者只能使用一個正交碼及一個通道；HSDPA 則可用 SF=16 同時下傳最多 15 個通道(15 個通道分別使用相互正交的正交碼)；HSUPA 最多則可讓手機同時上傳 4 個通道。
3. 功率控制：3G 及 HSUPA 均有採用每秒 1500 次的快速功率控制； HSDPA

爲固定功率輸出，故沒有功率控制。

特色	DCH(3G)	HSDPA(3.5G)	HSUPA(3.75G)
(1) 使用多種展頻因子(SF)	是(SF=4，8…512)	否(固定展頻因子SF=16)	是(SF=2，4)
(2) 同時傳送多個通道	否(僅一個通道)	是(最多15個通道)	是(最多4個通道)
(3) 每秒1500次功率控制	是	無(固定功率)	是
(4) 軟式交遞(SHO)	有	無	有
(5) 調整調變方式	無(固定QPSK)	有(QPSK或16QAM或64QAM)	無(固定BPSK)
(6) 重傳時之HARQ機制	無	有	有
(7) 基地台主控重傳機制	無(RNC主控)	有	有
(8) TTI單位訊號處理時間	10ms	2ms	10ms或2ms

圖 9-16 3G/3.5G/3.75G 頻道比較特性

4. 軟式交遞 SHO (soft handover)：3G 與 HSUPA 均有採用 SHO 的功能，使通話更順暢；HSDPA 則因無功率控制，所以不提供 SHO 功能。
5. 調整調變方式：3G 採用 QPSK 調變方式產生射頻訊號；HSDPA 若通訊品質好時會以 64QAM 做最大的資料下傳，通訊品質不佳時則改爲 QPSK 傳送資料；HSUPA 則固定以 BPSK (Binary Phase Shift Keying 雙相位位移鍵)作上傳的調變方法，某些文件亦將兩個 BPSK(I-branch 與 Q-branch)的射頻訊號相加合稱爲 QPSK(與 3G 相同)。
6. 重傳時之HARQ機制：如圖 9-10 所示，HARQ可讓封包資料在重傳(retransmission)時產生很好的解碼效果，因此HSDPA(下傳)與HSUPA(上傳)均有採用此機制。
7. 基地台主控重傳機制：如圖 9-8 所示，3G 的重傳方式是由 RNC 控制，效率較差；而 HSDPA(下傳)與 HSUPA(上傳)均改採爲基地台主控，可大幅減少重傳的時間。

8. TTI 單位訊號處理時間:3G 的單位訊號處理時間爲 10 毫秒(請參考圖 9-2)；HSDPA 則爲 2 毫秒；HSUPA 則可爲 10 毫秒或 2 毫秒。

綜合以上，我們可發現 HSUPA 的某些特色類似 HSDPA，較多特色則類似傳統 WCDMA(R99)的 DCH，因此我們亦習慣將 HSUPA 的頻道稱爲 E-DCH (Enhanced-DCH:加強式 DCH)。

HSUPA 必須架構在 HSDPA 的基礎之上運作，因此 HSPA (= HSDPA +HSUPA) 實體空氣頻道包含 3 大類：傳統 WCDMA(R99)通道(DCH)再加 HSDPA 專屬通道(HS)再加 HSUPA 專屬通道(E-DCH)。

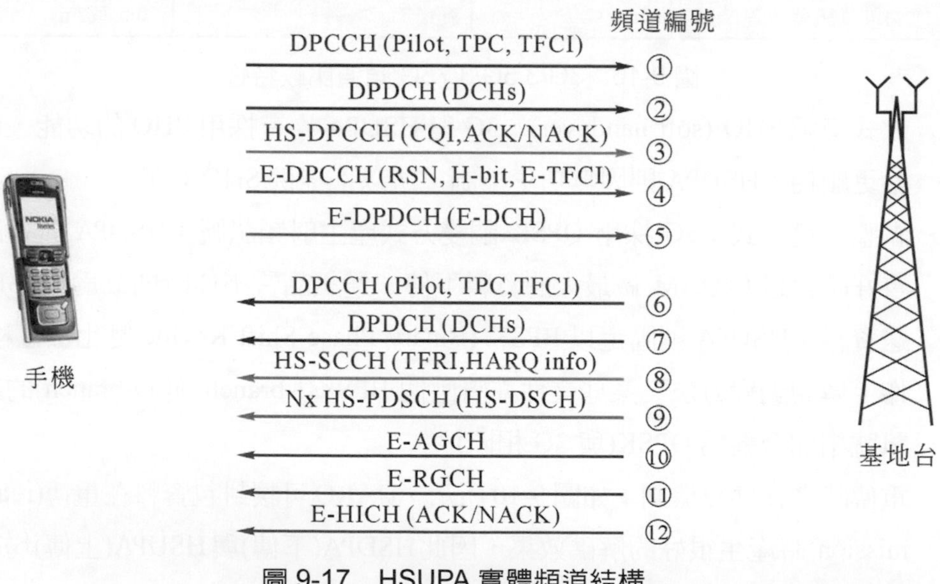

圖 9-17　HSUPA 實體頻道結構

請見圖 9-17，通道編號 1~5 屬於上傳通道；通道編號 6~12 屬於下傳通道。編號 1/2/6/7 屬傳統 WCDMA 通道(DCH)。(同圖 9-15 中的通道編號 4/5) 編號 3/8/9 是 HSDPA 專屬通道(HS)，請參考圖 9-15。

其他則是 HSUPA 專屬通道(E-DCH)，功能如下：

④E-DPCCH：HSUPA 上傳某些控制資訊，包含重傳編號(RSN)及傳送格式(E-TFCI)等。

⑤E-DPDCH：HSUPA 眞正上傳的封包資料放在此通道中，最多可以有 4 個通道同時上傳，最高速可達到 11.5Mbps。

頻道 6～頻道 9 同屬於 HSDPA，請參考圖 9-15。新增的頻道，功能敘述如下：

⑩E-AGCH (Absolute grant channel)：此頻道資訊內含基地台允許手機之初始發射功率。

⑪E-RGCH (Relative grant channel)：此頻道資訊內含微調單一手機功率之增加或減少。

⑫E-HICH (HARQ Indicator channel)：此頻道內含下傳的 ACK 或 NACK，與頻道 3(上傳)功能類似。

HSUPA 的通訊流程則如圖 9-18 所示：

步驟 1

手機開始藉由 E-DPCCH 與 E-DPDCH 對基地台提出 HSUPA 之需求。

步驟 2

基地台藉由 E-AGCH 下傳初步允許的手機(上傳)功率。

步驟 3

手機開始上傳數據資料。

步驟 4

基地台藉由CRC(循環冗碼檢查)分辨上傳資料是否正確：若正確，基地台送出 ACK，手機可繼續上傳；若有誤，基地台送出 NACK 要求手機重傳。

步驟 5

在此同時，基地台下傳 E-RGCH 微調單一手機的發送功率。

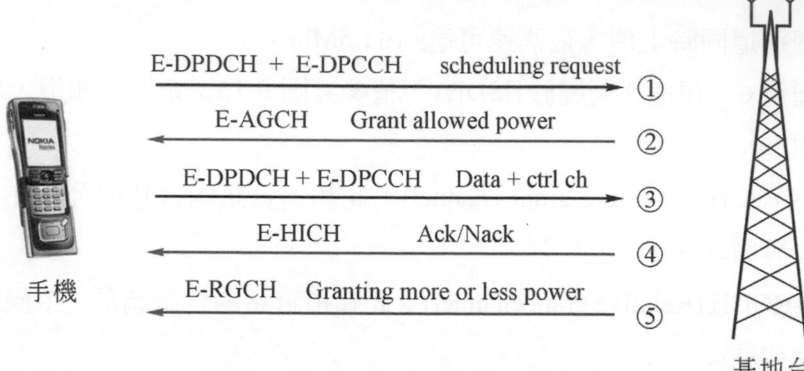

圖 9-18 HSUPA 通訊流程

9-8 HSPA 的更新進化

WCDMA 由傳統的 3G 演進至 3.5G 的 HSDPA 又到 3.75G 的 HSPA (High Speed Packet Access 快速封包存取技術)，科學家為了更快往 4G(第四代手機系統)的領域延伸，於是又開發了兩種更新的技術：

1. DC-HSDPA(Dual Cell HSDPA 雙細胞 HSDPA):圖 9-19， HSDPA 單一細胞的最快下傳速度為 21Mbps， DC-HSDPA 則是手機可同時接收 2 個細胞的資料量，因此最快下傳速度可增至 42Mbps(見圖 9-12，R8 手機)。
2. MIMO(Multiple Input and Multiple Output 多輸入多輸出):請參考圖 2-5，目前基地台天線設定同一方向有兩支天線， 其中一支天線當成是收發訊號(Tx/Rx)之用，另一支則純粹接收訊號(Rx)之用。MIMO 的技術則是將發射訊號量變成兩倍，分別由兩支天線往外發射(R1 與 R2 均有發射)。因此在不增加天線硬體的前提下可以讓訊號傳輸量增為原來的兩倍。請見圖 9-20。圖中下傳訊號分別由天線 1 與天線 2 送出(Tx)，上傳訊號亦由天線 1 與天線 2 分別接收(Rx)。因此 HSDPA 的下傳極速可以由 42Mbps 上升為 84Mbps (見圖 9-12，R9 手機)。

如此的進化，手機必須相對配合有兩支內置天線，這需要手機製造商的更新搭配。資料串 1 為傳統的傳送通道，若手機可支援 2x2 MIMO 功能，則基地台可增加資料串 2，讓下傳速度增為 2 倍。圖中的j(虛數)代表在QPSK或 16QAM 調變時 I-plane (cos 載波)與 Q-plane (sine 載波)的互換，請參考圖 9-7。

若MIMO能做到 4x4(發射 4 支天線，接收 4 支天線)的配合，則速度更可以是 DC-HSDPA 的 4 倍，也就是 42x4=168Mbps。

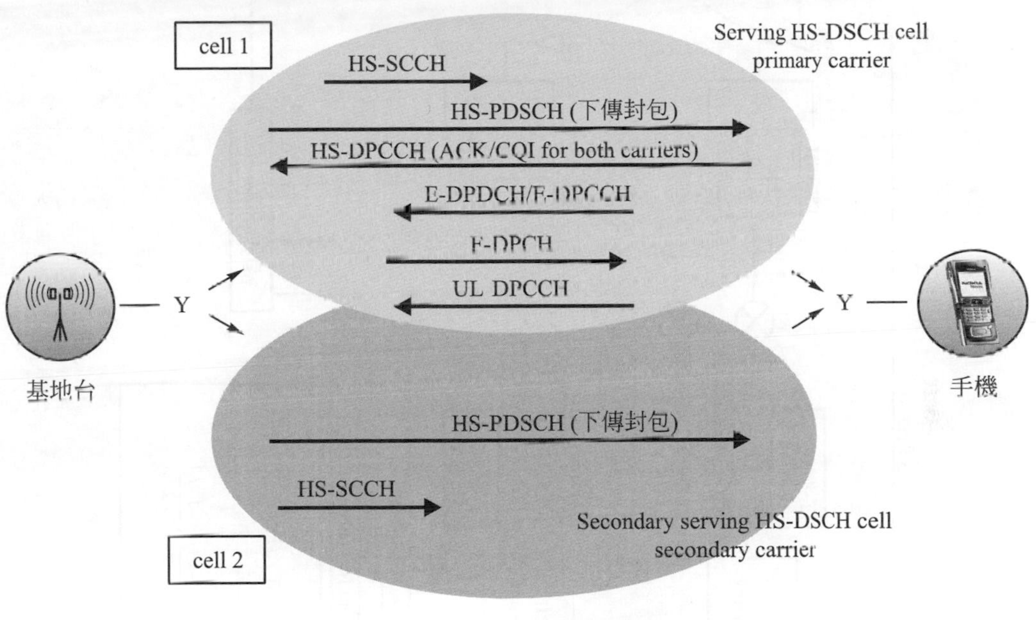

圖 9-19　DC-HSDPA 架構

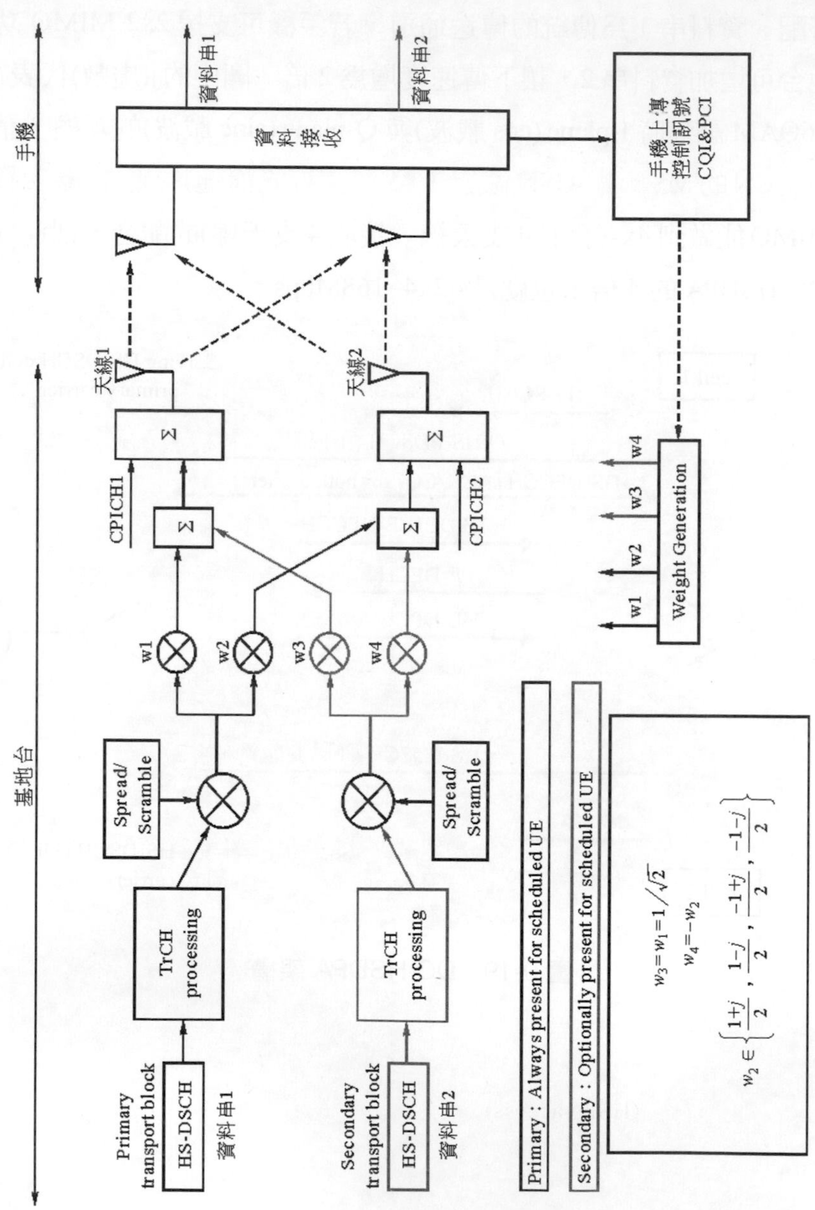

圖 9-20　2×2MIMO 天線設定

除了空氣介面的進化，核心網路(Core Network 含交換機)亦逐漸 IP 化了，請見圖 9-21。

傳統 3G網路，訊號在RNC分成CS訊號(一般語音)與PS訊號(封包資料)，然後分別在CN的MSC與SGSN做資料交換(與外界溝通)的動作(參考圖 9-1)，而最新的演進則是將RNC的工作逐漸轉移到基地台(NodeB)的身上，原始處理CS 訊號的交換機(MSC)消失，與外界的資料交換全部 IP 化(均以封包作爲處理資料的基本單位)由 SGSN 或 GGSN 承擔，如此的演進可使網路更爲精簡有效率，驅動此架構的形成動力則是光纖(optical fiber)網路的普及，因爲光纖線路可提供高速且遠距離的傳輸品質，使得基地台的大量訊息可以直接與SGSN或GGSN 連接，傳輸的速度更快而且更省錢，而網路架構的IP 化亦是 4G 的主流趨勢。

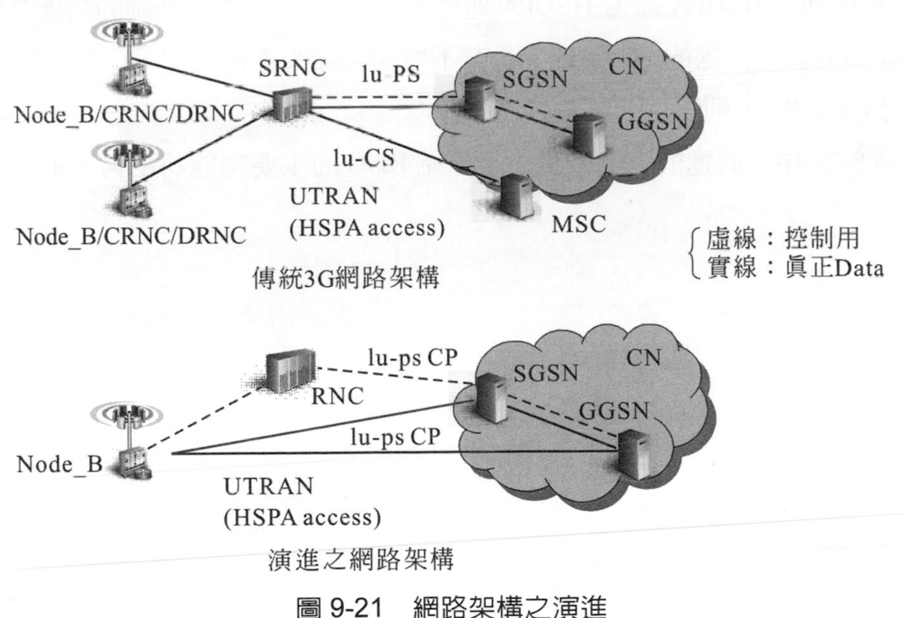

圖 9-21　網路架構之演進

習題

1. 3G 的射頻訊號(RF)要送入天線前，速率爲每秒多少訊符(symbols/sec)？
2. 3G 實體頻道，眞正通話的內容放在哪個頻道中？
3. 若是某手機支援到 3GPP R5 版本的功能，此手機可使用 HSUPA 嗎?
4. 3G 通話流程中，RRC 建立完成後，我們可說手機與何者的連接已完成？RAB 建立完成後，我們可說手機與何者的連接已完成？
5. 圖 9-11 中，如果某手機 HSDPA 的最大接收能力是 21Mbps，則此手機最大能同時接收的頻道數目(HS-PDSCH)是多少？
6. HSDPA 及 HSUPA 所使用的重傳方式 HARQ，其原理爲何？
7. HSPA 架構下的實體通道，是由哪 3 大類通道所組成？
8. DCH 通道/HSDPA 通道/HSUPA 通道，何者有運用功率控制的功能？
9. 在現有兩支天線的 3G 系統下，若不增加天線的數目使用 DC-HSDPA 技術(無 MIMO)，則下傳速度最快爲多少？
10. 圖 9-21 中，演進的網路架構中，原始 RNC 的主要功能將由何者取代？

CHAPTER 10

4G-WiMAX 系統架構

10-1 簡介

美規第四代大哥大雛型 WiMAX 是由 WiFi 演變而來，它的主要標準是由 IEEE 802.16e 所訂定。與其他系統之比較請見圖 10-1。如圖中 2.4GHz 是國際上公用免費之頻段 ISM band (Industrial Scientific Medical Band)，眞正是介於 2.4G～2.4835GHz 之間，藍牙系統(Bluetooth)亦是用此頻段。

Fixed WiMAX 的標準(802.16d)僅適用於(電腦)靜止狀態的資料傳輸；Mobile WiMAX(802.16e)則可容許移動時的資料傳輸，理論值雖然最快可達到 70Mbps 的下傳速度，但實際測試大概爲 20～50Mbps 的傳輸量。

系統	WiFi					Fixed WiMAX	Mobile WiMAX		EV-DO	WCDMA	HSPA	LTE
標準 Standard	802.11a	802.11b	802.11g	802.11n	802.11ac	802.16d	802.16e	802.16m	CDMA2000	UMTS	UMTS	UMTS
設定之年代	1999	1999	2003	2009	2014	2004	2005	2009	2002	2003	2007	2008
使用之頻段	5GHz	2.4GHz	2.4GHz	2.4GHz 5GHz	5GHz	3.5GHz 5.8GHz	2.3GHz 2.5GHz 3.5GHz		800MHz ～ 1900MHz	800MHz ～ 2100MHz	800MHz ～ 2100MHz	700MHz ～ 3400MHz
主要多工技術	OFDM	CDMA	CDMA OFDM	OFDM	OFDM	OFDMA			CDMA	CDMA	CDMA	OFDMA
調變方法	QPSK 16QAM 64QAM	BPSK QPSK	QPSK 16QAM 64QAM	QPSK 16QAM 64QAM	QPSK 16QAM 64QAM 256QAM	QPSK 16QAM 64QAM	QPSK 16QAM 64QAM	QPSK 16QAM 64QAM	QPSK 8PSK 16QAM	QPSK 16QAM	QPSK 16QAM 64QAM	QPSK 16QAM 64QAM
通道頻寬 (MHz)	20	20	20	20/40	20～160	3.5	1.25～20		1.25	5	5	5～20
下傳極速 (Mbps)	54	11	54	600	866.7 (×8)	9.4	70	70	2.46	14.4	42/84	84/345
主要上/下行雙工方式	TDD	TDD	TDD	TDD	TDD	TDD	TDD	TDD	FDD	FDD	FDD	FDD/TDD
MIMO	無	無	無	4×4	8×8	4×4	4×4	4×4	無	無	2×2	4×4, 8×8
移動性 (Mobility)	低	低	低	低	低	低	中等	中等	高	高	高	高

註 TDD(Time Division Duplex 時間分割雙工)上行/下行資料使用相同之頻道，但時間前後有所差別

FDD(Frequency Division Duplex 頻率分割雙工)上行/下行資料使用不同之頻道，但相同時間傳送

圖 10-1　無線通訊系統之比較

10-2 網路架構

WiMAX 的網路架構與 CDMA2000 或 WCDMA 的進化型(見圖 9-14 與圖 8-21)有頗多類似之處，請見圖 10-2。

WiMAX 的內部處理資料不再區分 CS(語音)或 PS(數據)等種類，完全以封包(packet)作爲基礎，訊號在 IP 網路(IP Network)上做傳遞及資料的處理，可使網路的利用率提升，整體架構也較爲單純。

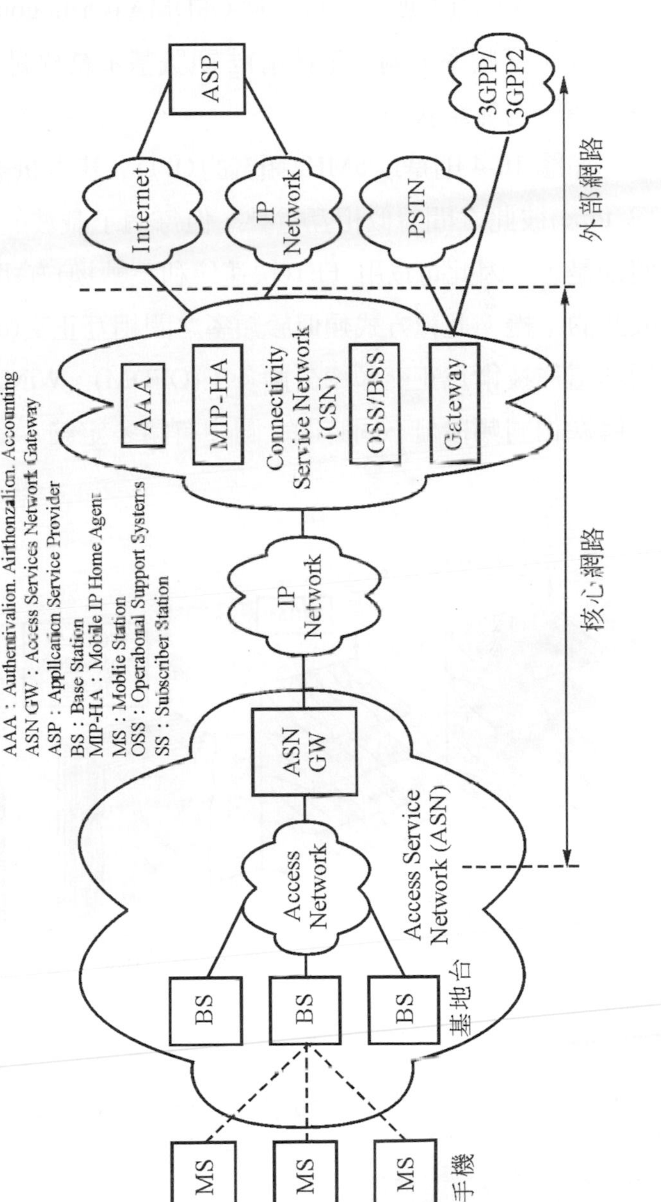

圖 10-2 WiMAX 網路架構圖

10-3 訊號處理流程

WiMAX 的主要無線技術爲 OFDMA (Orthogonal Frequency Division Multiple Access 正交頻率分割多工技術)，訊號基本結構是 OFDM，如圖 10-3 是諸多大哥大系統的無線技術。

如圖 10-4 則是以 5MHz 頻寬的 OFDM 基本訊號案例，子載波(sub-carrier 或稱 tone)彼此之間看似相互重疊，但每個子載波的極大值相對於其他子載波的值則是 0，因此可以用 FFT(快速傅利葉轉換)方式將訊號分別讀出而不會產生彼此的干擾。此種方式類似於頻率之間相互正交(orthogonal)互不相干，因此我們稱這種技術爲正交頻率分割多工(OFDM)。WiMAX 採 TDD 的方式，上傳與下傳採相同頻段但不同時間，圖中有諸多定義，我們分述如下：

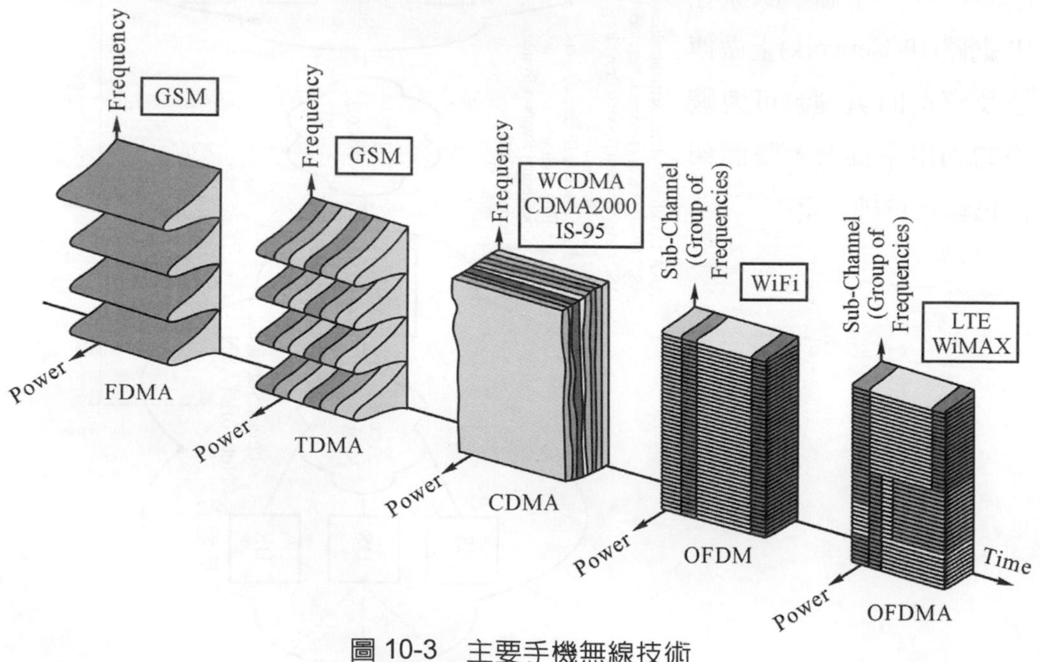

圖 10-3　主要手機無線技術

(1) 取樣速率 SR (Sampling rate)：一般取頻寬的 28/25 倍，可得 5*(28/25)=5.6 MHz。

(2) 實體時槽 PS (Physical Slot)：一般為 sampling 的 4 倍，因此 PS=4/SR=4/5.6MHz=0.7143 μs(微秒)。

(3) OFDM symbol=Symbol duration=144*PS=102.86 μs(微秒)。

(4) Useful time Tu of OFDM symbol=(8/9)*Symbol duration=(8/9)*102.86=91.43 μs(微秒)。

(5) 送收間隔 Transmit-to-Receive Gap (TTG)=148×PS=0.105 ms。

(6) 收送間隔 Receive-to-Transmit Gap (RTG)=84×PS=0.060 ms。

(7) 時框 Frame=47×Symbol+1×TTG+1×RTG=5.0 ms(見圖 10-5)。

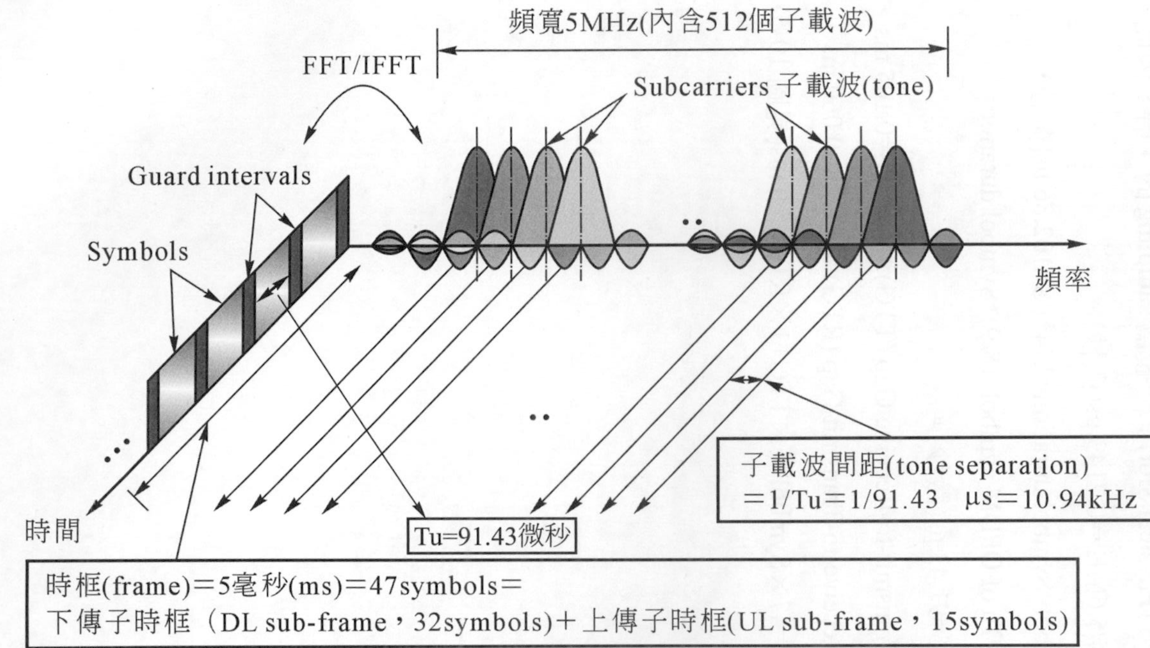

註：FFT (Fast Fourier Transform快速傅利葉轉換)時間至頻率之轉換
IFFT (Inverse FFT反向快速傅利葉轉換)頻率至時間之轉換

圖 10-4a　WiMAX OFDM 基本訊號結構(例)

Parameter	Fixed WiMAX OFDM-PHY	Mobile WiMAX Scalable OFDMA-PHY[a]			
FFT size	256	128	512	1,024	2,048
Number of used data subcarriers 資料子載波	192	72	360	720	1,440
Number of pilot subcarriers 導引子載波	8	12	60	120	240
Number of null/guardband subcarriers 空子載波	56	44	92	184	368
Cyclic prefix or guard time (Tg/Tb)	1/32, 1/16, 1/8, 1/4 (共512個子載波)				
Oversampling rate (Fs/BW) (CP)	Depends on bandwidth: 7/6 for 256 OFDM, 8/7 for multiples of 1.75MHz, and 28/25 for multiples of 1.25MHz 1.5MHz, 2MHz, or 2.75MHz.				
Channel bandwidth (Mhz)	3.5	1.25	5	10	20
Subcarrier frequency spacing (kHz)	15.625		10.94		
Useful symbol time (μs) = T_u	64		91.4		
Guard time assuming 12.5% (μs) = $T_g = T_u \div 8$	8		11.4		
OFDM symbol duration (μs)	72		102.9		
Number of OFDM symbols in 5 ms frame	69		47		

圖 10-4b WiMAX 常用之 OFDM 參數設定(加框之內容)

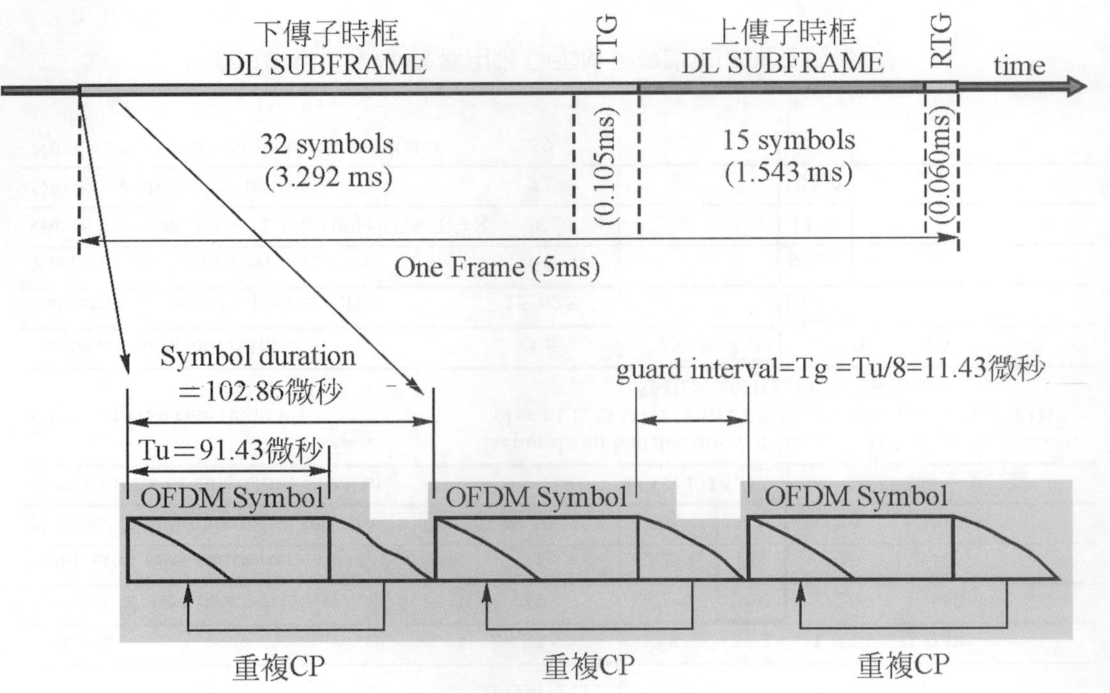

圖 10-5 OFDM 時框(frame)結構(例)

圖 10-6 顯示 WiMAX 手機剛開機之流程：

⑴ 手機打開電源。

⑵ 手機掃瞄所有的合法頻道。

⑶ 手機自行與最強的頻道同步。

⑷ 手機接收此最強基地台的下傳訊號，並得知所允許的上傳限制條件。

⑸ 手機依此條件計算出大略之距離及時間差。

⑹ 手機上傳資訊與基地台交涉欲取得之基本容量。

⑺ 基地台依手機之上傳資訊做資格認證及加密碼之交換。

⑻ 手機註冊至網路。

⑼ 手機註冊後獲得 IP addrcss。

⑽ 手機取得時間資訊。

⑾⑿手機與基站之間相互傳送並執行相關參數。

⒀ 手機完成網路的進入步驟。

圖 10-7 顯示 WiMAX 一般通話訊號上傳(Up Link 手機至基地台)的初步流程，程序與 3G 的 WCDMA 類似：

[1] 首先由手機提出通話需求(DSA-Request)

[2] 基地台認證手機後並判斷是否可提供手機所要求之通話品質 QoS (Quality of Service)，若可行則回覆給手機。

[3] 基地台開始依所允許的 QoS 建立連線(DSA-Response)，並開始與手機建立正式通話。

[4] 手機依通訊品質回覆 ACK(正確)或 NACK(不正確)，基地台藉此調整下傳封包的資料量及參數的變化。

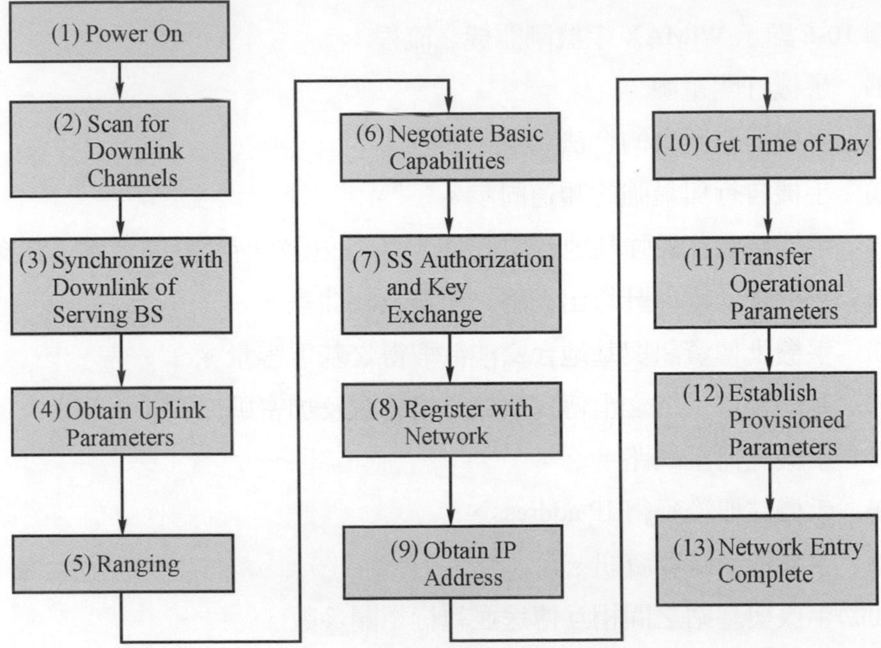

圖 10-6 WiMAX 剛開機流程

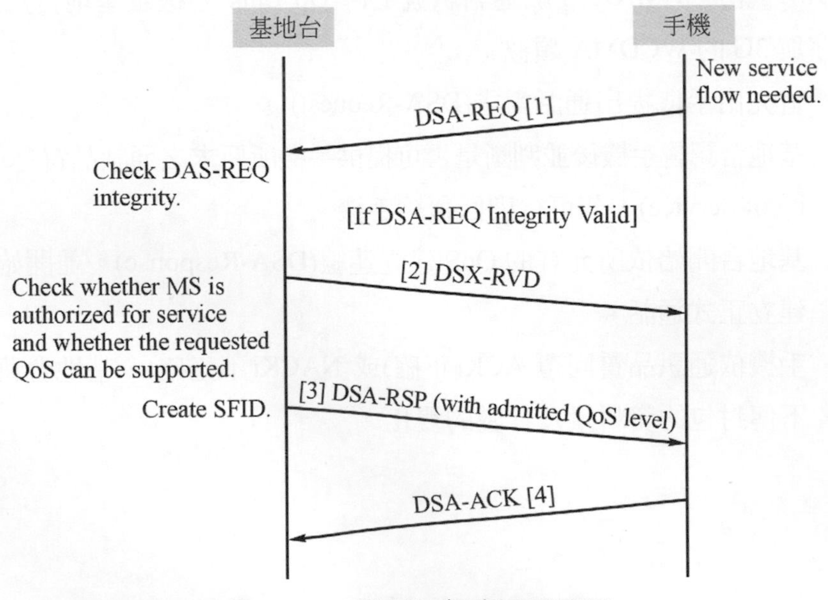

圖 10-7 WiMAX 初步通話流程

圖 10-8a 顯示 WiMAX 發射端訊號處理流程，初步的頻道編碼(channel coding)與交錯置(interleaving)與 3G 相類似，從 S/P 開始(Serial to Parallel 循序至平行)開始，由於 OFDMA 的特性，數位訊號改成數個平行的通道並分別轉變成子載波(sub-carrier)的訊號，子載波相加後經過 IFFT(反向 FFT)將 frequency-domain(頻率域)的訊號轉變成 time-domain(時間域)的訊號，便可準備將訊號接入天線。

圖 10-8b 則顯示空間/時間編碼方式(Space/Time Encoding)將欲輸出的 symbol (S1，S2，S3，S4…)經過不同空間(天線)與不同時間(順序)將資料送出，如此的作法可產生差異增益(diversity gain，類似圖 2-6 的效果)，可減緩因多重路徑(multi-path fading)所產生的衰減，因此可讓手機的接收效果更佳。

圖 10-8a 與圖 10-9 中，真正的下傳數據資料會放入資料資載波(data subcarrier)中，並不時穿插導引子載波(pilot subcarrier)，其功能是便於手機接收一個標準強度的訊號並做爲調整時間差及辨識 16QAM 或 64QAM 之用。而於頻段的兩旁及中間會放入空(null)的護衛子載波(guard-band subcarrier)，可做爲與其他頻段之區隔保護。

圖 10-10 顯示 WiMAX 接收端訊號處理流程，與圖 10-8a 流程相反，FFT 可將 time-domain(時間域)的訊號轉變成 frequency-domain(頻率域)的訊號，再將子載波內的訊號解出便可得出，我們要的接收資料。

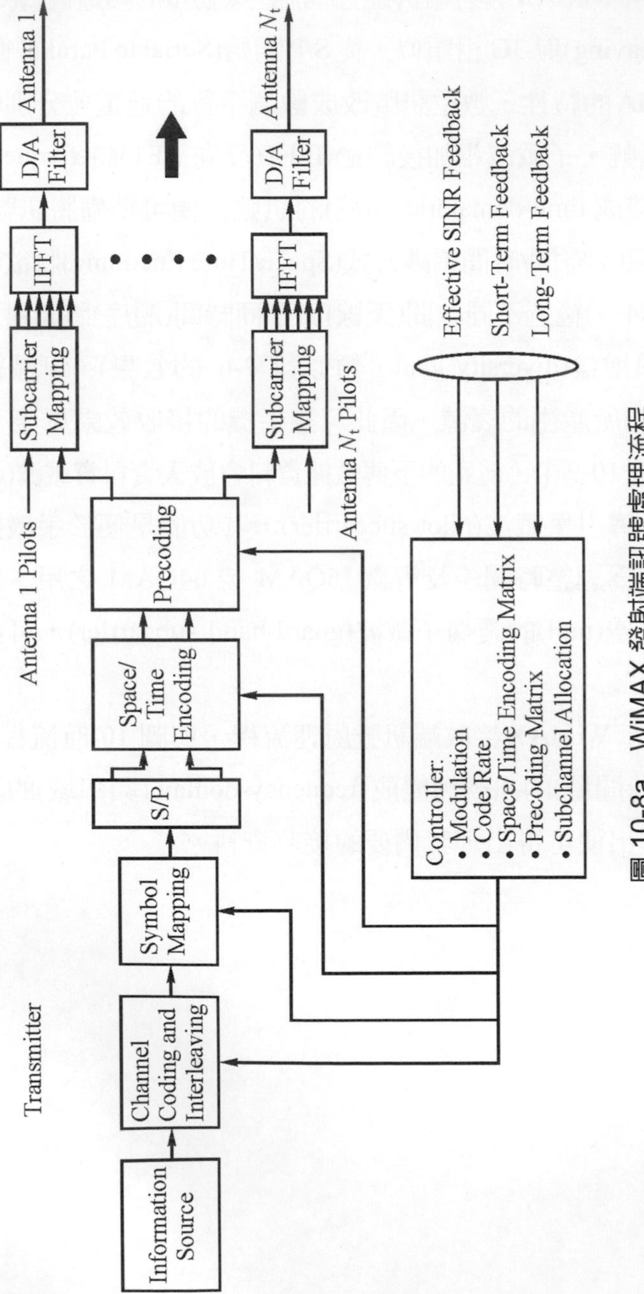

圖 10-8a WiMAX 發射端訊號處理流程

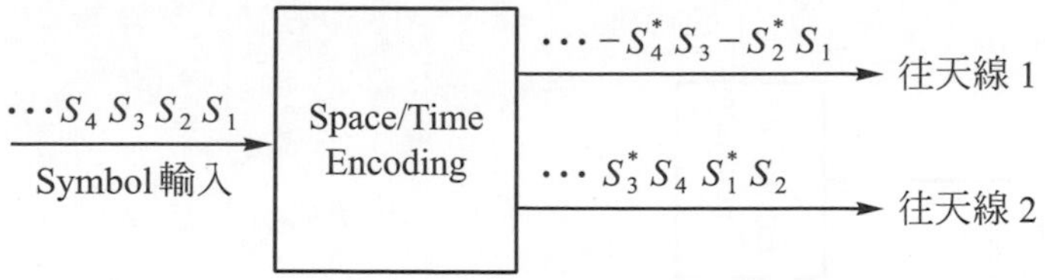

$\cdots S_4\, S_3\, S_2\, S_1$

Symbol輸入

Space/Time Encoding

$\cdots -S_4^*\, S_3 - S_2^*\, S_1$ → 往天線 1

$\cdots S_3^*\, S_4\, S_1^*\, S_2$ → 往天線 2

S_1^*：代表Symbol在經過16QAM或64QAM調變時，I-plane(cos載波)與Q-plane(sine載波)的互換。

圖 10-8b Space/Time Encoding

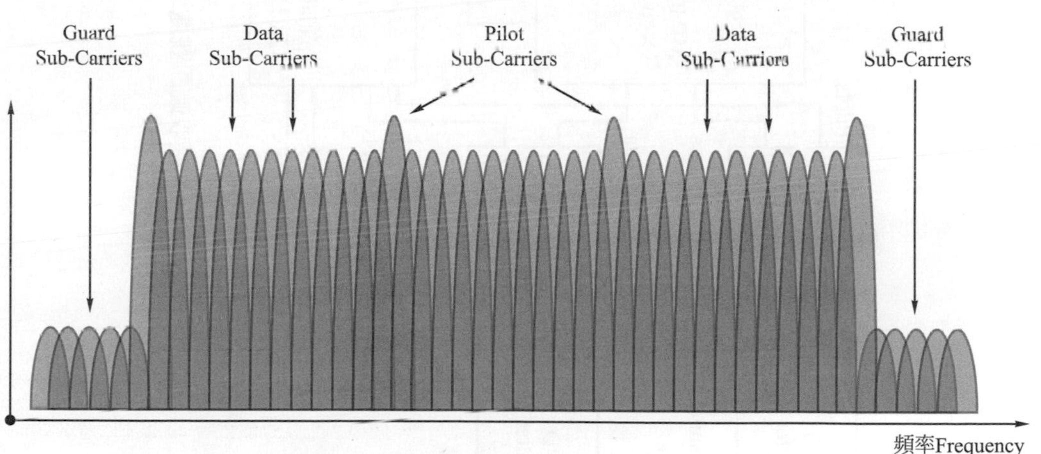

圖 10-9 導引子載波與資料子載波

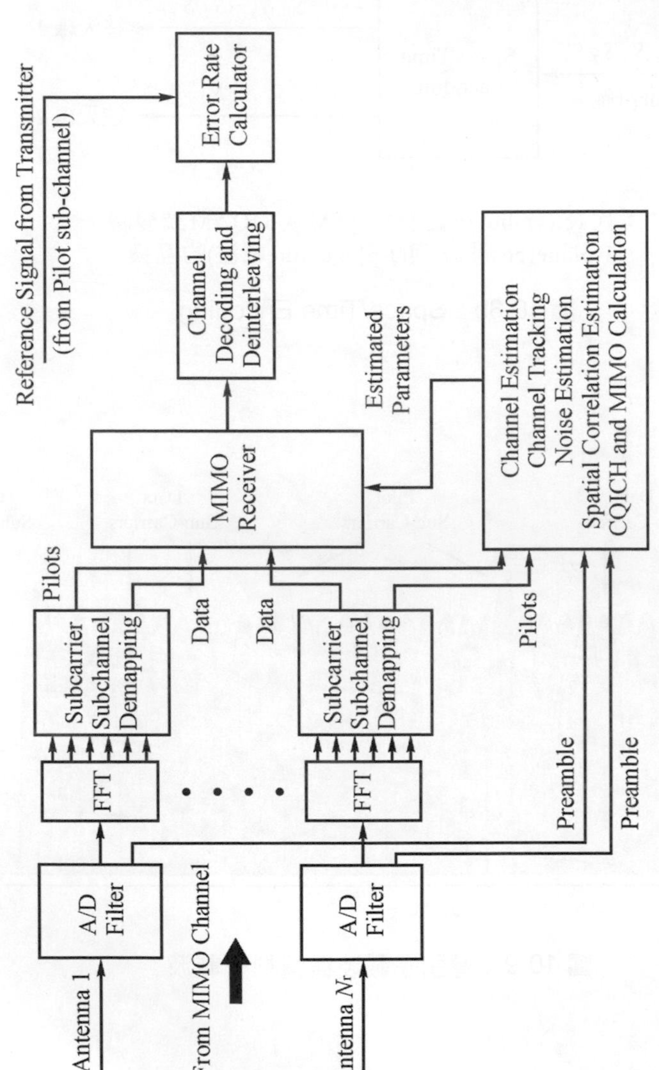

圖 10-10　WiMAX 接收端訊號處理流程

10-4 空氣介面訊號通道

結合圖 10-4 與圖 10-5 我們得到圖 10-11 是 WiMAX 的 OFDMA 的頻道配置圖(含下傳及上傳通道)。圖中各頻道之功能概述如下：

1. Preamble：內含固定格式，手機收聽此訊號藉以與基地台(細胞)同步。每個細胞(cell)的 preamble 佔用全部子載波數量的 1/3 或 1/6，可做爲不同細胞之區分。
2. FCH(frame control header)：內含時框控制資訊。
3. DL-MAP：告知 DL burst 中所使用的調變方式(QPSK/64QAM……)及編碼方式(3/4 rate 或 1/2 rate……)等重要資訊。
4. DL burst：下傳的封包資料放在此結構中。
5. ACK CH：手機將 DL burst 的資料內容用 CRC 解出是否有錯誤，然後上傳 ACK(接收資料正確)或 NACK(接收資料不正確)。
6. Ranging：手機上傳固定訊號格式，基站可藉此調整上下傳訊號之時間差及功率。共有 4 種：(a) initial ranging：類似 WCDMA 的 preamble，手機測試可與基站連接的初步上傳功率。(b) periodic ranging：類似 WCDMA 的 location update，手機週期性告知基站手機的位置。(c) bandwidth request：手機頻寬需求。(d) handover ranging：手機交遞時所需要的時間及功率調整。
7. CQI CH (Channel Quality Indicator)：手機回覆下傳之通訊品質。
8. UL burst：上傳的封包資料放在此結構中。

10-5 WiMAX 之展望

西元 2010 年後，WiMAX 與 LTE 曾經是最受矚目的兩大 4G 體系，各自的研發商均想佔據未來的主控權。2013 年之後，隨著市場的激烈競爭，WiMAX 似乎有慢慢淡出的跡象。

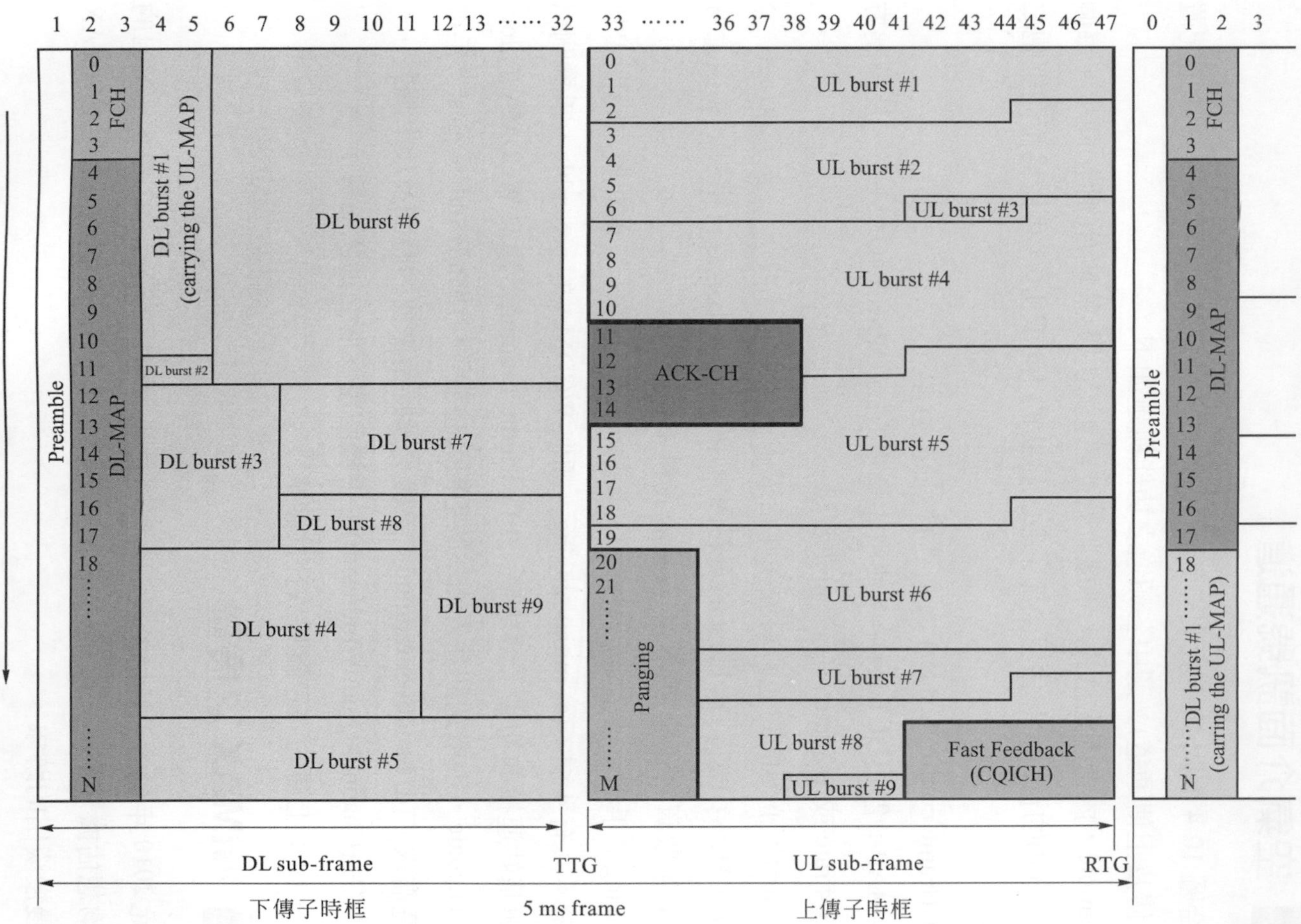

圖 10-11 WiMAX OFDMA 頻道配置

習題

1. 使用 IEEE 802.11g 的 WiFi 系統，其使用之頻段位於多少 GHz？
2. 如圖 10-4 與圖 10-5 頻寬爲 5MHz 的 WiMAX 爲例，5 毫秒的時框中，下傳子時框含有多少個訊符(symbol)？
3. OFDM轉換中，將頻率域訊號(frequency domain)轉換成時間域訊號(time domain)是何種方法？
4. 如圖 10-4 頻寬爲 5MHz的 WiMAX爲例，眞正的資料子載波(data sub-carrier)數量爲何？
5. 如圖 10-11 中，DL-MAP 內含哪些重要資訊？

CHAPTER 11

話務量評估及 GPS

11-1 簡介

現有數位通訊設備中，隨著不同區域話務容量(traffic)的多寡，必須配合不同硬體的規格；例如都會區(urban area)的基地台話務量會比郊區(rural area)的基地台繁重許多，因此都會區基地台內部一般會規劃更大容量的硬體規格，以應付都會區的眾多人潮。

而多少的硬體搭配才是恰當？過多的硬體設備會造成金錢及人力的浪費；太少則會造成話務阻塞(blocking)或傳輸速度極慢，因而造成客戶的諸多抱怨。本章將以科學的方法來評估話務量與硬體的配合。

另外，本章將簡介 GPS(衛星定位系統)的原理與訊號架構。

11-2 話務容量基本認識

圖 9-1 中，3G 手機信息被分爲兩大類：(1)話務信息(Voice)屬於資料量較小，但需連續傳遞的CS信號，手機講話便是CS信號。(2)封包資料(Packet Data)屬於資料量大，但不需連續傳遞的 PS 信號，手機上網便是 PS 信號。

由於4G的語音信息是靠VoLTE(Voice over LTE)傳送，將語音話務(CS_voice)變成一小份一小份的封包資料(PS_Packet)。因此當 3G_CS 通話人數過多時，會產生話務阻塞(blocking)，無法新進通話。但 4G_PS(VoLTE)通話人數過多時，不會產生話務阻塞(blocking)，只會傳輸速度變慢，通話品質變差。

下列話務容量之估算及限制，是以3G語音話務爲例，4G與5G不在此例。

圖 11-1 爲一般屋頂上基地台的平面圖，其中包含 3 大部分：(1)機房內的電子設備(equipment)，(2)室外的天線(antenna)，(3)傳送訊號到天線的纜線(cable)。

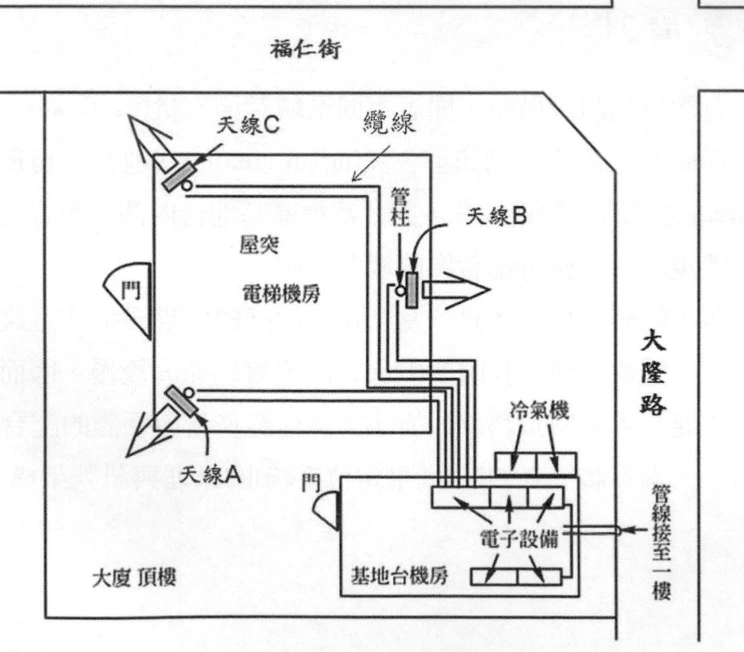

圖 11-1 基地台平面圖

而話務容量的觀念請見圖 11-2，我們可以想像手機到 RNC 之間是一條水管，如果要讓話務快速、順暢無礙，則必須這條水管沒有任何的瓶頸(bottleneck)，若是每一處的水管寬度幾乎都一樣，則可以產生最有效率的輸送效果。若有一處阻塞，雖然只是一小部分，但整條水管還是塞住了。

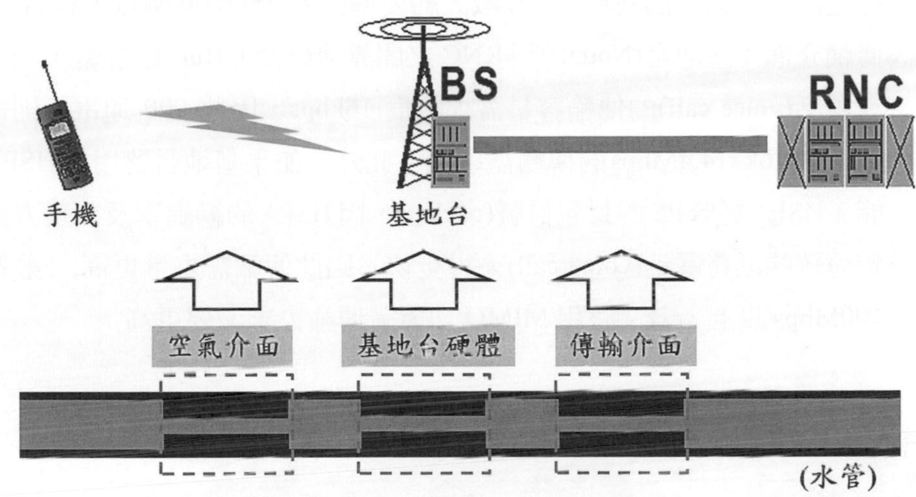

圖 11-2 訊號容量輸送圖

此水管的瓶頸(bottleneck)大概會發生在 3 個地方：

⑴空氣介面：請見圖 11-3，WCDMA 系統，每個通話者佔用一個正交碼(orthogonal code)，展頻因子 SF=128(spreading factor)，因此理論上每個細胞(cell)可提供 128 個人同時通話(實務上因爲某些正交碼必須做爲控制訊號之用，及空氣中會產生雜訊，所以眞正通話人數不可能這麼多)，因此我們可以概略預估一個細胞的空氣介面大約可支援 100 個人同時通話。若圖 11-1 中的天線 A 共有 3 個細胞的訊號，則天線 A 的涵蓋區域最多支援約 300 人(–100x3)同時通話，若此區域突然有 350 人要同時通話，因空氣介面的容量(capacity)不足，便會造成約 50 個人話務阻塞(call blocking)無法通話。

⑵基地台硬體：請見圖 9-2a，每一通電話在基地台(NodeB)內都必須經過繁雜的數位資料處理，基地台內處理數位訊號的單元一般稱爲CE(channel element)，一個CE處理一通話務電話(SF=128)，同圖 11-1,如果天線A/天線B/天線C各有3個細胞(cell)，則整個基地台最多大概要處理300x3=900通電話，因此整個基地台 CE 數大約要準備 800～1000 個以上較合理。

⑶傳輸介面：基地台(NodeB)到 RNC 之間靠傳輸介面(Iub)做聯繫，一通話務電話(voice call)的傳輸容量需求約爲 16kbps，因此 900 通電話則需要約 900x16k=14.4Mbps的傳輸需求量。此外，如果基地台啓用了HSPA功能，HSPA屬於PS的封包信號(packet)，因HSPA的編碼率及調變方式都較傳統的話務電話(voice call)來得更快，因此傳輸需求量更高,一般約爲100Mbps 以上，若又啓用 MIMO 功能，傳輸需求又要更高。

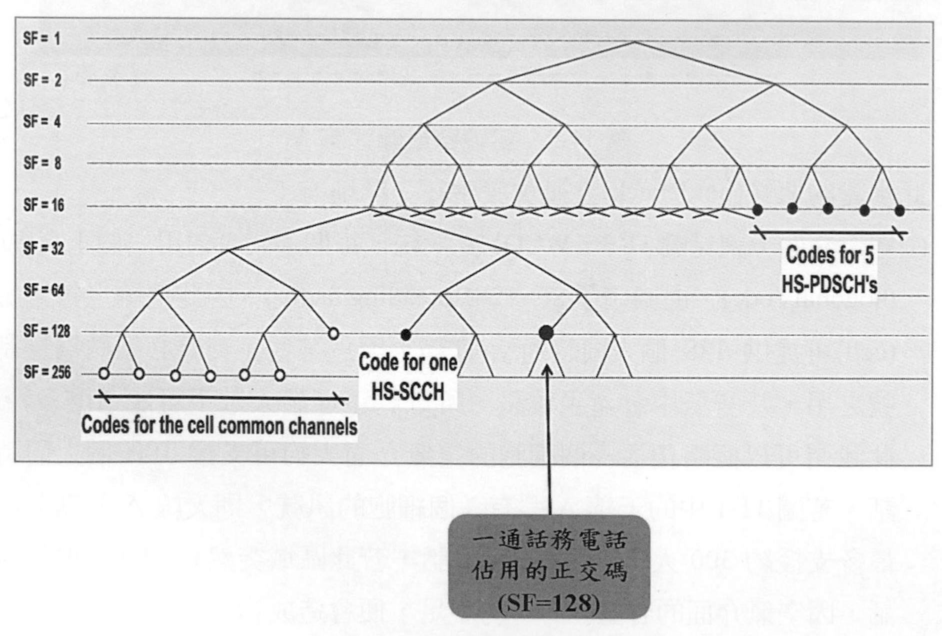

圖 11-3　細胞的正交碼樹(Code Tree)

11-3 話務容量單位與定義

我們生活週遭，以公斤來做爲重量的單位，以公尺來做爲長度的單位。而在通訊容量的領域上，我們以歐闌(Erlang)做爲話務量的計算單位。

歐闌(Erlang)的定義：每一小時內，全部話務累積的平均通話人數。

圖 11-2 中 RNC 會對細胞(cell)每秒紀錄一次通話人數並每小時統計整理如圖 11-4，圖中 An 代表一小時內有 n 個人同時在通話累積秒數的百分比(機率)，而歐闌數便是 An 乘 n 的累積總和。例如某細胞下午三點到四點內累積的歐闌數爲 16.8Erlang，我們解釋成：這一小時之內，平均有 16.8 個人[一直]在通話(並不是只有 16.8 個人在使用電話)。

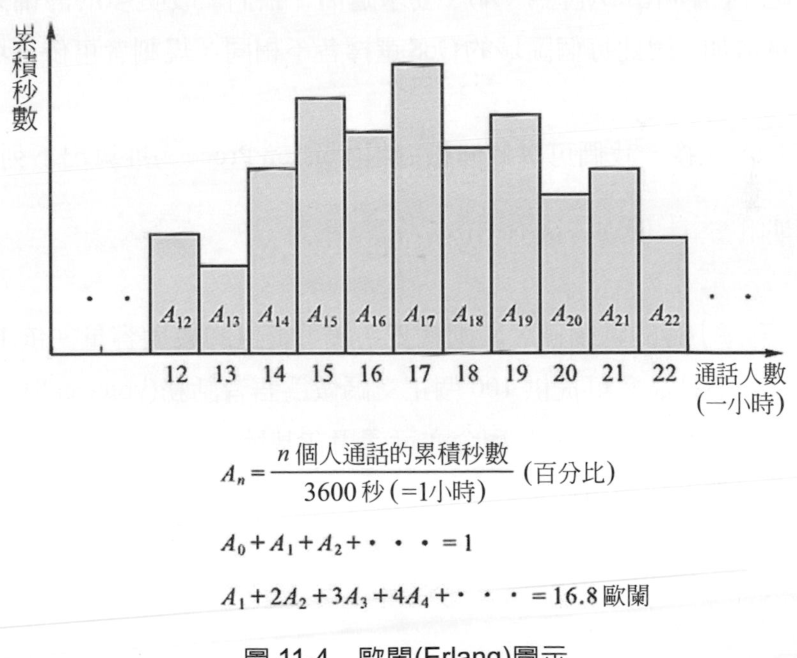

$$A_n = \frac{n\text{ 個人通話的累積秒數}}{3600\text{ 秒 }(=1\text{小時})}\ (\text{百分比})$$

$$A_0 + A_1 + A_2 + \cdot\ \cdot\ \cdot = 1$$

$$A_1 + 2A_2 + 3A_3 + 4A_4 + \cdot\ \cdot\ \cdot = 16.8\text{ 歐闌}$$

圖 11-4　歐闌(Erlang)圖示

11-4 話務容量與阻塞率

就統計學的角度，任何基地台都不可能阻塞率等於 0，因為在任何短暫時間只要有突發性的巨大話務量就一定會造成阻塞，只是這種情況的發生我們可以用波松過程(Poisson Process,詳細內容請見統計學的專書)來予以預估。而在此基礎上，我們必須事先有一個阻塞率(Blocking Rate)的基準要求，我們稱為預期阻塞率或服務等級(GoS, Grade of Service)，例如 GoS=2%，代表在細胞最繁忙時，我們可接受的阻塞率是 2%，每 100 通電話不超過 2 通電話撥不出去，這便是我們可接受的程度。

GoS 越小(例如由 2%降為 1%)，要求越高，我們需要更多的設備來應付突發的話務量增加。因此每個區域的 GoS 選擇各不相同，規劃者可依市場的需求來做變化。

確定 GoS 之後，我們可以依波松過程(Poisson Process)推算出下列公式：

$$\text{預期阻塞率}=\text{服務等級(GoS)}=\frac{(\rho^N/N!)}{\sum_{K=0}^{N}(\rho^K/K!)}$$

其中ρ為每小時的歐蘭值，N 則代表系統可提供的最大容量。依 11-2 節為例，一個細胞假設最多可提供 100 個正交碼做為語音話務(voice call)之用(空氣介面)，我們便可說 N=100，此觀念亦可運用在基地台硬體的估算上(實務上基地台硬體的估算更常運用此法)，我們可將上述公式列出表格，便構成歐蘭 B 表(Erlang B Table)，如圖 11-5。

案例一

依 11-2 節所示，若某基地台的硬體規格 CE=1000，而此站在最繁忙時 100 通電話僅容許 1 通電話阻塞，請問此基地台最大話務處理容量為何？

解：依條件所述，N=1000，GoS=1%，

經查表我們得到基地台最大話務處理容量為 971.2 歐闌。

如果此基地台的最高話務量已超過此值，我們有兩種選擇：

(1)不增加硬體規格(N 不變)，但必須容忍較高的阻塞率(GoS)。

(2)若要維持阻塞率不變，則我們必須增加硬體規格(N 變多)。

Erlang B Table			
Available N	GoS(Grade of Service) 1% ρ Erlangs	1.5% ρ Erlangs	2% ρ Erlangs
10	4.46	4.81	5.08
20	12	12.7	13.2
30	20.3	21.2	21.9
40	29	30.1	31
50	37.9	39.2	40.3
60	46.9	48.4	49.6
70	56.1	57.8	59.1
80	65.4	67.2	68.7
90	74.7	76.7	78.3
100	84.1	86.2	88
110	93.5	95.8	97.7
120	103	105.4	107.4
130	112.5	115.1	117.2
140	122	124.8	127
150	131.6	134.5	136.8
160	141.2	144.2	146.6
170	150.8	153.9	156.5
180	160.4	163.7	166.4
190	170.1	173.5	176.3

Erlang B Table			
Available N	GoS(Grade of Service) 1% ρ Erlangs	1.5% ρ Erlangs	2% ρ Erlangs
200	179.7	183.3	186.2
210	189.4	193.1	196.1
220	199.1	202.9	206
230	208.8	212.8	215.9
240	218.6	222.6	225.9
250	228.3	232.5	235.8
300	277.1	281.9	285.7
350	326.2	331.4	335.7
400	375.3	381.1	385.9
450	424.6	430.9	436.1
500	474	480.8	486.4
600	573.1	580.8	587.2
700	672.4	681	688.2
800	771.8	781.4	789.3
900	871.5	881.8	890.6
1000	971.2	982.4	991.9
1100	1071	1083	1093

圖 11-5　歐闌 B 表(Erlang B Table)

11-5 衛星定位系統(GPS)

現今智慧型手機都含了定位(positioning)的功能，我們稱爲 A-GPS (Assisted-Global Positioning System 輔助式衛星定位系統)，原始 GPS 定位是靠手機接收數個衛星訊號並做漸進式的連續運算(interactive)，初次定位約需數十秒才能逐漸精準。而 A-GPS 則是某部分衛星訊息預先由基地台取得並傳遞給手機，如此可加快手機的定位計算，初次定位在數秒鐘之內就可以精準完成。

GPS 是單向下傳的通訊方式，全球有 24 顆人造衛星在距離地球表面 20200 公里高度的軌道上不停運轉(地球半徑爲 6400 公里)，如圖 11-6。

24 顆人造衛星分佈於 6 個軌道，每個軌道有 4 顆衛星，此種繞行方式可保證地表上的每一點，在無阻隔的情況下至少可收到 4 顆衛星的訊號。若手機與衛星之間有建物或山勢阻檔，則定位會稍有偏差或定位緩慢。

11-6 GPS 訊號結構

GPS 訊號結構如圖 11-7 所示，其中包含 3 大部分：

1. GPS 載波(carrier)：圖 11-7 中的 1 與 5

   GPS 使用 QPSK 調變方式傳送訊號，如圖 11-7 所示，數位內容與載波相乘可將基帶訊號(Baseband)昇至高頻率的射頻訊號(RF Signal)，射頻訊號才能藉由天線發射於空氣中。

   GPS 的兩種載波 L1 與 L2 其波長大概在微波波段(microwave)，此波段的特性是方向性強，雲層或水氣對此波段的影響較小，故適合人造衛星對地面發射，可參考圖 1-7。

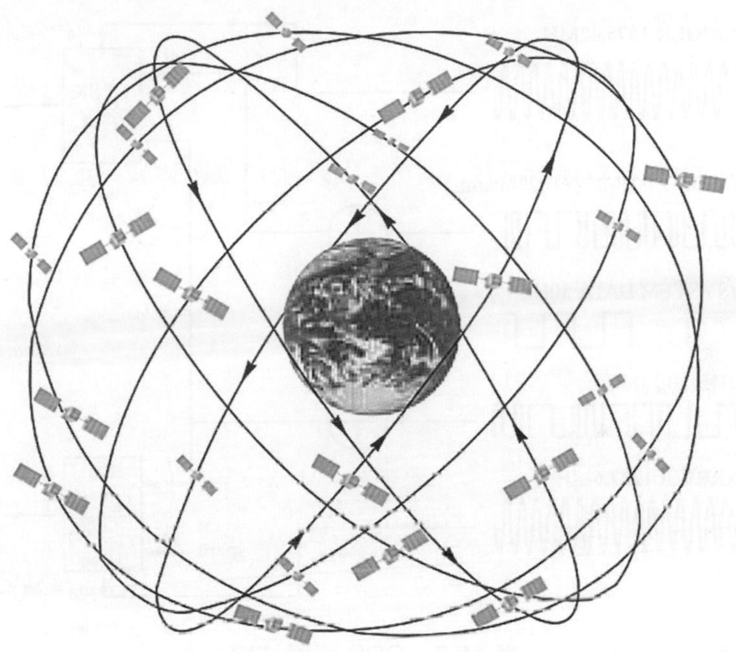

24 個人造衛星分佈於 6 個軌道，每個軌道有 4 個人造衛星
軌道仰角 55° (相對於赤道)

圖 11-6　GPS 衛星軌道圖

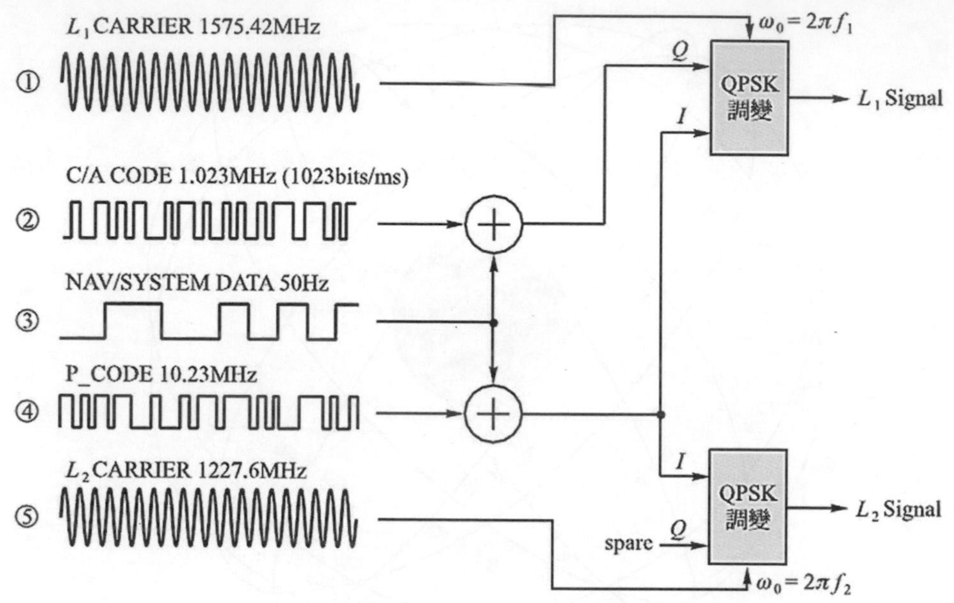

圖 11-7　GPS 訊號結構

如圖 11-8，GPS 衛星內帶有銣銫原子鐘，可產生非常精準的基頻正弦波(基頻頻率為 10.23MHz)，而L_1載波為此基頻的 154 倍，波長約 19 公分；L_2載波為此基頻的 120 倍，波長約 24 公分。而地面接收天線的長度設計一般為波長的 1/4，所以針對接收L_1或L_2訊號，其天線設計長度是不同的。

L_1載波提供給一般民間及軍事使用；L_2載波則提供給軍事及特殊商業使用。而自西元 2000 年 5 月之後，美國政府提升了L_1訊號的精準度(accuracy)，手機定位功能大大提升，若收訊狀況良好，其定位誤差可達 5 公尺之內。

2. 測距碼(Ranging Code)：圖 11-7 中的 2 與 4

測距碼的功能是計算手機與衛星的距離，其原理如圖 11-9，每個衛星有自己獨有的擬亂碼 PRN(Pseudo Random Number)，衛星之間的時間幾乎完全同步[誤差僅 10^(-14)秒,可視為 0]，但 PRN 則各不相同(這與 WCDMA 的架構類似)，而手機有全部衛星 PRN 的格式，因此手機在接收訊號後，首先要過濾出它所收到的是哪一個衛星的 PRN，並依此格式與收到的訊號計算出時間差(T)，而距離就是 T 與光速的乘積。

GPS 測距碼有兩種：C/A code(Coarse Acquisition Code 粗略擷取碼)與 P code (Precise Code 精確碼)， 前者給L_1使用(一般用)，後者精準度較高，給L_2使用(軍事用)，誤差範圍 1 公尺之內。

C/A code 為 1.023Mbps，每 1 毫秒(1ms)循環一次，共 1023bit($=2^{10}-1$)，故每一位元持續約 1 微秒(~1/1.023M)，相當於 300 公尺的距離(=光速×時間)；P code 為 10.23Mbps，碼長共 6.1871×10^{12}位元，每 7 天循環一次。每一位元持續約 0.1 微秒(~1/10.23M)，相當於 30 公尺的距離(=光速×時間)，故精準度優於 C/A code。

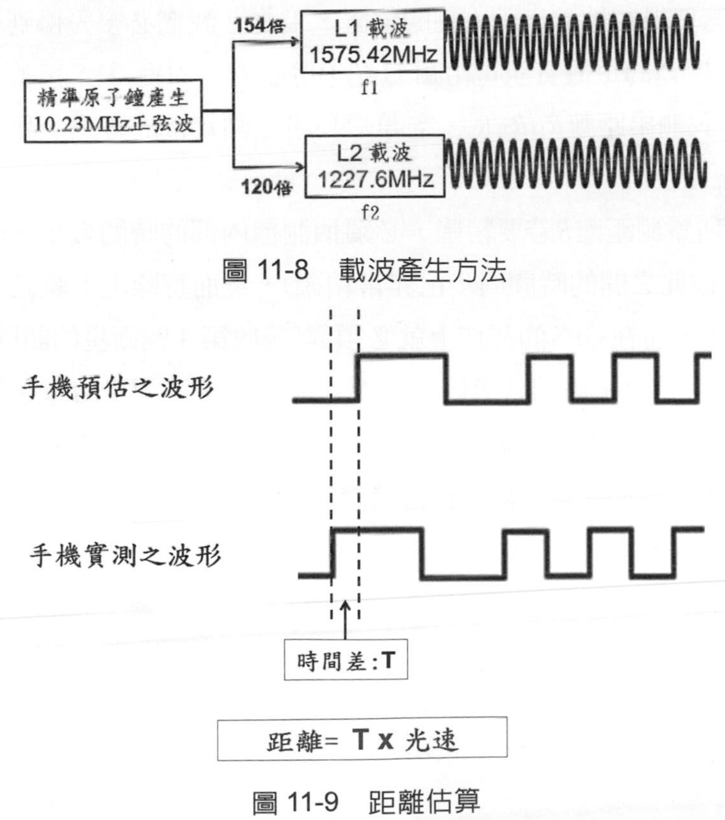

圖 11-8　載波產生方法

圖 11-9　距離估算

3. 導航資料(Navigation Data)：圖 11-7 中的 3 導航資料放在L_1與L_2之中，每秒傳送 50 位元(=50bps)，它包含衛星星曆(almanac，可推算衛星的正確位置)、時鐘參數(校正時間)、電離層延遲資訊等，共有 37500 位元(再細分成 1500 位元/frame 及 300 位元/subframe)，故每 12.5 分鐘重複一次。手機藉此內容可正確推算距離及時間等重要資訊。而 A-GPS 手機定位速度加快，就是此導航資料大部分由基地台提供，不是由手機接收衛星而來，整體定位的計算速度就可以加快。

11-7 GPS 運作方式

於前面章節我們已知道GPS的訊號內容及測距方式，圖 11-10 為GPS運作方式，我們若要得知地球表面A點的位置，首先，我們必須先得到 3 顆衛星的正確位置($P_1/P_2/P_3$的位置資訊可由圖 11-7(3)導航資料內獲得)，接著，我們利用圖 11-9 的方式測出距離$R_1/R_2/R_3$，空間中利用三點定位的方式，我們便可以計算出A點的正確位置。

圖 11-9 所量測距離R若要精確，必須偵測機內部的時間幾乎與衛星內部相互同步(衛星彼此之間的時間同步已非常精確)，然而實際上很難做到，因此會有誤差的產生，而在GPS的運作上就必須靠[接收第 4 顆衛星的訊號]來做同步校正。請見圖 11-11，虛線代表因偵測機與衛星時間不同步所產生的誤差，此時地表的偵測機若能再接收第 4 顆衛星的訊號，便能夠將此誤差逐步縮減(需要時間的計算)，最後便可以得出相當精確的結果。而這也是第 11-5 節所提到：至少要收到 4 顆衛星訊號的原因。

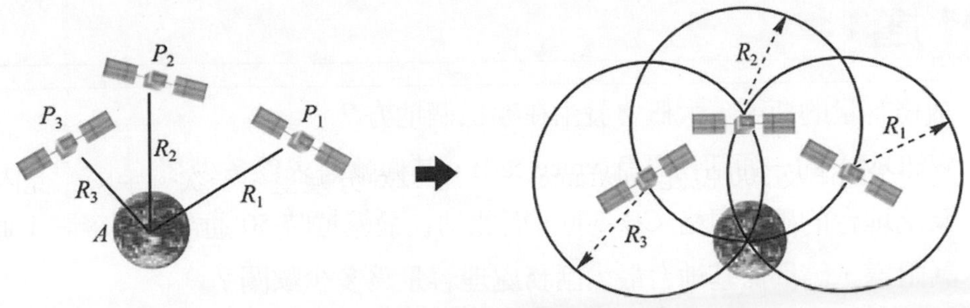

圖 11-10　GPS 運作方式

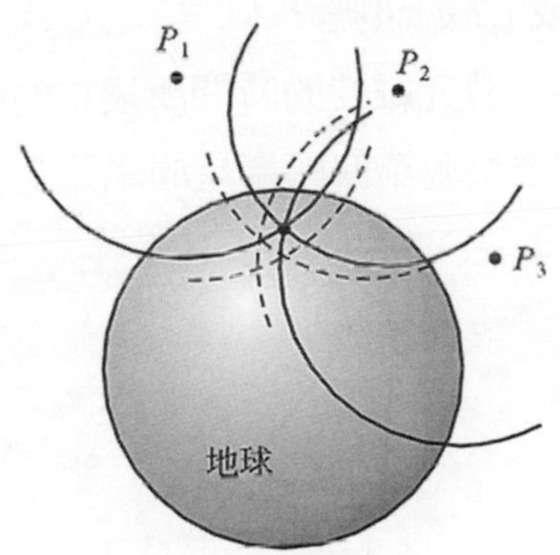

圖 11-11　距離的誤差

習題

1. 話務容量的瓶頸，大概會發生在哪三個地方？
2. WCDMA 的一通話務電話(voice call)，其傳輸需求爲多少？
3. 某基地台的硬體規格 CE=500，而此站在最繁忙時 50 通電話僅容許 1 通電話阻塞，請問此基地台最大話務處理容量爲多少歐蘭？
4. 某基地台最繁忙時，話務量爲 771 歐蘭，若希望此站在最繁忙時 200 通電話僅容許最多 2 通電話阻塞，請問此基地台至少需準備多少 CE？
5. GPS 訊號結構，包含哪三大部分？
6. GPS 載波 L1 與 L2(波長在微波波段)，電波在空氣中有何特性？
7. 商用手機是接收 L1 或 L2 的訊號？
8. C/A code 與 P code 每一位元維持的時間所換算的距離，各是多少？
9. GPS 系統下，爲什麼要接收第四顆衛星的訊號？

CHAPTER 12

4G-LTE advanced系統架構

12-1 簡介

歐規第四代通訊系統雛型 LTE (Long Term Evolution)是由國際 3GPP 組織(由歐洲、日本、韓國、中國及印度等國組成的電信標準開發協會)依 UMTS (universal mobile telecommunication system)系統架構，於西元 2004 年底初次發表的新技術。在往後的數年逐步新增並確認標準規格(specification)，西元 2008 年正式釋出 LTE 標準規格且逐漸被世界認可(WiMAX 則慢慢被忽略)，2012 年後則逐步在各國正式商業運轉。

如圖 12-1，國際通訊組織 3GPP(3rd Generation Partnership Project)於 1992 年正式定義出 2G-GSM的通訊標準與架構(Phase1 版本)；於 2000 年正式定義出 3G-WCDMA 的通訊標準與架構(Release99 版本)，其後隨著新技術的增加，於是又新增了 Release5/6 等版本；於 2008 年正式定義出 4G-LTE 的基本通訊標準與架構(Release8 版本)，其後隨著新技術的增加與確認，於 2011 年正式定義出 4G-LTE-Advance 的通訊標準與架構(Release10 版本)。隨著時間演進，3GPP亦不時地推出新的通訊標準與架構。

3GPP研發標準(standards)之演進			
釋出之版本	時間(西元)	主階段	重要特色
Phase 1	1992	2G	GSM基本架構: FDMA+TDMA
Release 97	1998	2G	加入GPRS功能:下行封包資料傳送
Release 99	2000	3G	WCDMA(UMTS)基本架構: CDMA
Release 5	2002	3G	加入HSDPA功能:加速下行封包速度
Release 6	2004	3G	加入HSUPA功能:加速上行封包速度
Release 7	2007	3G	HSPA+: MIMO, 64QAM DL, 16QAM UL
Release 8	2008	4G	LTE基本架構: OFDMA與IP core network與MIMO(4x4)與FDD/TDD模式
Release 9	2009	4G	LTE新增功能:MBMS與Beam forming(波束成型)
Release 10	2011	4G	LTE Advanced功能:Carrier Aggregation(載波聚合)與Relaying與MIMO(8x8)
Release 11	2012	4G	LTE Advanced功能:CoMP與IDC與HetNet.
Release 12	2015	4G	LTE Advanced功能:Small cell與CA(2UL+3DL)與Massive MIMO
Release 13	2016	4G	LTE-U (LTE in unlicensed spectrum), Cat-NB1, Cat-M1
Release 14	2017	4G	Multimedia Broadcast Supplement for Public Warning System (MBSP), Cat-NB2
Release 15	2018	5G	NR(New Radio) SA(Standalone) 基本架構, IP Multimedia CN Subsystem (IMS)
Release 16	2021	5G	Unlicensed Spectrum, High-precision Positioning, Advanced Power Saving
Release 17	2023	5G	Reduced Capa. Devices, NTN, mmWave Expansion, Device Enhancemwnt
Release 18	2025	5G-Adv	5G-Advanced, NR with AI(Artificial Intelligence), Network Energy Saving
Release 20	2028	6G	IMT-2030

圖 12-1　3GPP 研發標準之演進

由於 3G 的 WCDMA 系統與 4G 的 LTE 系統均是由 3GPP 所制定出來的標準，因此我們可以說 LTE 是 WCDMA 的延伸，雖然這兩個系統有某些截然不同的核心技術(請見圖 12-2)，但在某些網路架構上卻又有相關的延續性(MIMO 及 IP 化網路等)。

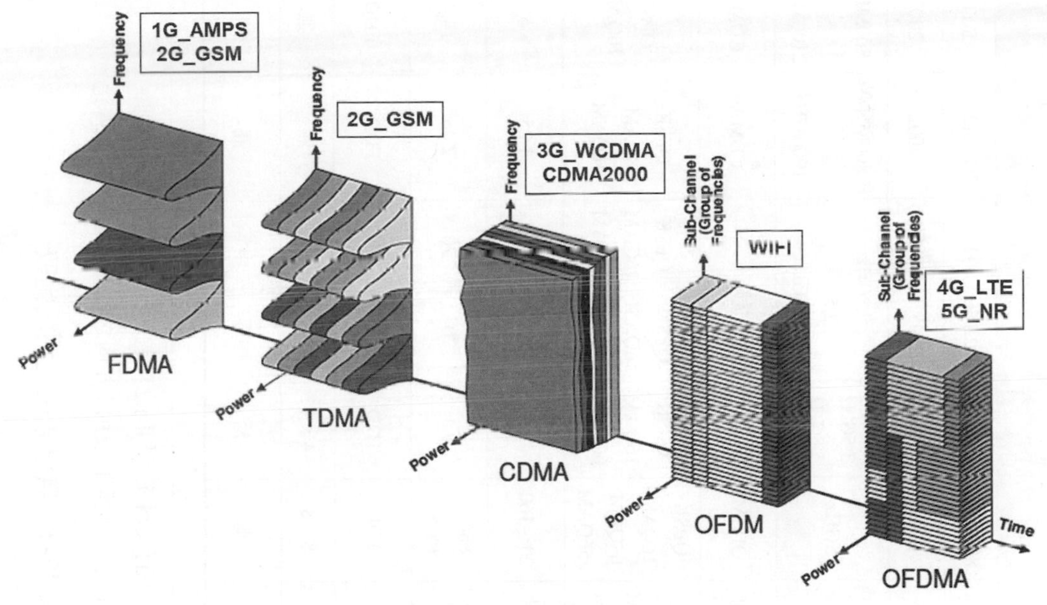

圖 12-2　主要無線通訊之多工技術

圖 12-3 則是常見通訊系統之比較。大家常用的WiFi是沿用由美國IEEE組織定義的通訊標準 802.11a/b/g/n/ac。WCDMA 及 LTE 則是沿用歐洲 3GPP 依 UMTS 所定義出的標準(圖 12-1)。

系統	WiFi					Fixed WiMAX	Mobile WiMAX		EV-DO	WCDMA	HSPA	LTE
標準 Standard	802.11a	802.11b	802.11g	802.11n	802.11ac	802.16d	802.16e	802.16n	CDMA2000	UMTS	UMTS	UMTS
設定之年代	1999	1999	2003	2009	2014	2004	2005	2009	2002	2003	2007	2008
使用之頻段	5GHz	2.4GHz	2.4GHz	2.4GHz 5GHz	5GHz	3.5GHz 5.8GHz	2.3GHz 2.5GHz 3.5GHz		800MHz ～ 1900MHz	800MHz ～ 2100MHz	800MHz ～ 2100MHz	700MHz ～ 3400MHz
主要多工技術	OFDM	CDMA	CDMA OFDM	OFDM	OFDM	OFDMA			CDMA	CDMA	CDMA	OFDMA
調變方法	QPSK 16QAM 64QAM	BPSK QPSK	QPSK 16QAM 64QAM	QPSK 16QAM 64QAM	QPSK 16QAM 64QAM 256QAM	QPSK 16QAM 64QAM	QPSK 16QAM 64QAM	QPSK 16QAM 64QAM	QPSK 8QAM 16QAM	QPSK 16QAM	QPSK 16QAM 64QAM	QPSK 16QAM 64QAM
通道頻寬 (MHz)	20	20	20	20/40	20～160	3.5	1.25～20		1.25	5	5	5～20
下傳極速 (Mbps)	54	11	54	600	866.7 (×8)	9.4	70	70	2.46	14.4	42/84	84/345
主要上/下行雙工方式	TDD	TDD	TDD	TDD	TDD	TDD	TDD	TDD	FDD	FDD	FDD	FDD/TDD
MIMO	無	無	無	4×4	8×8	4×4	4×4	4×4	無	無	2×2	4×4,8×8
移動性 (Mobility)	低	低	低	低	低	低	中等	中等	高	高	高	高

註 TDD (Time Division Duplex 時間分割雙工)上行/下行資料使用相同之頻道，但時間前後有所差別。

FDD (Frequency Division Duplex 頻率分割雙工)上行/下行資料使用不相同之頻道，但相同時間傳送。

圖 12-3　無線通訊之系統比較

12-2 網路架構

LTE 的網路架構與 CDMA2000 或 WCDMA 的進化型(見圖 8-14 與圖 9-21)有頗多類似之處。

圖 12-4 顯示 R99(Release99)至 R6(Release6)之網路架構，手機藉由空氣介面(Uu 介面)與基地台(NodeB)相通並連至RNC，RNC將訊號分成兩大類：(1)將CS(Circuit Switch)的語音資料(Voice)傳遞至核心網路的語音交換機(MSC)，並藉由GMSC與外界聯繫；(2)將PS(Packet Switch)的封包資料(Packet)傳遞至核心網路的數據資料交換機(SGSN)，並藉由 GGSN 與外界聯繫。因此在核心網路(CN)中，語音資料與數據資料是分別處理的，如果有一支手機同時講電話與上網頁，在 CN 中是走不同的路徑同時與外界聯繫。

請見圖 12-5，由於 LTE(R8)的網路中，資料處理不再區分 CS(語音)或 PS (數據)兩種類，資料傳遞完全以數據資料的封包(packet)作爲基礎，訊號在IP網路(IP Network)上做傳遞及資料的處理，如此做法，可使網路的利用率提升，整體架構也較爲單純。原本 R6(WCDMA)中的 RNC 功能已由 eNodeB 所取代。

LTE 的基地台(eNodeB)傳遞兩種資料，其一爲控制資料(Control Plane，資料量少但重要性高)，經由MME與SAE或其他 3G 網路聯繫；另一則爲使用者資料(User Plane，資料量極大)，直接連接到 SAE，不再連到 MME，如此架構可加快整體上行／下行的傳送速度。

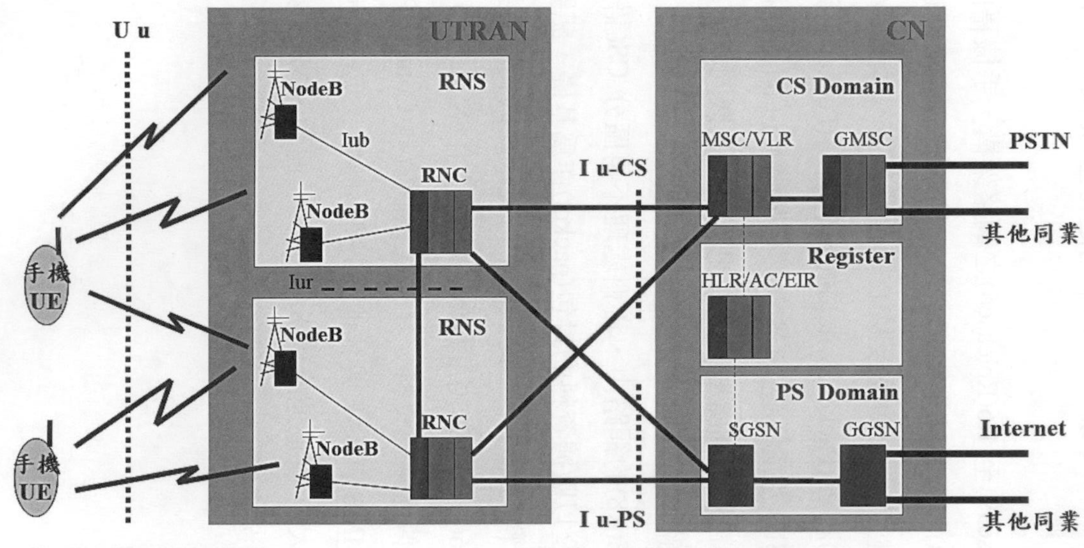

UE: User Equipment手機
UTRAN: Universal Terrestrial Radio Access.
NodeB:基地台
RNS: Radio Network Subsystem
RNC: Radio Network Control
CS Domain: Circuit-Switch Domain
PS Domain: Packet-Switch Domain
CN: Core Network核心網路
EIR: Equipment Identity Register設備辨認暫存器
GMSC: Gateway MSC(Mobile Switching Center)
HLR: Home Location Register顧客位置暫存器(永久)
AC: Authentication Center認證中心
SGSN: Serving GPRS Support Node(數據資料交換機)
GGSN: Gateway GPRS Support Node

圖 12-4 3GPP R99-R6 網路架構

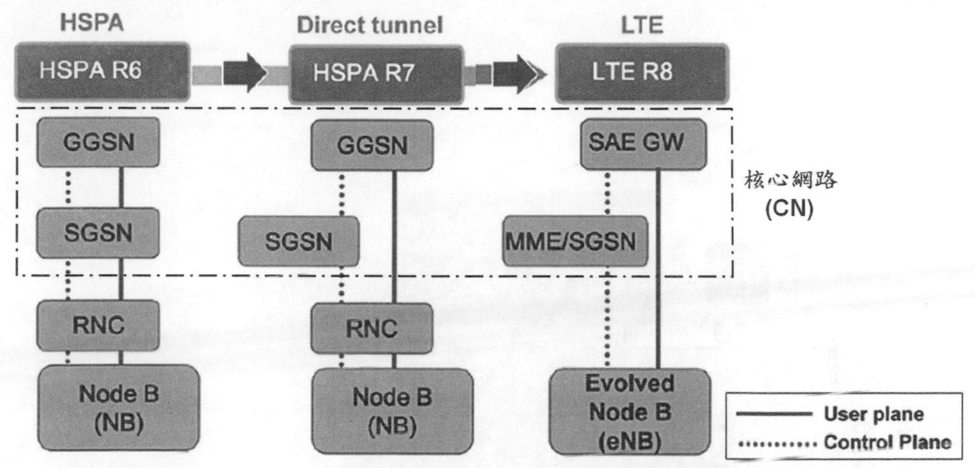

圖 12-5 3GPP R6-R8 網路架構之演變

目前 2G/3G/4G 整體合併架構如圖 12-6 所示，4G 的 MME 與 3G 的 SGSN 相互連結，可做彼此網路的聯繫控制。4G 基地台的手機資料(User Plane)直接連結到 SAE(內含 Serving Gateway 與 PDN Gateway)，然後再與外界聯通。

圖 12-6 中之功能分述如下：

(1)MME(Mobility Management Entity)：手機移動時之控制資料(control plane)管理及其他網路控制。

(2) SGSN(Serving GPRS Support Node)：與 WCDMA 的 SGSN 功能相同。

(3) SAE (System Architecture Evolution)：LTE 系統架構。

(4) Serving Gateway：User Plane 資料交換處理。

(5) PDN(Public Data Network) Gateway：與外界資料交換介面。

(6) PCRF(Policy and Charging Rules Function)：有關服務品質 QoS (Quality of Service)及計費(charging)的監控。

(7) HSS(Home Subscriber Server)：留存所有用戶的基本資料及加密元件，類似 WCDMA 的 HLR。

(8) AAA(Authentication，Authorization and Accounting)：通訊流程中負責手機認證/記帳等事宜。

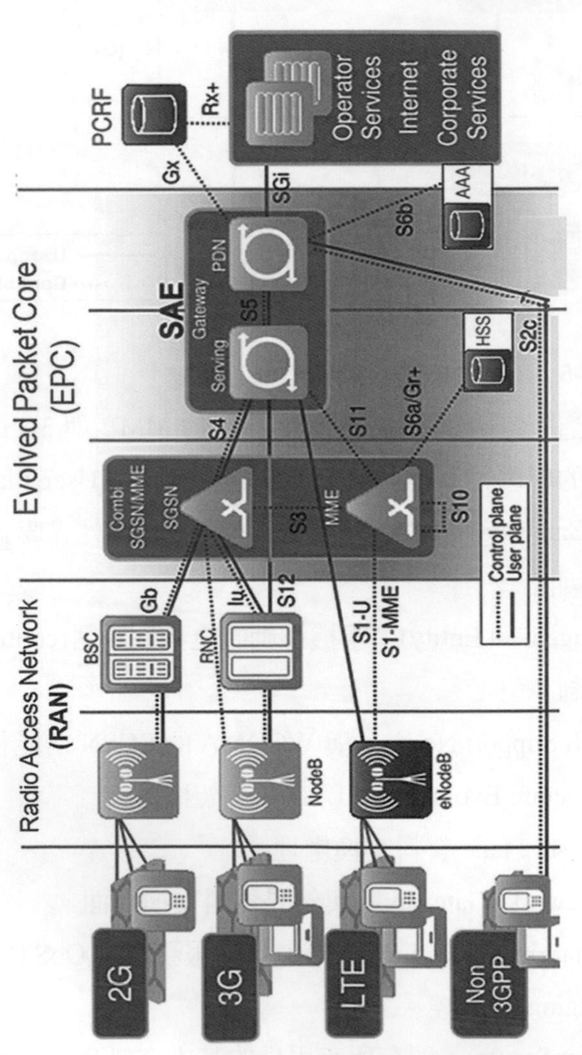

圖 12-6 2G/3G/4G 合併網路架構

12-3 LTE 版本之演進

由圖 12-1 我們得知 3GPP 組織定義了 2G-GSM 及 3G-WCDMA 及 4G-LTE 的通訊標準及規格，而 LTE 的標準是從 Release-8 開始逐步擴展，主要特色請見圖 12-7。

R8 版本是最基本的 LTE 規格，定義了 OFDMA 及頻寬 20MHz 空氣介面的訊號架構，另外亦規範了 FDD 與 TDD 架構，亦有 CSFB(語音回落)及 MIMO 及 ICIC 的規範。

R9 版本主要是新增了 Beamforming(電波波束聚型)及 eMBMS(多媒體廣播功能)的規範。

R10 版本又稱爲 LTE-Advanced(進階 LTE)，最主要是新增了 CA (Carrier Aggregation 載波聚合)的功能，可將 R8 中的單一頻寬(20MHz)最多聚合成 100MHz 的頻寬，傳輸速度可以大增。

R11 版本主要是新增了 CoMP(Coordination Multi-Point 多點協調)功能，可協調多個基地台共同傳遞資料給某些手機，因此傳送速度可大幅增加。

細部內容於下列章節中再做介紹。

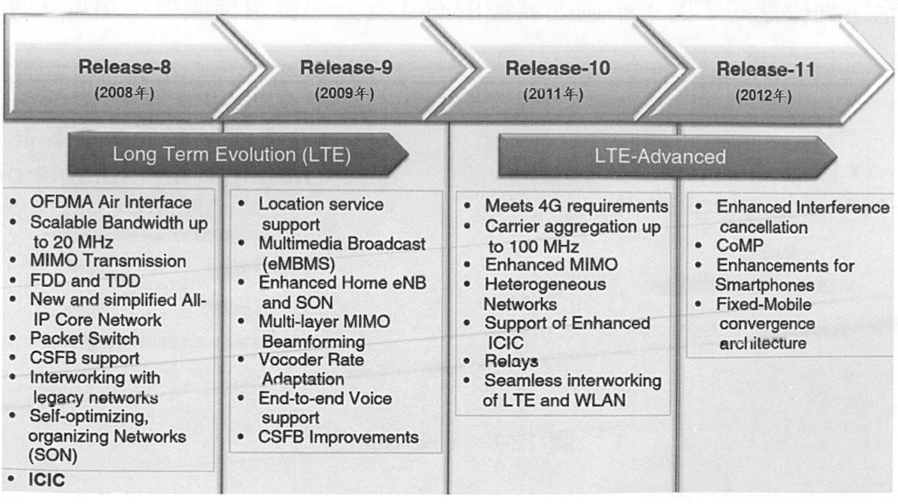

圖 12-7　3GPP LTE 版本之演進及特色

12-4 LTE R8 特色

12-4-1 LTE R8 特色之一：4×4 MIMO

LTE R8 定義了 4×4 MIMO(多進多出)的規格，如圖 12-8 顯示了傳統傳送資料的方式 SISO(Single In/Single Out 單進單出)基地台一支發射天線，手機一支接收天線，傳輸速度能達到標準的一倍。

2×2 MIMO(Multiple In/Multiple Out 多進多出)則是基地台 2 支發射天線，手機 2 支接收天線，傳輸速度最快能達到標準的 2 倍。

4×4 MIMO(Multiple In/Multiple Out 多進多出)則是基地台 4 支發射天線，手機 4 支接收天線，傳輸速度最快能達到標準的 4 倍。

實務上，基地台做到 4 支發射天線不會太難，但手機體積受限於必須小巧，放置 4 支天線難度頗大，因此目前主要配置大都爲 2×2 MIMO 架構，基地台 2 支發射天線，手機 2 支接收天線，傳輸速度最快能達到傳統的 2 倍。

另一種架構是 4×2 MIMO，4 支發射天線及 2 支接收天線，則傳輸速度最快只能達到標準的 2 倍，不過因爲發射有 4 支天線會讓接收效果更好，所以達到極速(2 倍)的機率變高。

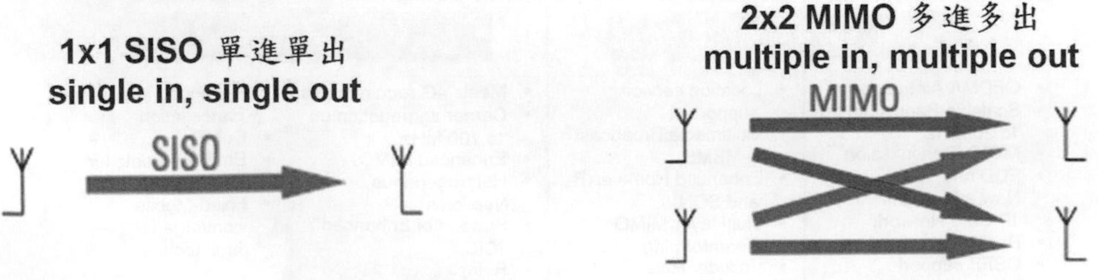

圖 12-8 LTE MIMO

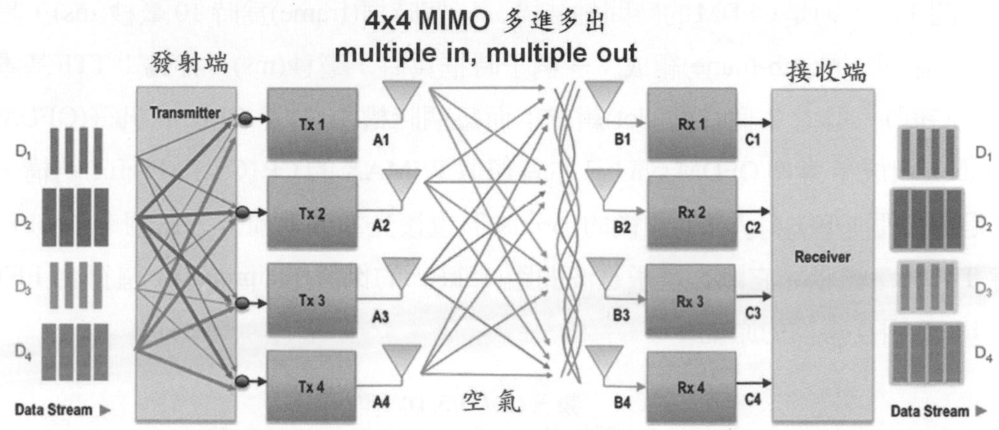

圖 12-8　LTE MIMO(續)

12-4-2　LTE R8 特色之二：OFDMA

LTE 的主要空氣介面多工技術為 OFDMA (Orthogonal Frequency Division Multiple Access 正交頻率分割多工技術)，與 WiMAX 相同，見圖 12-2。

圖 12-2 中，OFDM(Orthogonal Frequency Division Multiplexing)與 OFDMA 結構幾乎相同，其間的差別是：OFDMA 的基本架構與 OFDM 完全相同，只是在時間軸上的資源分配更增加了靈活彈性，因此以 OFDMA 命名。

圖 12-9 是 OFDM 基本訊號結構，LTE 的頻寬可能是 1.4/3/5/10/15 或 20MHz，子載波(sub-carrier)彼此之間看似相互重疊，但每個子載波的極大值相對於其他子載波的值則是 0，因此可以用 FFT(快速傅利葉轉換)方式將訊號分別讀出而不會產生彼此的干擾。此種方式類似於頻率之間相互正交(orthogonal)互不相干，因此我們稱這種技術為正交頻率分割多工(OFDM)。子載波之間相距 15kHz。圖 12-10 則是 FFT 與 IFFT(反向 FFT)之相對關係，FFT 是將時間域(time domain)的訊號轉成頻率域(Frequency domain)訊號，IFFT 則是相反動作。在空氣(天線)中傳送的訊號必須是時間域的訊號。

圖 12-11 則是OFDM的時間軸結構，一個時框(frame)爲時 10 毫秒(ms)，是由 10 個子時框(sub-frame)組成；一個子時框爲時 1 毫秒(ms)，亦爲 1 TTI(基本單位時間)，是由 2 個時槽(slot)組成；而每個時槽由 7 個 OFDM 訊符(OFDM symbol)組成；每個 OFDM symbol 亦有類似 WiMAX 的 CP (Cyclic Prefix)結構，它是將每個 OFDM symbol 最後的部分波形重複先拿到最前方，每個 symbol 爲時 Tu=66.7 微秒，它剛好是子載波間距(15kHz)的倒數(reciprocal)。這符合 FFT 與 IFFT 相互轉換的原則。

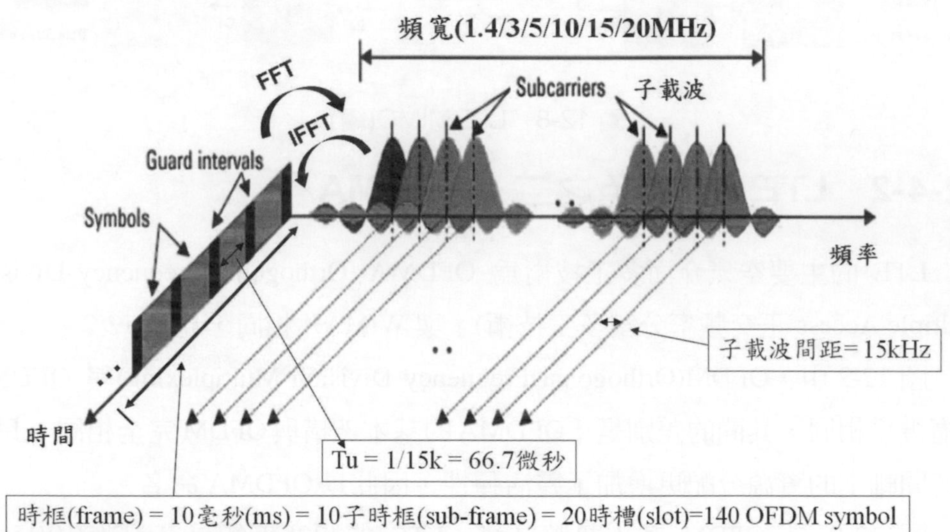

註：FFT (Fast Fourier Transform快速傅利葉轉換)時間至頻率之轉換
IFFT (Inverse FFT反向快速傅利葉轉換) 頻率至時間之轉換

圖 12-9　LTE OFDM 基本訊號結構

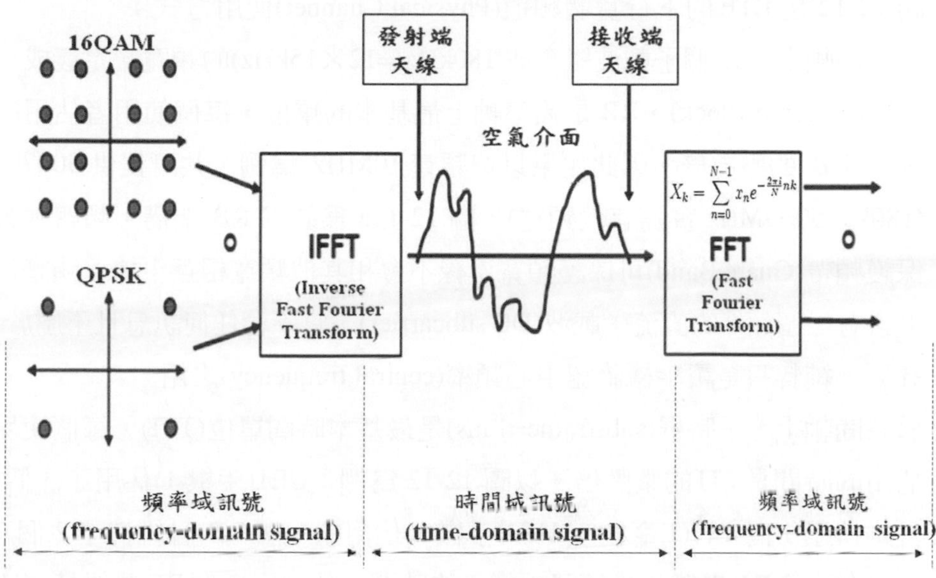

圖 12-10　FFT 與 IFFT 之關係

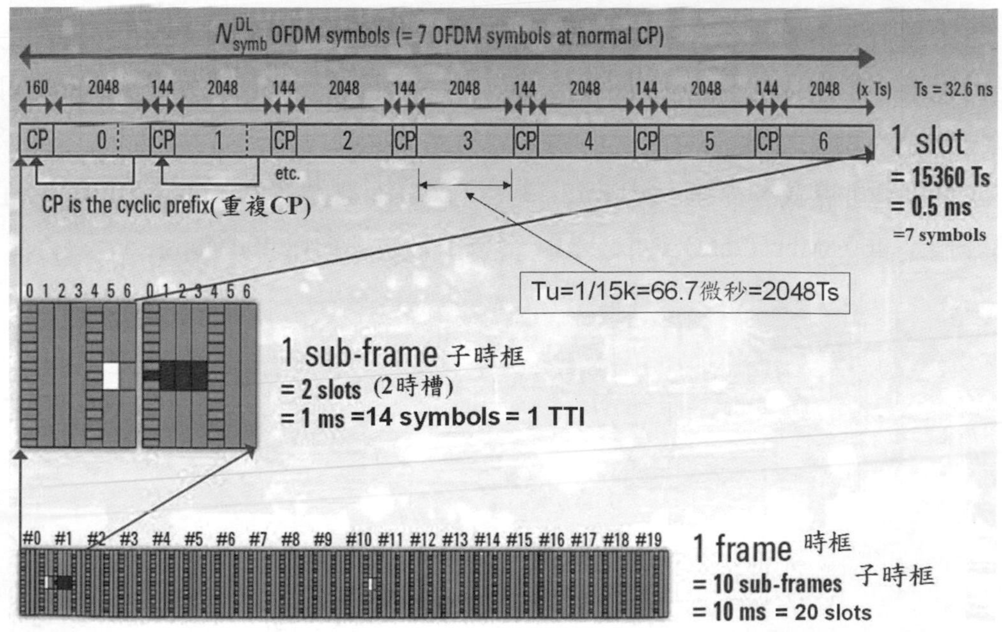

圖 12-11　LTE 時框(frame)結構

圖 12-12 是 LTE 的下行實體頻道(Physical Channel)使用方式：

1. 於頻率軸上，12 個子載波組合成 180kHz(=12×15kHz)的頻寬。定義成一個 RB (Resource Block)，RB 是頻率軸上最基本的單位，每個使用者佔用的頻寬是 RB 的整數倍。因此如果以總頻寬 10MHz 為例，共可提供 50 個 RB (180k×50=9MHz 實際有效頻寬)，圖 12-12a 為真實 RB 架構，頻譜兩旁有保護頻帶(Guard Band)可保護頻寬邊緣不會和其他頻寬相互干擾；頻譜最中央含有一個額外的直流子載波(DC subcarrier)，它不含任何訊息且不屬於RB 計算，純粹只是讓手機確認中心頻率(central frequency)之用。
2. 於時間軸上，子時框(sub-frame=1 ms)是最基本時間單位(TTI)，每個使用者佔用的時間是TTI的整數倍。以圖 12-12 為例：UE1(手機 1)佔用了 3 個RB 且維持了 1 個 TTI(1 毫秒)；UE2(手機 2)佔用了 1 個 RB 且維持了 2 個 TTI (2 毫秒)；UE4(手機 4)延續了手機 1 的時間，佔用了 3 個RB 且維持了 1 個 TTI(1 毫秒)。

由於 LTE 系統上，RB(頻率軸的最基本單位)與 TTI(時間軸的最基本單位)是可以自由動態調配的，例如某些離峰時間基地台只有 1 個使用者，則系統可以把全部的RB 在全部的時間(TTI)將資料傳遞給此唯一的使用者，因此這支手機速度就會非常快，極速可見圖 12-13。以 20MHz 頻寬為例，4×4 MIMO 的理論峰值是 460.8Mbps(256QAM 調變)，實務上最快大約為 400Mbps。

相反的，例如某些尖峰時間基地台同時有500個使用者，則系統只能把全部的RB及TTI逐步分配給這些手機，因此這些使用者平均速度就會變慢。舉例，如果某基地台細胞的極速是 150Mbps，在 500 個使用者同時使用的情況下，每人的平均速大概只能達到0.3Mbps(=150M/500)，此速度大概只有2G的水準。

由於在時間軸上，OFDMA 系統可自由調配不同的使用者，OFDM 則不行，這也是此二者的最大差異，見圖 12-2。亦可說 OFDMA 的基礎架構是 OFDM。

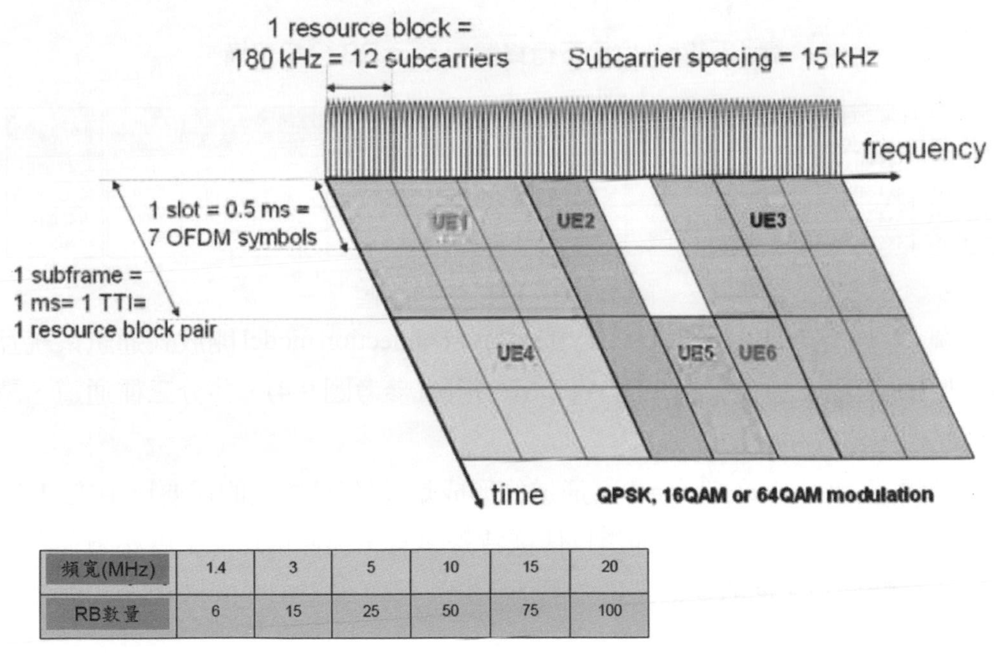

頻寬(MHz)	1.4	3	5	10	15	20
RB數量	6	15	25	50	75	100

圖 12-12　LTE 下行實體頻道使用方式

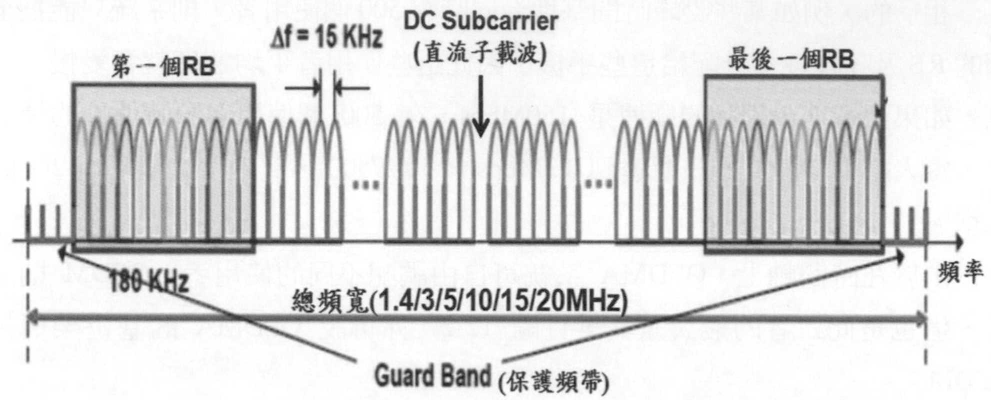

圖 12-12a　LTE 下行實體頻寬及 RB 分配架構

LTE DL 峰值估算			理論 DL 峰值(細胞)				實務 DL 峰值(細胞)				簡單記憶法
調變方式	MIMO	頻寬→	5M	10M	15M	20M	5M	10M	15M	20M	
64QAM	2x2 MIMO	DL 峰值(Mbps)	43.2	86.4	129.6	172.8	35	70	105	140	頻寬的7倍
64QAM	4x4 MIMO	DL 峰值(Mbps)	86.4	172.8	259.2	345.6	70	140	210	280	頻寬的14倍
256QAM	2x2 MIMO	DL 峰值(Mbps)	57.6	115.2	172.8	230.4	50	100	150	200	頻寬的10倍
256QAM	4x4 MIMO	DL 峰值(Mbps)	115.2	230.4	345.6	460.8	100	200	300	400	頻寬的20倍

圖 12-13　LTE 下行峰值

圖 12-14 是 LTE 在 OSI(open system interconnection model 開放式通訊系統互聯模型)所對應之通道架構，與 WCDMA 相同(參考圖 9-4)，共分三種通道，請見圖 12-15：

1. 邏輯通道(Logical Channel)：通道的形成是基於[功能上的需要]，由於 LTE 通訊上需要某些必備的通道以傳遞特殊訊息，因此依功能上就必須存在某些邏輯通道。邏輯通道又可分爲兩大類：控制通道(Control Channel)與流量通道(Traffic Channel)。

(1)控制通道(Control Channel)，特色：小資料量

A_1：廣播控制通道 BCCH (Broadcast Control Channel)是基地台下傳用以傳遞基本參數給全部手機的通道。

A_2：呼叫頻道 PCCH (Paging Control Channel)是基地台呼叫手機時所必要的通道。

A_3：共用控制通道 CCCH(Common Control Channel)是基地台與某些手機(一支以上)連通時所使用的通道。

A_4：專屬控制通道 DCCH(Dedicated Control Channel)是基地台與特定某一支手機連通時所使用的專屬通道。

⑵流量通道(Traffic Channel)，特色：大資料量

B_1：專屬流量通道 DTCH (Dedicated Traffic Channel)是基地台與特定某一支手機連通時所使用的流量通道。

B_2：多向傳送流量通道 MTCH (Multicast Traffic Channel)是基地台同時下傳給諸多手機的流量通道。

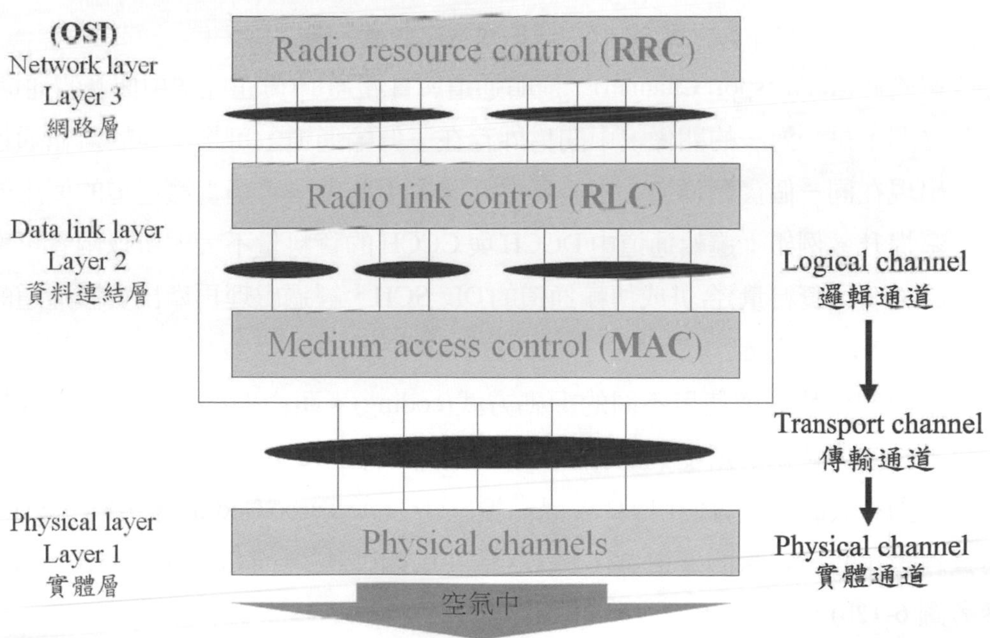

圖 12-14　LTE 通道架構

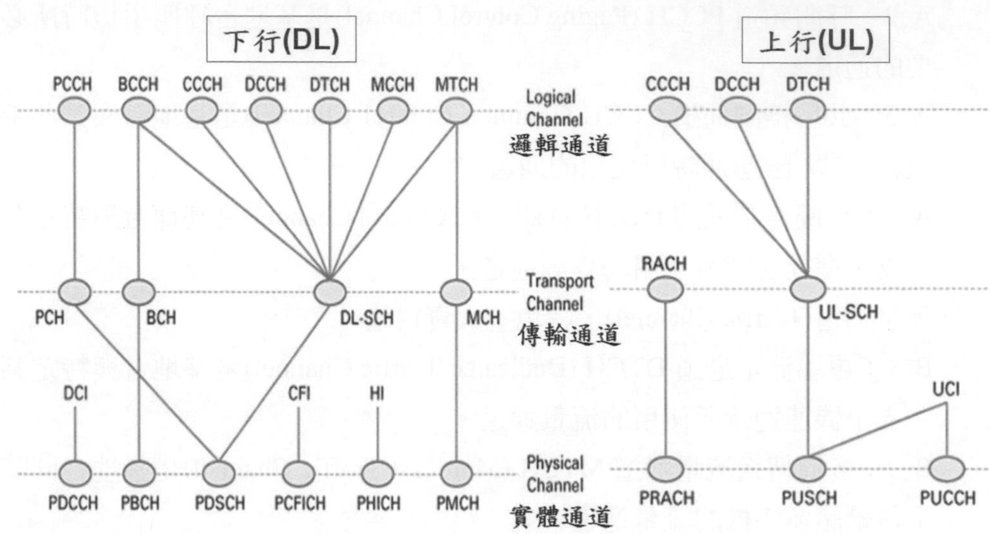

圖 12-15　LTE 對應之通道名稱

2. 傳輸通道(Transport Channel)：邏輯通道與實體通道(真正在空中傳遞的通道)之間不是一對一的關係，中間另外存在了傳輸通道，可讓不同的邏輯通道出現在同一個實體通道之中，反之亦同，用此做法可讓實體通道的使用效率提升。例如：邏輯通道中DCCH與CCCH的資料量不大，所以兩者可與DTCH(大資料量)合併成傳輸通道的DL_SCH，經過處理再產出實體通道的PDSCH 而傳送到空氣中。

不同的傳輸通道使用不同的編碼方式(coding)，藉由編碼的保護可大幅修正訊號在空中傳遞時所受到的雜訊干擾。請參考圖 12-16，大致而言，資料量大且變動率大的通道會使用 1/3 率渦輪編碼(1/3 rate Turbo Coding 參考圖 6-25)；而資料量小且固定量的通道會使用 1/3 率卷積編碼(1/3 rate Convolutional Coding 參考圖 6-12b)。

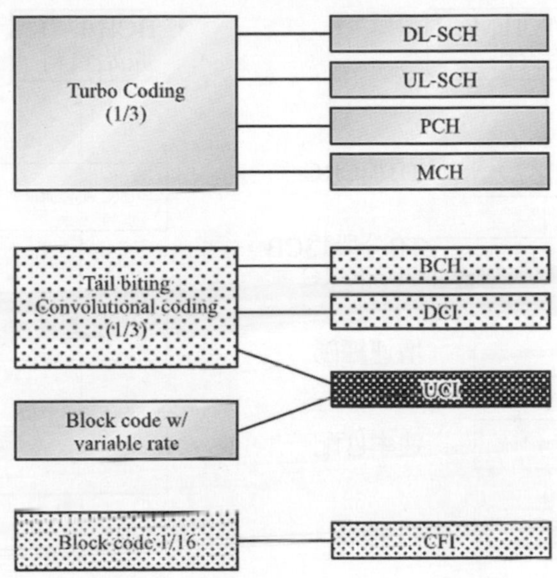

圖 12-16　傳輸通道使用之編碼方式

圖 12-17 及圖 6-4 顯示傳輸通道(transport channel)轉換成實體通道(physical channel)的處理流程，圖中不含加密(ciphering)的過程。而CRC的原理及線路可參考第 6-6 章節。

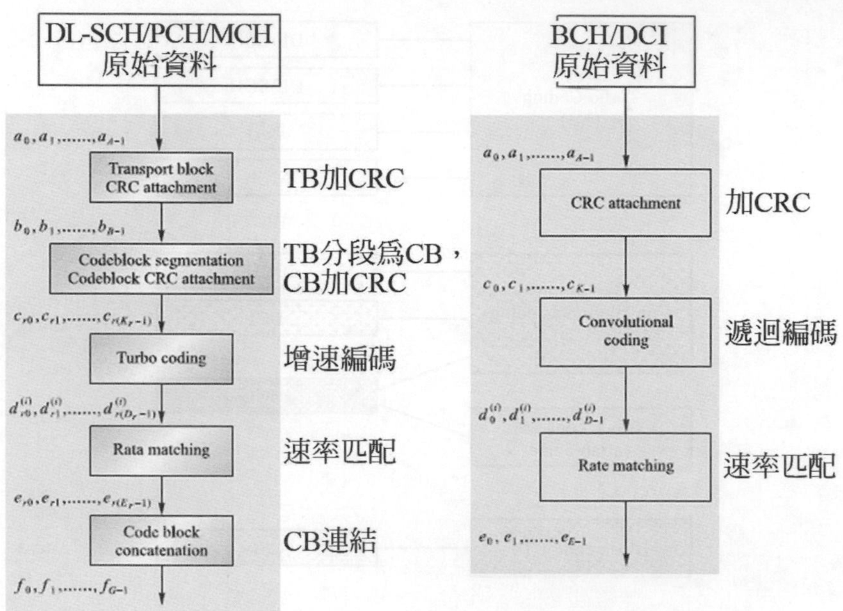

圖 12-17　傳輸通道之訊號處理流程

圖 12-18 則是TB(Transport Block傳輸資料塊)分段(segmentation)爲CB(Codeblock 碼塊)的案例：假設 DL-SCH 需傳送 24416 位元(bit)的資料量，依圖所示，TB必須先加入24位元的CRC，接著經過分段(segmentation)將資料分成數個CB(每個CB最大的資料量爲6144位元)，每個CB亦需內含24位元的CRC；不足的資料量部分則填入空白(40 位元)；之後每個 CB 經過渦輪編碼(Turbo Coding 圖 6-25)及速率匹配(rate matching)，最後再將 CB 予以連結(concatenation)，如此便完成了資料的CRC及編碼(coding)動作，因而產出實體通道PDSCH的內容。

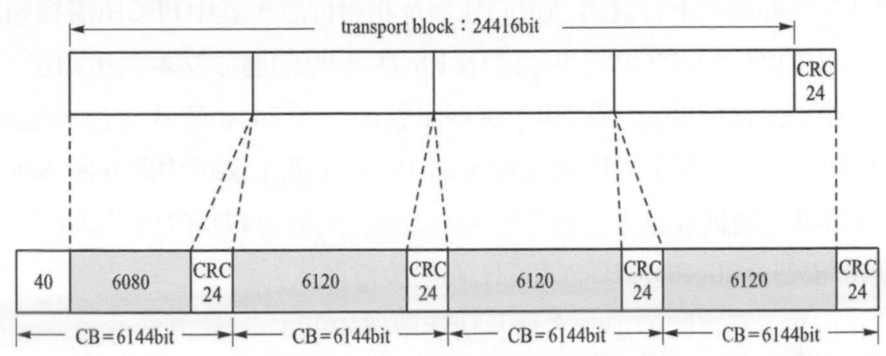

圖 12-18 TB 分段為 CB

3. 實體通道(Physical Channel)：實體通道是真正在空氣中傳遞資料的通道。

傳輸通道資料經過圖 12-17 的資料處理後產出了實體通道資料，經由訊號調變，便可經由天線發射於空氣中(見圖 6-4)。

圖 12-12 是實體通道的概略顯示，完整的下行實體通道顯示如圖 12-19。圖中的橫軸為時間軸，基本的時間單位是 TTI(1ms 毫秒)，一個 TTI 內含 14 個訊符(symbol)。每一個訊符小格子亦稱為RE(Resource Element資源最小單位)可傳遞一個電波訊號，此訊號可用 4 種調變方式來傳送：QPSK(4 相位位移調變)每 RE 可傳遞 2 位元的資料；16QAM(16 相位振幅調變)每 RE 可傳遞 4 位元的資料；64QAM(64 相位振幅調變)每 RE 可傳遞 6 位元的資料，256QAM 每 RE 可傳遞 8 位元的資料。請見圖 12-20。調變方式的選擇與空氣中的雜訊干擾有關，如果訊號強度太弱或雜訊過多時，系統會選擇 QPSK 來傳送資料，QPSK 抵抗雜訊能力最強，但單位時間傳送的資料量最少。相對的，如果訊號強度很強或雜訊甚少時，系統會選擇 256QAM 來傳送資料，256QAM 抵抗雜訊能力最差，但單位時間傳送的資料量最多。所以若要加速傳遞速度，則要盡量讓空中環境雜訊減少，便可以用 256QAM 大量傳送資料。

圖 12-19 亦顯示下行實體通道的種類及相對位置，其中PBCH(廣播頻道)及PSS(主同步頻道)及SSS(次同步頻道)及RS(參考訊號)屬於基本共用頻道，固定佔用整個頻段的最中間 6 個 RB，這些訊號是一天 24 小時基地台永遠對外發射。如圖 12-21，若有手機開始連線，則 PDSCH 開始使用中間 6 個 RB(含)外側的其他 RB，通訊量愈大，占用的 RB 就愈多。傳送 PDSCH 的同時，其他控制訊號(PDCCH+RS+PHICH+PCFICH)亦同步傳送。

圖 12-19 下行實體通道的名稱及功能敘述如下：

⑴PSS(主同步頻道)/SSS(次同步頻道)：手機接收此頻道來與基地台同步。它佔用中央 62 個子載波共 930kHz 頻寬。

⑵PBCH(廣播頻道)：基地台將基本的參數設定藉此頻道告知所有的手機。它佔用中央 72 個子載波(相當於 6 個 RB)共 1.08MHz 頻寬。

⑶PDSCH(下傳共享頻道)：眞正的下行封包資料放在此頻道中。隨著頻道的需求越多，佔用方式是往兩側逐漸擴張。此頻道占用最多數的 RE。

⑷PDCCH(下傳控制頻道)：PDSCH 傳遞同時的控制訊號及頻道安排(scheduling)之訊息。

⑸RS(reference signal 參考訊號)：下行發射功率不變，讓手機藉此訊號量測下行訊號的強度(RSRP)及品質優劣(SNR)，進而回覆給基地台作爲不同調變方式(QPSK、16QAM、64QAM 或 256QAM)之選擇(見圖 12-20)。

⑹PHICH：基地台回覆上行資料是爲正確(ACK)或錯誤(NACK)之通道。

⑺PCFICH：基地台告知手機 PDCCH 的格式及位置。

圖 12-22 則是 LTE 實際的下行頻道使用案例(頻寬 10MHz，共 50 個 RB)，中間 6 個 RB 分配給基本共用頻道(PBCH+PSS+SSS)使用，其他 RB 及 TTI 則分配給多支手機使用。由於 RS(Reference Signal 參考訊號) 是手機量測基地台訊號強度(RSRP 見圖 3-8)的最基本頻道，它平均散佈於整個 RE 平面(見圖 12-19)，故在圖 12-22 中便省略顯示 RS。

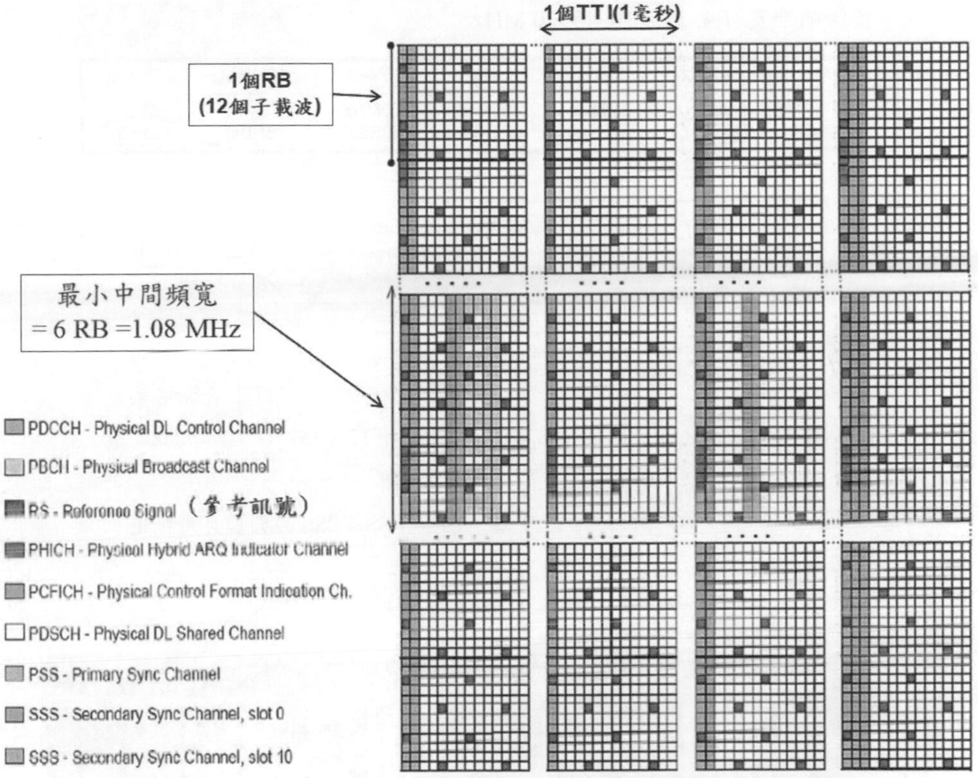

1個TTI(1毫秒)

1個RB
(12個子載波)

最小中間頻寬
= 6 RB =1.08 MHz

PDCCH - Physical DL Control Channel
PBCH - Physical Broadcast Channel
RS - Reference Signal （參考訊號）
PHICH - Physical Hybrid ARQ Indicator Channel
PCFICH - Physical Control Format Indication Ch.
PDSCH - Physical DL Shared Channel
PSS - Primary Sync Channel
SSS - Secondary Sync Channel, slot 0
SSS - Secondary Sync Channel, slot 10

圖 12-19 LTE 下行實體通道配置

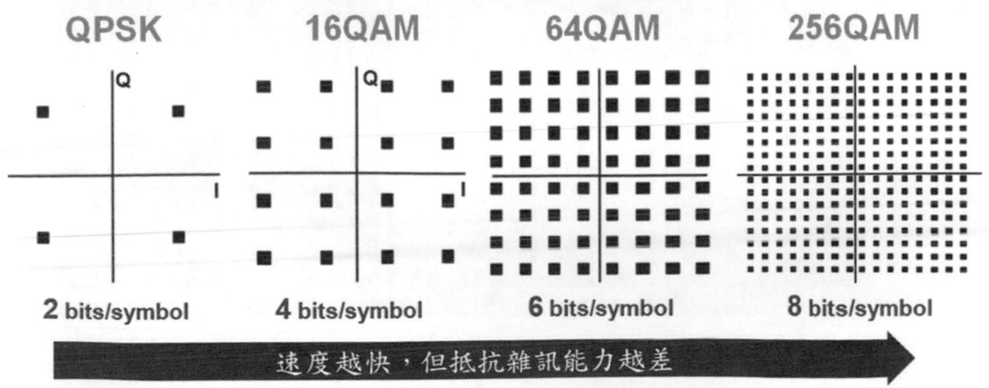

圖 12-20 QPSK / 16QAM / 64QAM / 256QAM 調變

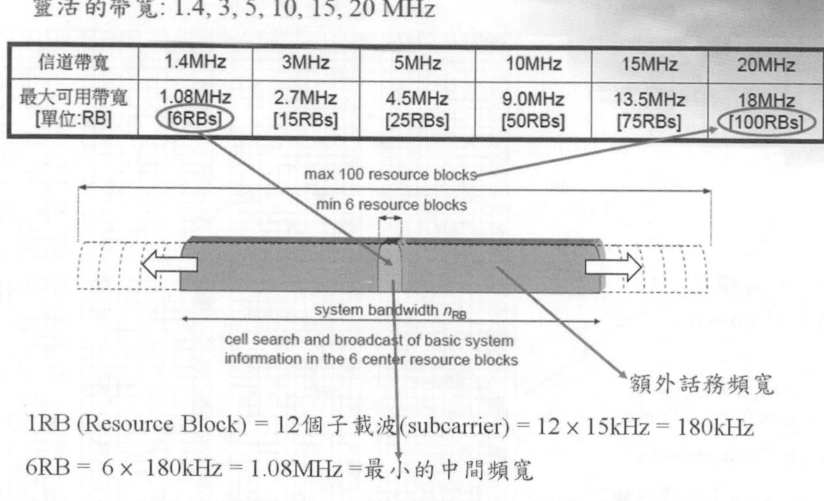

靈活的帶寬: 1.4, 3, 5, 10, 15, 20 MHz

信道帶寬	1.4MHz	3MHz	5MHz	10MHz	15MHz	20MHz
最大可用帶寬 [單位:RB]	1.08MHz [6RBs]	2.7MHz [15RBs]	4.5MHz [25RBs]	9.0MHz [50RBs]	13.5MHz [75RBs]	18MHz [100RBs]

圖 12-21　LTE 下傳實體通道使用方式

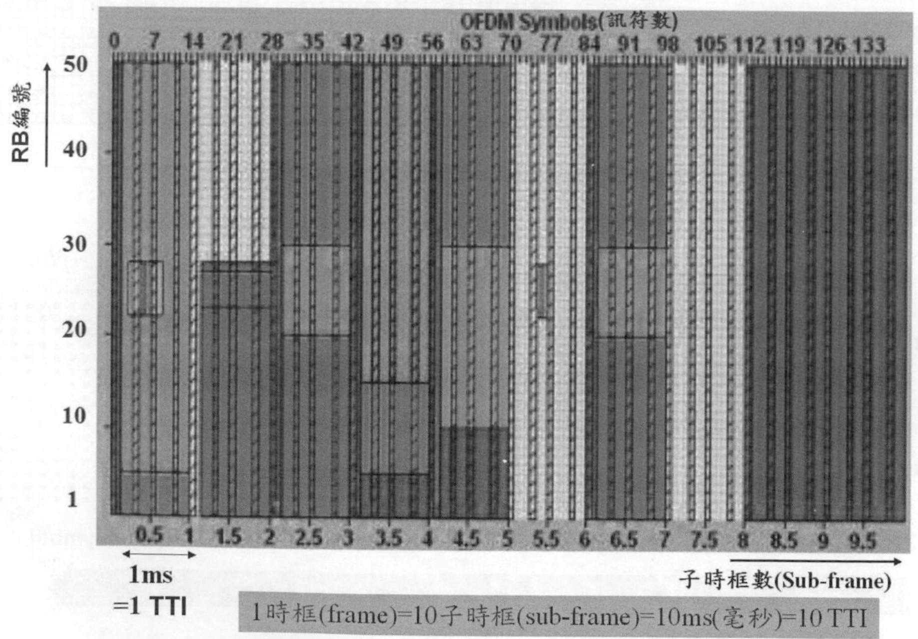

圖 12-22　10M LTE 下行頻道實例

LTE 是以 OFDMA 作爲空氣介面訊號傳遞的方式，OFDMA 有其頻譜效率(Spectrum Efficiency)高的優點；但亦有其缺點：在時間軸上會有突波(輸出功率突大突小)的現象發生，PAR 值(Peak to Average power ratio 峰均率)甚大，見圖 12-23，由於 OFDMA 在時間軸上會將每個子載波的訊號相加，當子載波愈來愈多時，便可能在某些時刻產生極大或極小的功率波形，此種現象對於基地台的下行(DL)通道可以克服(因爲基地台的設備精良而且電力不是問題)，但對於手機的上行(UL)通道卻困難重重，功率忽大忽小會造成手機內部非線性(non-linear)的放大線路及電池的效能降低，因此爲了解決此現象，LTE 的上行方式改採 SC-FDMA (single carrier-frequency division multiple access 單載波-頻率分割多工技術)的方法予以解決。

請見圖 12-24，將 N 個子載波(sub-carrier)合併成 1 個頻段，頻寬變爲子載波的 N 倍，而 OFDMA symbol 的時間(time)則相對縮短爲 1/N。若以圖中案例 N=4，將 4 個子載波(每個子載波頻寬 15kHz)合併成 60kHz 的頻寬，而 OFDMA symbol 的時間相對縮短爲原來的 1/4，經過這種方法上傳資料可大幅降低 PAR 值，手機內部的發射功率效率則大幅提升，增加手機電池的使用壽命。

圖 12-25 則顯示上行實體通道的配置方式及頻道名稱，功能如下：

1. PUSCH 實體上行共享頻道(Physical Uplink Shared Channel)：眞正的上行封包資料放在此頻道中。隨著頻道的需求愈多佔用的子載波則愈多。
2. PUCCH 實體上行控制頻道(Physical Uplink Control Channel)：PUSCH 傳遞同時的控制訊號及頻道安排(scheduling)之訊息。
3. RS 參考訊號(reference signal)：PUSCH 與 PUCCH 發射時，同時傳送各自的 RS，可讓基地台藉此訊號量測手機上行訊號的強度(RSRP)及品質優劣(SNR)。
4. PRACH 實體呼叫頻道(Physical Random Access Channel)：手機通話之初始，藉此頻道先呼叫基地台，若有回應再做進一步的彼此聯通。

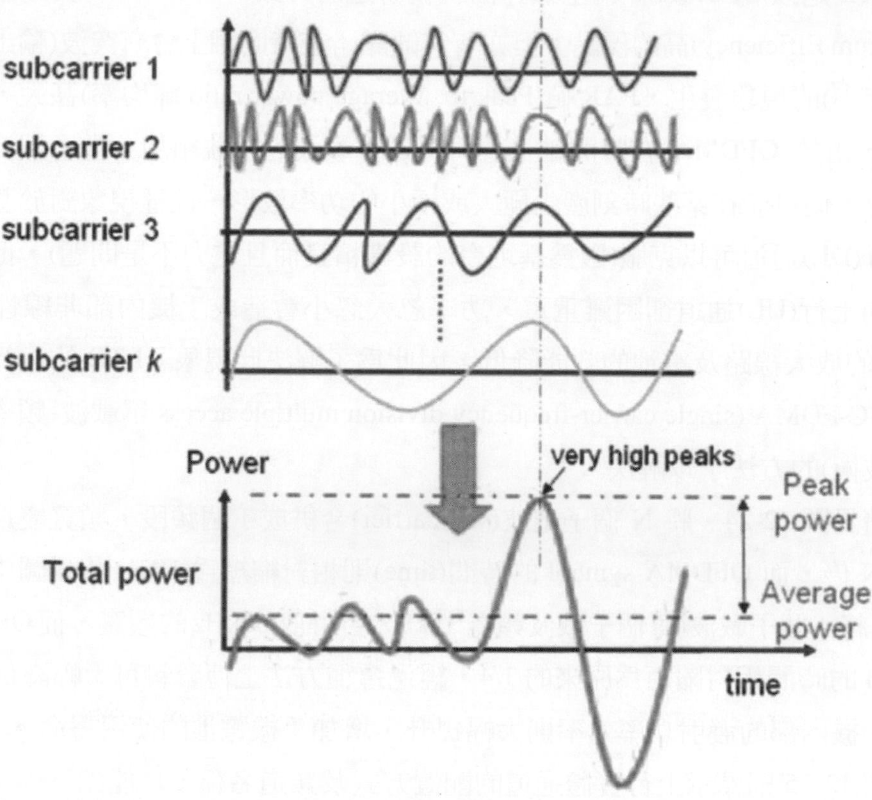

圖 12-23　OFDMA 的高 PAR 現象

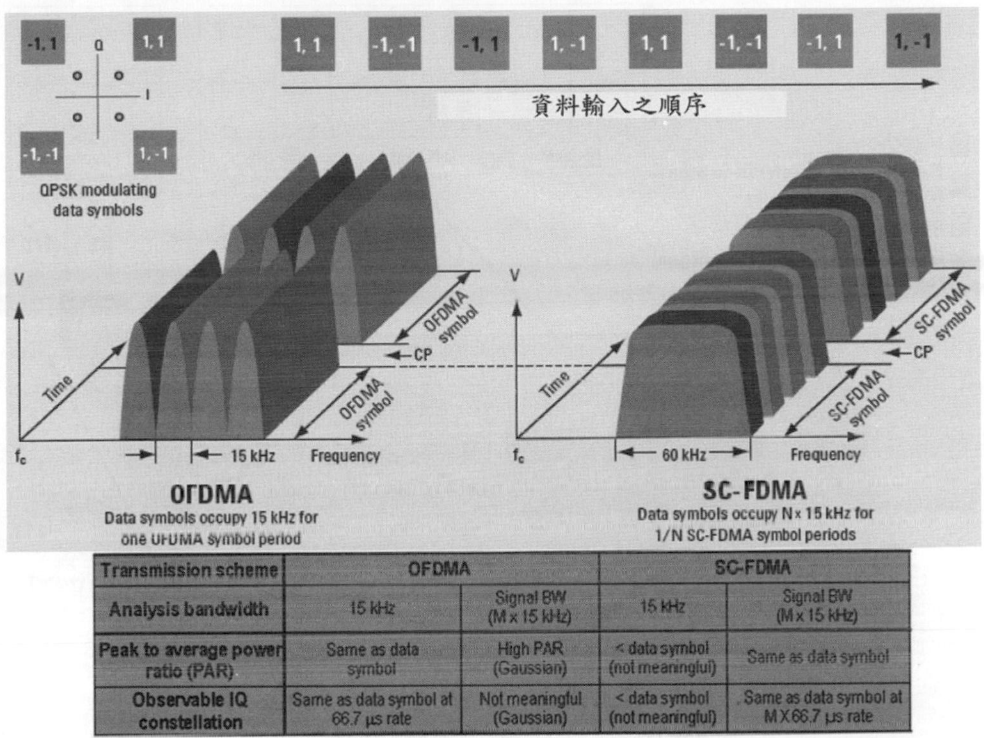

Transmission scheme	OFDMA		SC-FDMA	
Analysis bandwidth	15 kHz	Signal BW (M x 15 kHz)	15 kHz	Signal BW (M x 15 kHz)
Peak to average power ratio (PAR)	Same as data symbol	High PAR (Gaussian)	< data symbol (not meaningful)	Same as data symbol
Observable IQ constellation	Same as data symbol at 66.7 μs rate	Not meaningful (Gaussian)	< data symbol (not meaningful)	Same as data symbol at M X 66.7 μs rate

圖 12-24　OFDMA 與 SC-FDMA 之比較

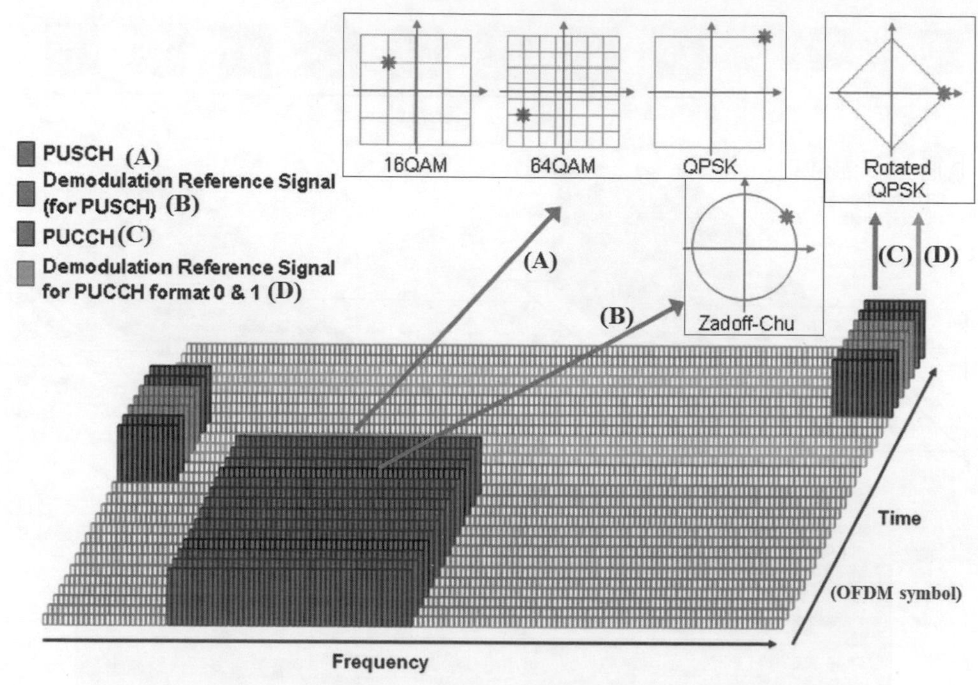

圖 12-25　LTE 上傳實體頻道配置

12-4-3　LTE R8 特色之三：FDD 與 TDD

LTE 的主要空氣介面多工技術爲 OFDMA，而在整體頻段的使用上，則可分爲 FDD(Frequency Division Duplexing 頻率分割雙工)與 TDD(Time Division Duplexing 時間分割雙工)。

如圖 12-26，FDD 是將上行通道(UL)與下行通道(DL)分別使用不同頻段，各自獨立，互不影響。TDD 是將上行通道(UL)與下行通道(DL)使用相同頻段，利用不同的時間配置來傳送資料，UL 與 DL 之間必須有 GP(Guard Period 保護時段)來做些微的時間區隔。

FDD 是目前世界較爲流行的方式，TDD 則在大陸等國家較爲流行，其格式共有 7 種，請見圖 12-27。如果某些時刻，下行資料需求量很大，上行資料需求量很小，則基地台會以格式_5，DL 與 UL 以 9：1 的時間分配，將資料大量下傳給手機。

相對的，如果某些時刻，下行資料需求量很小，上行資料需求量很大，則基地台會以格式_0，DL 與 UL 以 2：3 的時間分配，安排手機將資料大量上傳給基地台。

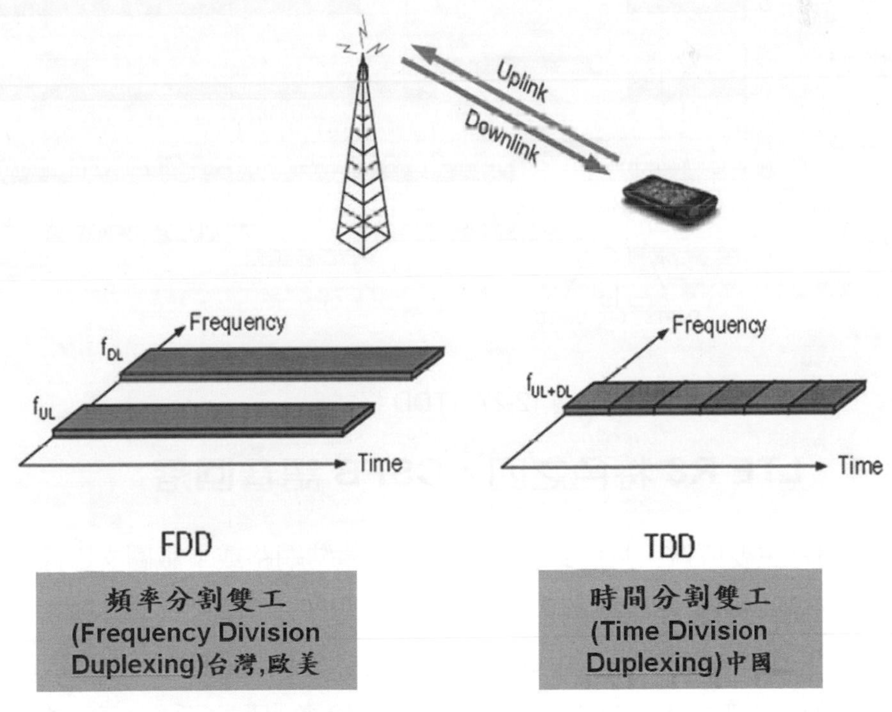

圖 12-26 FDD LTE 與 TDD LTE

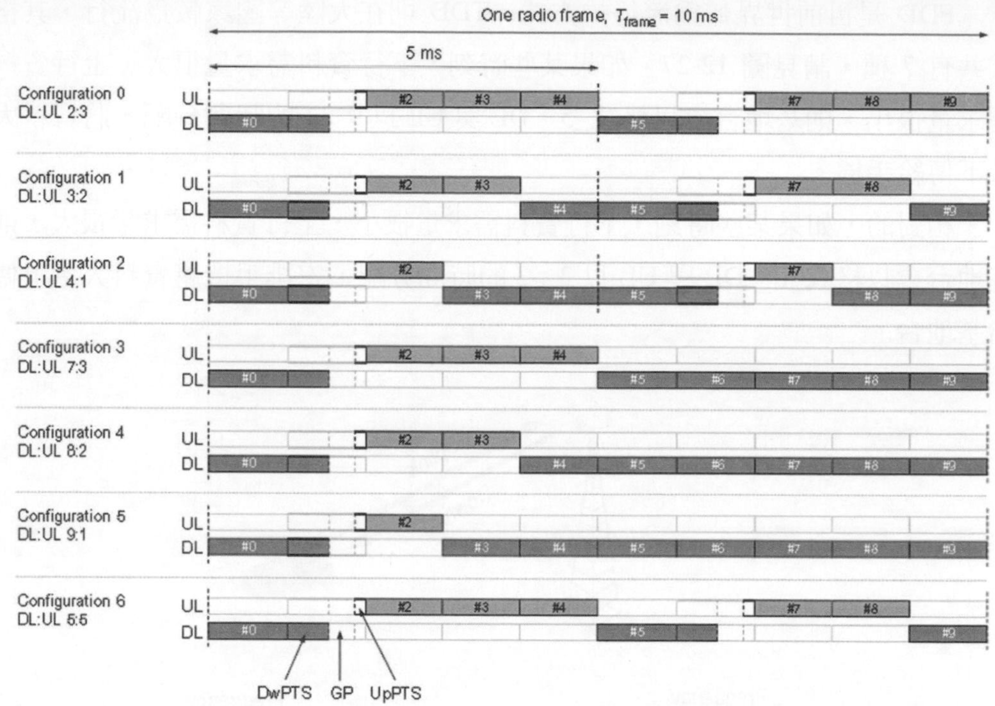

圖 12-27　TDD 格式

12-4-4　LTE R8 特色之四：CSFB 語音回落

LTE網路主要傳遞大量的封包資料，對於連結網路或下載圖文影像非常適用，但對於語音資料(voice 資料量不大，但不允許傳送間斷)則必須新增某些硬體設備才能提供 VoLTE(Voice over LTE 語音服務在 LTE)服務，請見圖 12-28，網路中新增 IMS 架構(IP Multimedia Subsystem_IP 多媒體子系統)可做語音資料的特殊處理，讓語音資料達到幾乎不會間斷的服務。

但眞實網路中，IMS的建置需要更多的經費成本及時間測試，因此全球大部分的通訊業者都會先啓用 CSFB(語音回落到 3G)提供原先 3G 已成熟的語音服務(voice call)，成本較低而且可以提供立即服務，待 IMS 建構完成，再啓用純 4G 的 VoLTE。

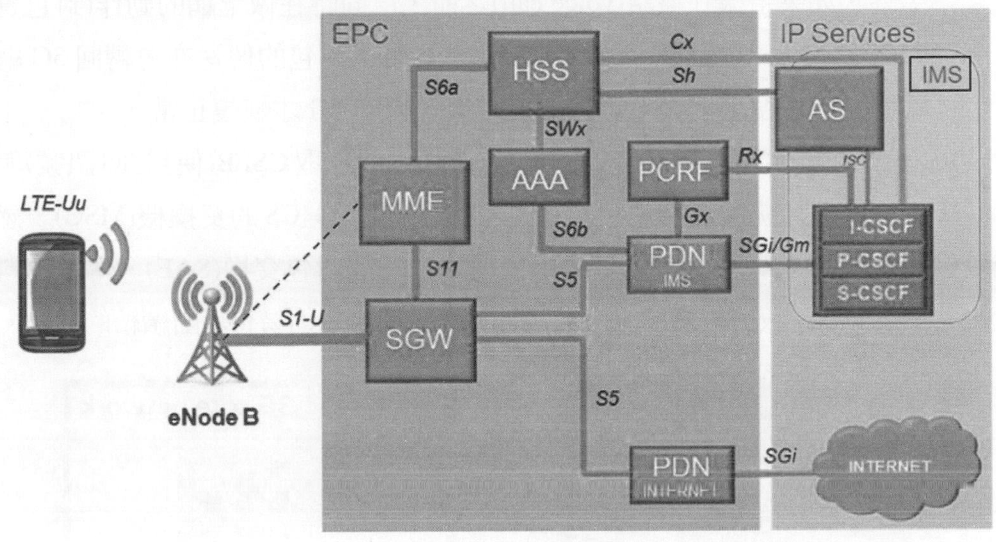

圖 12-28　VoLTE 網路架構

圖 12-29 顯示 CSFB(Circuit Switch Fall Back 語音回落)的網路架構，4G 的 MME 連結到 3G 的 MSC(語音交換機)與 SGSN；而 SGW 則連到 3G 的 SGSN(數據交換機)。藉由 MME 的控制，便可讓 4G 手機回到 3G 的狀態而做語音電話的撥接。圖中的實線意指 U-Plane(User-Plane)，傳遞使用者眞實資料；圖中的虛線意指 C-Plane(Control-Plane)，傳遞相關的控制資料。

圖 12-30 顯示 CSFB 手機發話的控制流程：

⑴手機起始提出語音服務的需求(4G 手機撥出號碼並按撥話鍵)。

⑵MME 回復訊息要求 4G 手機回到 3G 網路。

⑶手機切回 3G 狀態並開始量測 3G 基地台訊號。

⑷依 3G 既有模式，與 3G_MSC 連通後，開始通話(響鈴並雙方通話)。

⑸3G 通話完成，手機會再回到 4G 狀態待機。

另外，如果手機在發話(voice call)之前，已同時在做上網的動作(封包資料傳送 packet transmission)，則在 CSFB 時，封包的傳送亦會轉回 3G 網路傳送，速度會變慢，等待語音結束，轉回 4G 才恢復正常。

目前世界 3G/4G/5G 的語音通訊(voice call)一般採取 CSFB(使用 3G 訊號)與 VoLTE(使用 4G 訊號)兩者並存。CSFB 因爲是使用 3G_CS 的交換機(MSC)，感覺較穩定，但聲音單薄。而 VoLTE 則使用 4G_PS 的封包交換(SAE)，傳送資料量較大，故聲音比較有立體感，但在訊號不佳的地方，則易有斷斷續續的感覺。

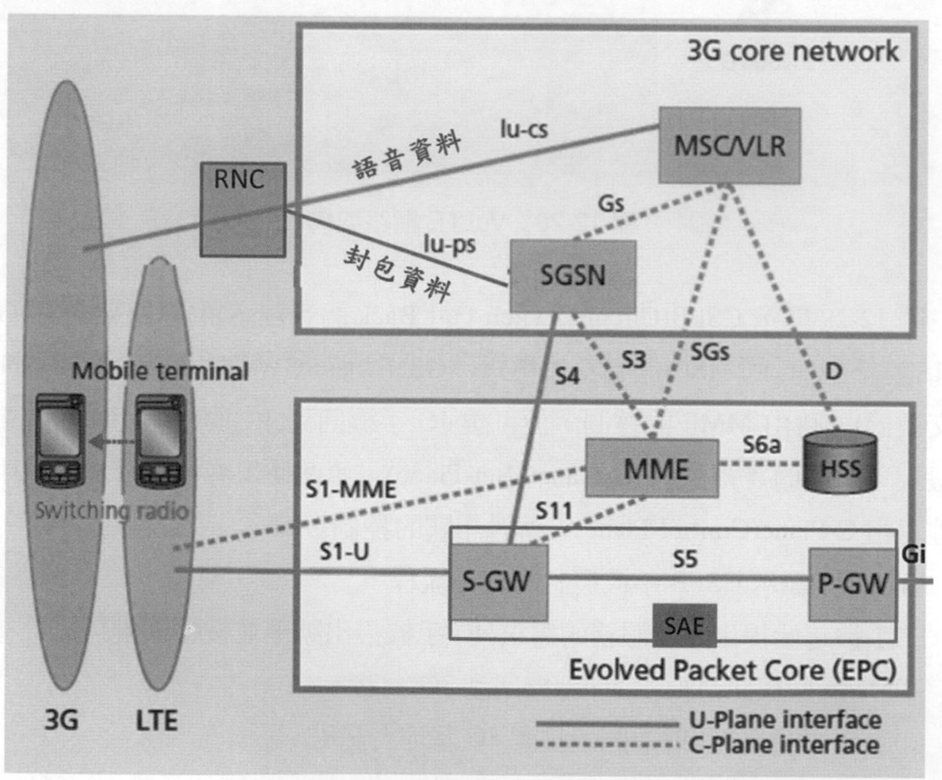

圖 12-29　CSFB 3G/4G 網路架構

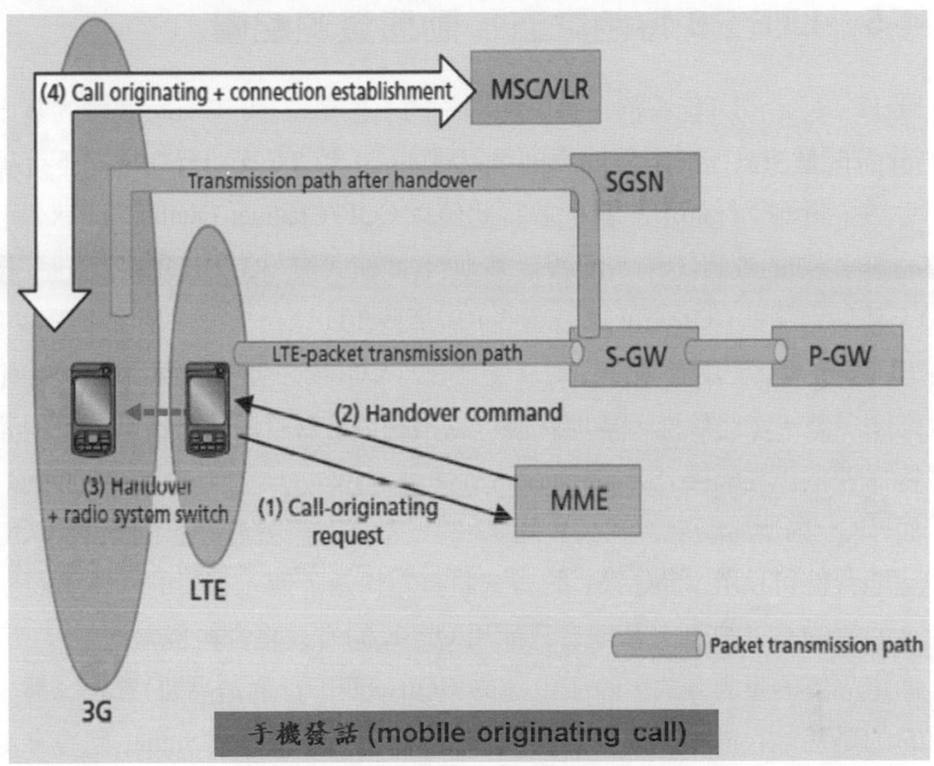

圖 12-30　CSFB 3G/4G 控制流程

12-4-5 LTE R8 特色之五：動態資源配置

圖 12-12 顯示 LTE 系統在 RB(頻率軸的基本單位)與 TTI(時間軸的基本單位)的資源配置方式，而配置的原則請見圖 12-31，LTE基地台在傳送下行資料時，手機會量測下行通道品質，並將此值以 CQI (Channel Quality Index，下行通道品質引數)的數值(1～15)回報給基地台(此模式與 3G_HSDPA 相同，見圖 9-15)，基地台依此 CQI 便可知道哪些 RB/那些 TTI 適合 1 號使用者，哪些 RB/那些 TTI 適合 2 號使用者(如圖 12-31 上半部，CQI較好者，曲面便較爲突出)，並且動態調整，依此類推，基地台便可以指配最恰當資源給最恰當的使用者，整體傳送速率可大幅提升。

而 CQI 對應的調變方式請見圖 12-32，當下行訊號愈好，回報的 CQI 愈高，基地台便可以用 256QAM 的方式將資料快速下傳。相對的，當下行訊號不佳，回報的 CQI 愈低，基地台只能用 QPSK 的方式將資料慢慢傳送。

通道品質的量測方式，除了上述的 CQI(偵測下行通道品質)方式，另一種常用的則是基地台量測手機發射的 SRS(Sounding Reference Signal 回響參考訊號)，藉由 SRS 基地台可測出手機上行(UL)訊號的 RB 品質，在較好的 RB 頻段，基地台再控制手機上行發射訊號，可得最有效率的上行傳輸速度。

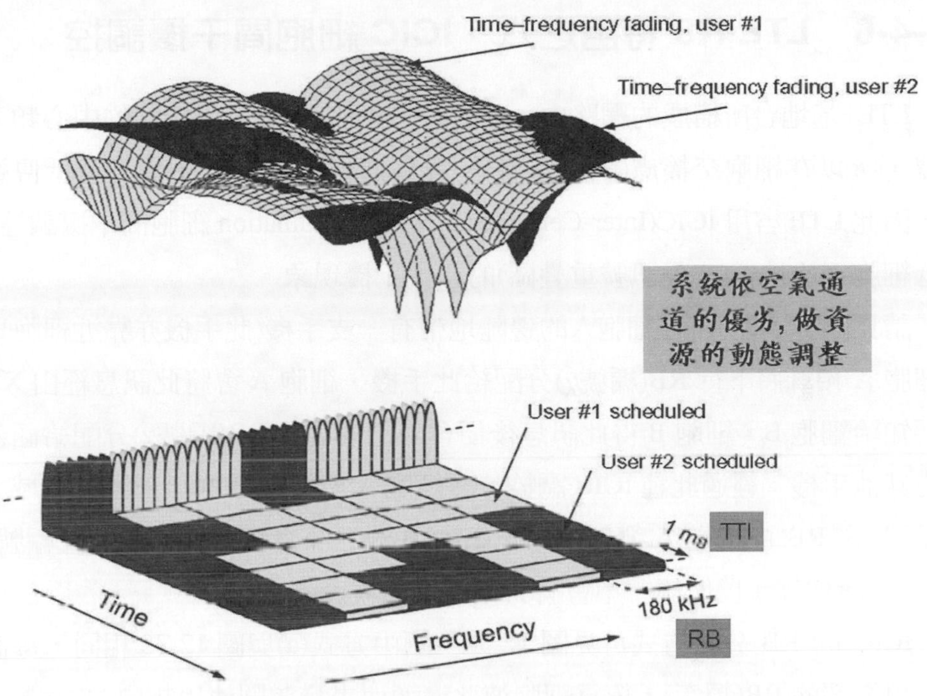

圖 12-31　動態資源配置

CQI index	Modulation	CQI index	Modulation
0	QPSK	8	64 QAM
1	QPSK	9	64 QAM
2	16 QAM	10	64 QAM
3	16 QAM	11	256QAM
4	16 QAM	12	256QAM
5	64 QAM	13	256QAM
6	64 QAM	14	256QAM
7	64 QAM	15	256QAM

圖 12-32　CQI 與調變模式之對應

12-4-6 LTE R8 特色之六：ICIC 細胞間干擾調控

LTE 基地台所構成的網路中，由於每個細胞(Cell)使用相同的中心頻率及頻寬，所以在細胞交接處(訊號重疊區)容易造成訊號相互干擾，降低傳送速度。因此 LTE 啓用 ICIC(Inter-Cell Interference Coordination 細胞間干擾調控) 來降低細胞邊緣地帶(亦是訊號重疊區)的訊號干擾現象。

請見圖 12-33，若在細胞A的邊陲地帶有一支手機(此手機亦靠近細胞B)，若細胞 A 預計將下行 RB(編號χ)分配給此手機，細胞 A 會將此訊息經由 X2 介面通知給細胞 B，細胞 B 得此訊息後便會降低使用此 RB(編號χ)分配給涵蓋區內的其他手機。經過此種 ICIC 調控，在細胞 A 與細胞 B 的全部涵蓋區域，僅有編號χ的 RB 由細胞 A 發射使用，細胞 B 幾乎不會發射使用，因此編號χ的 RB 可乾淨地被手機使用，不會有其他干擾訊號產生。

ICIC 的 RB 分配方式可見圖 12-34，圖中方式(a)與圖 12-33 相同，每個細胞可用全部的 RB(頻率)，依靠細胞彼此溝通而盡量避開使用相同的編號χ，此種方式，每個細胞可利用全部頻寬，手機的極速可最大，但整體平均干擾程度亦稍大。

圖 12-34 方式(b)，則是相鄰細胞彼此使用不同的 RB 群組，例如細胞 1 只使用 RB 編號 1～20 的範圍；細胞 2 只使用 RB 編號 21～40 的範圍；細胞 3 只使用 RB 編號 41～60 的範圍，這種 ICIC 方式，優點是可完全避免掉相鄰區域 RB 重複使用而造成的下行干擾問題，缺點則是每個細胞無法充分使用 RB(頻寬)，傳送速度不快，造成頻寬資源的浪費。

圖 12-34 方式(c)，則是結合(a)與(b)的特色，對於近距離手機給予較小功率的RB群組(頻寬較寬)，遠距離手機給予較大功率且區隔的RB群組，這種ICIC方式可避免干擾問題，傳送速度亦可加快，是不錯的選擇。

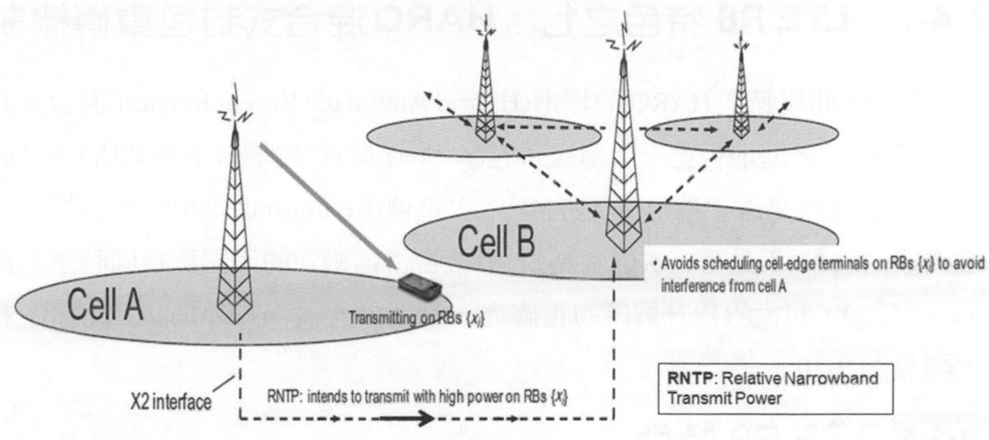

圖 12-33　ICIC

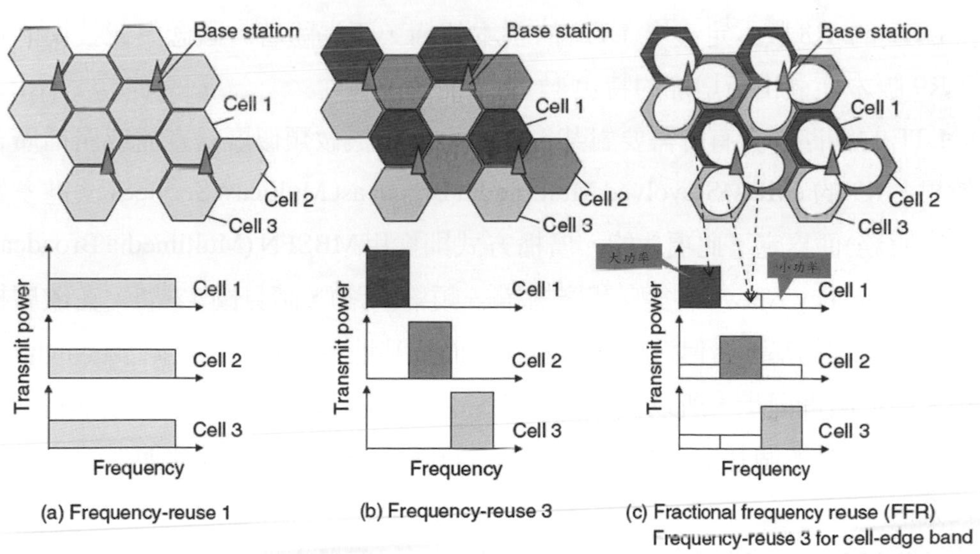

圖 12-34　ICIC 之 RB 分配方式

12-4-7　LTE R8 特色之七：HARQ混合式封包重傳機制

LTE_R8 亦規範了 HARQ 的標準(Hybrid Automatic Repeat Request 混合式封包重傳機制)，若基地台第一次傳送封包(packet) 時產生錯誤(手機利用 CRC 碼可檢查封包資料是否正確)，基地台第二次重傳(Re-transmission)的內容是另一串編碼後的資料(不是第一次的資料)，手機合併這兩次的不同資料同時予以解碼(de-coding)，可大幅提升解碼的正確性。細部內容與 WCDMA 的 HARQ 相同，請見圖 9-10。

12-5 LTE R9 特色

12-5-1　LTE R9 特色之一：eMBMS 演進多媒體廣播服務

LTE 的 R8 版本定義出 LTE 的基本架構，不過隨著新觀念與新技術的提升，R9 版本定義出新增加的特色。

LTE的網路中，有時需要對某一區的全部手機做類似廣播宣達或廣播廣告的效果，R9 的 eMBMS(evolved Multimedia Broadcast Multicast Services 演進多媒體廣播服務)便界定了此項功能。廣播方式則採用 MBSFN (Multimedia Broadcast Single-Frequency Network 多媒體廣播單一頻率網路)，請見圖 12-35，在欲廣播的區域，全部的基地台傳送相同的內容，而且基地台彼此間相互同步(synchronized)，由於時間同步，所以就手機的角度，它好像只看到一個單一頻率基地台的訊號(而不是多個基地台的多個訊號)，訊號乾淨且單一，因此傳送速度可大幅提升。

eMBMS 的實務運用，除了商業廣告的區域廣播之外，另一個常用的功能則是 PWS(Public Warning System 公共告警系統)，如果有突發性的大地震(例如五級以上)，則可以在震央地震之時馬上傳遞給數百萬支手機，則遠方手機可以在震波到達的前數秒鐘便得知此訊息，進而預做防災準備或躲避。

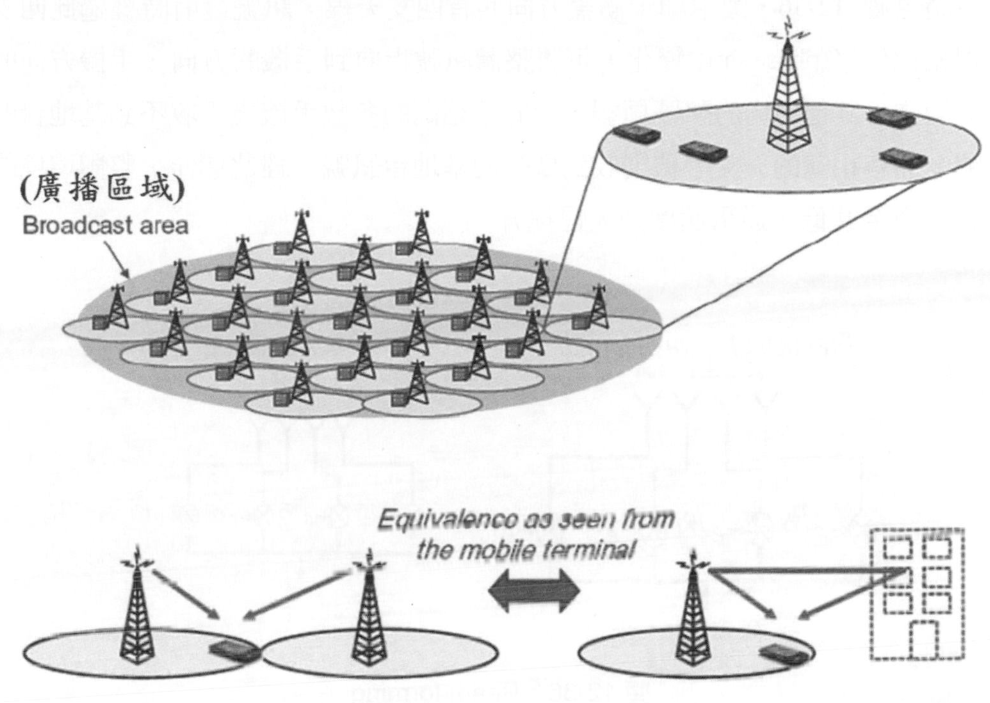

圖 12-35　MBSFN

12-5-2　LTE R9 特色之二：Beam Forming 天線波束聚型

任何的空氣介面，若要提升通訊品質，最簡單而且最基本的方法就是讓通訊環境訊號越單純乾淨，沒有其他細胞飄來的雜訊干擾，整體品質就會越好。因此如果能夠在基地台天線發射訊號時做到類似指向(pointing)的效果，針對細胞內不同手機的位置，在發射下行(DL)訊號時分別給予不同的指向效果(必須分時指向)，則細胞與細胞之間的雜訊干擾就會大幅降低，整體通訊品質提升。由於此項功能必須分時(time division)進行，例如第一個 TTI 時間(維持 1 毫秒)天線訊號指向到天線偏右方的一支手機，第二個 TTI 時間(維持 1 毫秒)天線訊號指向到天線偏左方的另一支手機，所以 TDD-LTE 系統最適合引用此技術。

請見圖 12-36，圖中顯示涵蓋方向共有四支天線，訊號發射時經過此四支天線相位位移(phase shift)變化，可將整體訊號指向到手機的方向，手機方向的訊號極強，其他方向的訊號極弱，因此不相關的多數手機幾乎收不到基地台的訊號，而有相關的一支手機則收到極強的基地台訊號，經此運作，整體環境的雜訊可降至甚低，通訊速度則大幅提升。

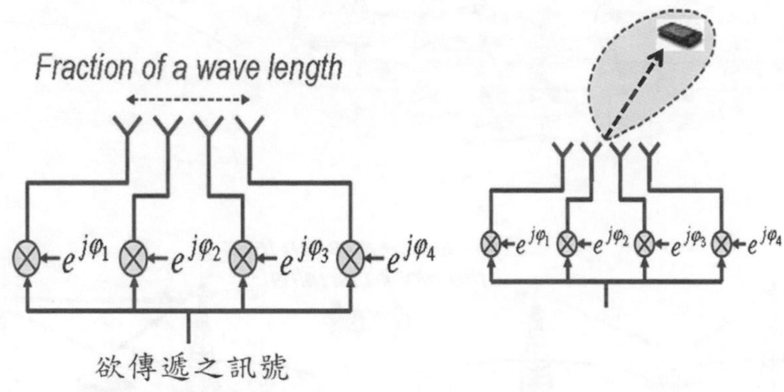

圖 12-36　Beam forming

12-6 LTE R10 特色

12-6-1 LTE R10 特色之一：8×8 MIMO

LTE_R10 版本又可稱爲 LTE Advanced(精進型 LTE)，比起基本的 R8 版本新增諸多特色。

請見圖 12-8，基本 R8 版本中定義了最快的 MIMO 層級：下行 4×4/上行 1x1，下行極速可達到傳統速度的 4 倍，上行極速爲傳統速度的 1 倍(圖 12-13)。而 R10 版本則定義了最快的 MIMO 層級：下行 8×8/上行 4×4，下行極速可達到傳統速度的 8 倍，上行極速可達到傳統速度的 4 倍。

12-6-2 LTE R10 特色之二：Carrier Aggregation 載波聚合

傳統 R8 版本中，每個頻段的頻寬最小是 1.4MHz，最大是 20MHz，若要傳送速度越快頻寬就要越寬，因此在 20MHz 頻寬及下行 4×4 MIMO 的條件下，理論的下行極大值是 460Mbps。請見圖 12-13。

如圖 12-37，R10 之後的版本新增加了 CA(Carrier Aggregation 載波聚合)功能，允許將多個頻段載波合併運用，每個頻段最寬是 20MHz，最多可合併 5 個頻段共累計 100MHz 頻寬(最終版本)。因此在下行 8×8 MIMO 及 100MHz 條件下，理論的下行極大值可以達到 3Gbps；而在上行 4×4 MIMO 及 100MHz 條件下，理論的上行極大值可以達到 1.5Gbps。實務上，現行手機大約僅能做到 4×4 MIMO。

圖 12-37 中，R10 版本的 CA 條件：(1)相同頻帶(Band)的連續頻段，(2)不同頻帶，(3)最多兩個頻段。以表 1-2 爲例，遠傳電信擁有 1800 頻帶(Band)的 C3 與 C4 頻段，因此 C3 與 C4 可啓用 CA。另一個例子，中華電信擁有 1800 頻帶的 C5 頻段及 900 頻帶的 B2 頻段，因此 C5 與 B2 在 R10 版本下可啓用 CA。

圖 12-37 中，R11 版本的 CA 條件：相同頻帶(Band)的不連續頻段。以表 1-2 爲例，中華電信擁有 1800 頻帶的 C5 頻段及 C2 頻段，因此 C5 與 C2 在 R11 版本下可啓用 CA。

圖 12-37 中，R12 版本的 CA 條件：(1)任何頻帶/頻段均可啓用，(2)下行最多 3 頻段，上行最多 2 頻段，(3)FDD 可加 TDD。以表 1-3 爲例，中華電信擁有 1800 頻帶的 C5 頻段及 900 頻帶的 B2 頻段及 2600 頻帶的 D2 頻段，因此 C5 與 B2 與 D2 在 R12 版本下可啓用 CA。更新的 R13 版本則可下行最多 4 頻段。

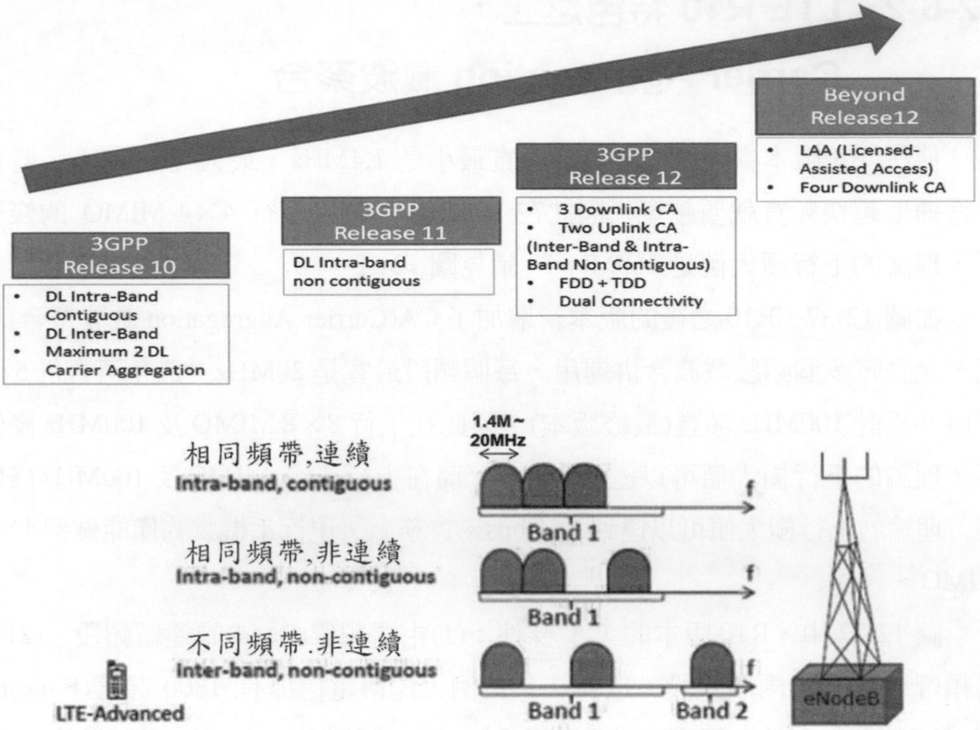

3GPP Release 10
- DL Intra-Band Contiguous
- DL Inter-Band
- Maximum 2 DL Carrier Aggregation

3GPP Release 11
DL Intra-band non contiguous

3GPP Release 12
- 3 Downlink CA
- Two Uplink CA (Inter-Band & Intra-Band Non Contiguous)
- FDD + TDD
- Dual Connectivity

Beyond Release12
- LAA (Licensed-Assisted Access)
- Four Downlink CA

1.4M~
20MHz

相同頻帶,連續
Intra-band, contiguous
f
Band 1

相同頻帶,非連續
Intra-band, non-contiguous
f
Band 1

不同頻帶.非連續
Inter-band, non-contiguous
f
Band 1
Band 2

LTE-Advanced

eNodeB

圖 12-37 CA 演進

4G 的 CA 功效，是讓既有的資源盡量整合在一起，可以讓下行速度達到最快。

圖 12-37a 爲常見的CA設定方式，CA組合時僅能有一個P-cell(Primary cell 主細胞)以及數個 S-cell(Secondary cell 次細胞)，P-cell 及 S-cell 均能做下行的資料傳送，但控制訊息及上行資料只能靠 P-cell(主細胞)傳送。因此，4G 的 CA 運作可以大幅提高下行的速度，但上行的速度不會增快。

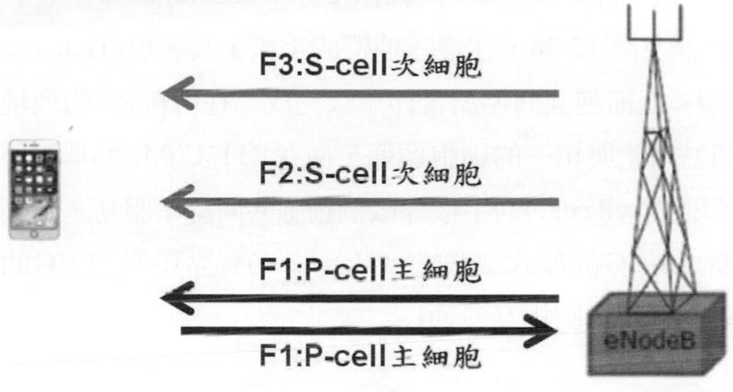

CA 實際運用 (圖 12-37a)

12-7 LTE R11 特色之一：CoMP 協調多點收發

LTE網路中，手機離基地台越近，由於僅收到一個穩定且強度高的細胞訊號，下載或上行速度可以非常快速；相對地，如果手機位於細胞與細胞間的邊陲地帶(cell edge)，則手機可能收到數個強度相似的細胞訊號(只能選其中最強的一個細胞來連通)，訊號不夠乾淨或雜訊多，手機整體速度就會大幅下降。

R11 提供一個改善此種現象的機制：CoMP (Coordinated Multipoint Tx/Rx 協調多點收發)，請見圖 12-38，在邊陲地帶的手機，其發射(Transmit)或接收(Receive)訊號均由多個細胞共同協調合作予以完成。在傳統R8 的環境下，手機的接收與發射訊號僅能與單一的細胞連通，而在R11_CoMP的機制下，LTE網路可以針對邊陲地帶(cell edge)的手機靠數個細胞共同給予服務，進而提升手機的速度。此種模式與 3G的軟式交遞(Soft Handover)有點類似(在 3G的網路下，手機時常同時與兩三個細胞相互連通)。

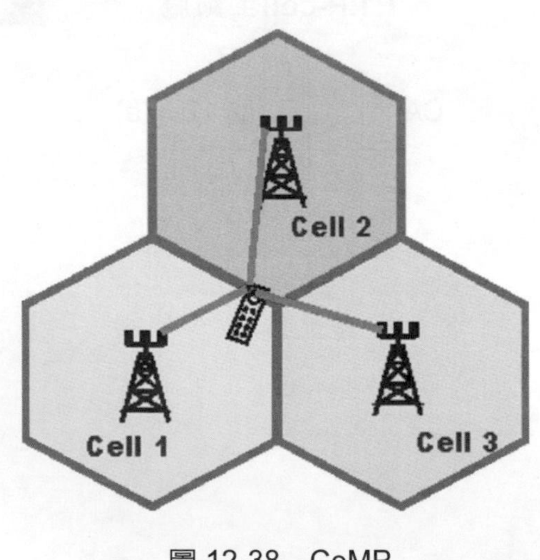

圖 12-38　CoMP

習題

1. 若某手機支援LTE_Advanced功能，則此手機內部軟體支援 3GPP的哪個版本？
2. LTE 的網路架構，其原本 3G_RNC 的功能已由何者所取代？
3. LTE系統中，一個子時框(sub-frame)爲時多久？1 個時槽(slot)內含有幾個訊符(symbol)？
4. LTE系統的子載波(sub-carrier)之間相距多少頻寬？1 個RB內含幾個子載波？1 個 TTI 爲時多久？
5. 如圖 12-14 中，LTE 的通道(channel)大概可分爲哪三種類？
6. 下行(DL)邏輯通道最大量的 DTCH 所對應的實體通道爲何？
7. 如圖 12-19 中，下行實體通道中，哪種通道發射功率不變，可做爲手機偵測下傳訊號強度之依據？
8. 如圖 12-21 中，LTE 的下行共用頻道(控制頻道)佔用多少 RB？
9. 若某一手機離基地台甚近，環境雜訊甚低，則基地台會以何種調變方式下傳資料？
10. LTE 的上行頻道，爲了使手機輸出功率的 PAR 值降低(可使電池使用時間增長)，採取了何種多工技術？
11. 若打語音電話前，手機顯示 4G網路；打電話時，手機顯示 3G網路；通話結束後，手機又顯示 4G 網路，請問這是 R8 中的何種功能？
12. 若遠傳電信公司欲啓用FDD與TDD的CA功能，基地台需支援何種版本？

CHAPTER 13

IoT 物聯網

13-1 簡介

從 2012 年 4G 網路在世界各國逐步商用運轉，國際通訊組織便開始規劃新一代 5G 的未來可能方向，除了一般人與人之間的溝通，全球有更多人與物、物與物的通訊需求被工廠、個人、集團所提出，因此一些屬於物聯網 IoT (Internet of Thing 物物相聯)的規格與應用紛紛被提出，此章便是介紹目前全球物聯技術的發展方向。

13-2 物聯網 IoT

從圖 13-1 為目前全球常見之物聯技術(IoT, Internet of Thing)，短距離(約 100 公尺之內)的物聯技術，包含了常見的 WiFi(筆電上網)、Bluetooth (藍牙耳機)、Zigbee 等，由於傳送距離短，所以此技術多用於個人周圍電子產品的物物相聯。

長距離(100 公尺以上)的物聯技術包含了LoRa、NB-IoT等，由於傳送距離長，所以此技術多用於智慧水表、智慧路燈、車隊管理、環境監控等商業物件的物物相聯。

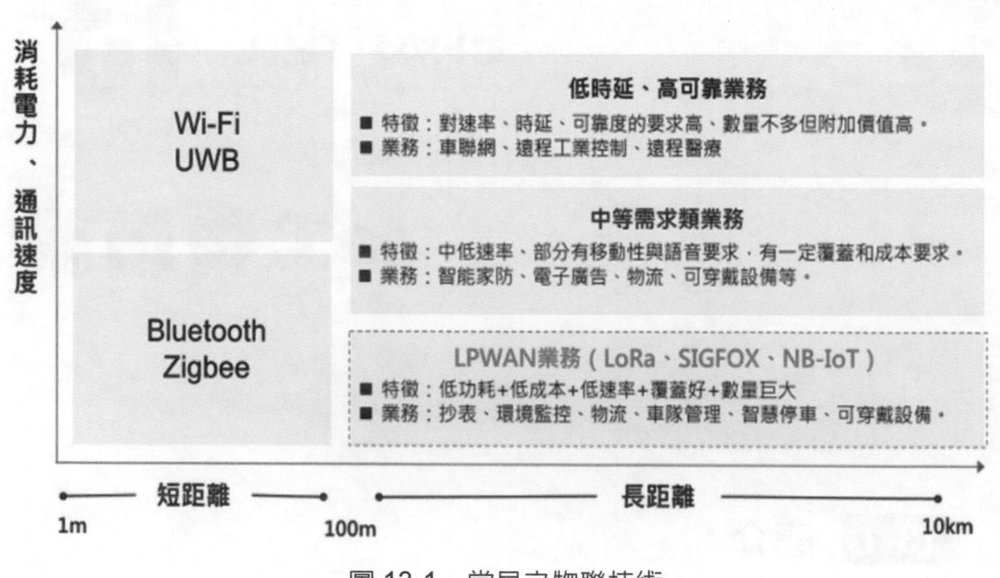

圖 13-1　常見之物聯技術

13-3 LPWAN 技術

由於長距離物聯網的特性，因此產生了LPWAN技術(Low Power Wide Area Network低功耗廣域網路)，此技術包含了低功耗、低成本、低速率、大覆蓋與支援巨大數量等特性，可以在僅提供電池的情況下，巨大數量的設備(例如全區內數十萬個水表、電表等)可以將關鍵的少量資料持續遠距離傳遞給監控中心，在大數據(Big Data)及人工智慧(AI)的分析之下，可做到流量監控、維修更新、突發處理等品質優化的趨勢分析。

圖 13-2 為目前常見之LPWAN技術，其中LoRa與NB-IoT是最被廣大運用的兩種技術。

SigFox 於 2010 年由法國 SigFox 這家公司發展出來，使用免費的 ISM 頻段(2.4G/5.8G Hz)，需架設專屬的小型基地台，資料傳送速度僅達 100bps(每秒 100 位元)，由於此規格並非全球認可，因此僅在某些跨國物聯公司使用。2022 年 SigFox 因財務狀況不佳宣布破產，並由 UnaBiz 公司接管經營權。

LoRa (Long Range 長距離)由美國 IBM 等聯盟在 2015 年開始推廣，使用免費的 ISM 頻段(2.4G/5.8G Hz)，可連結至 PC 作為監控中心，網路架設較為方便，使用 FSK (Frequency Shift Keying 頻移鍵)調變技術，資料傳送速度最快可達 50kbps。

NB-IoT 與 Cat-M1 由 3GPP 在 2016 年起始公布，使用授權頻道，所以會與現有 4G(或 2G)系統一併使用。NB-IoT 適用於定點量測且資料量不大的設備，例如水表、電表等。Cat-M1 (eMTC)適用於移動量測且資料量稍大的設備，例如物流追蹤、健康追蹤等。涵蓋距離均有約 35 公里。

經過數年的實際運用，目前 NB-IoT 在歐洲及中國較為盛行。eMTC(Cat-M1)則在日本、澳洲、美國、歐洲較為盛行。

	主要推動者	釋出時間	主要特色	頻寬	傳送速度	涵蓋距離
SigFox	Sigfox (公司)	2010	. 非授權頻道*(ISM) . 跨國性物聯 . 需基地台	100 Hz	.100 bps . Max 140msg/day . Max 12 byte/msg	10km~50km
LoRa	IBM/Cisco (聯盟)	2015	. 非授權頻道*(ISM) . WiFi Access point	125~500k Hz	300~50k bps	5km~15km
Cat-NB1 (NB-IoT)	3GPP (聯盟)	2016 (R13)	. 授權頻道 .既有4G基地台 .coverage: 164 dB	180k Hz (1 RB)	R13: (Cat-NB1) UL:56k, DL:26k bps R14: (Cat-NB2) UL:159k, DL:127k bps	35km
Cat-M1 (LTE-M) (eMTC)	3GPP (聯盟)	2016 (R13)	. 授權頻道 . 既有4G基地台 . coverage: 156 dB	1.4M Hz (6 RBs)	<1M bps UL <800k bps DL	35km

* ISM Band(Industrial Scientific Medical Band): 2.4GHz, 5.8GHz, 24GHz, 61GHz.免費頻段
* NB-IoT: Narrow Band- Internet of Things.窄頻物聯網
* M-IoT = NB-IoT & Cat-M1(eMTC)

圖 13-2 常見之 LPWAN(低功耗廣域網路)技術

13-4 NB-IoT 窄頻物聯網

請見圖 13-3，3GPP 組織於 2016 年 R13 版本中起始 NB-IoT(Narrow Band Internet of Things 窄頻物聯網)之規格標準，NB-IoT 又可稱爲 Cat-NB1，2017 年 R14 版本的新增功能 NB-IoT 則稱爲 Cat-NB2。

3GPP研發標準(standards)之演進			
釋出之版本	時間(西元)	主階段	重要特色
Phase 1	1992	2G	GSM基本架構: FDMA+TDMA
Release 97	1998	2G	加入GPRS功能:下行封包資料傳送
Release 99	2000	3G	WCDMA(UMTS)基本架構: CDMA
Release 5	2002	3G	加入HSDPA功能:加速下行封包速度
Release 6	2004	3G	加入HSUPA功能:加速上行封包速度
Release 7	2007	3G	HSPA+: MIMO, 64QAM DL, 16QAM UL
Release 8	2008	4G	LTE基本架構: OFDMA與IP core network與MIMO(4x4)與FDD/TDD模式
Release 9	2009	4G	LTE新增功能:MBMS與Beam forming(波束成型)
Release 10	2011	4G	LTE Advanced功能:Carrier Aggregation(載波聚合)與Relaying與MIMO(8x8)
Release 11	2012	4G	LTE Advanced功能:CoMP與IDC與HetNet.
Release 12	2015	4G	LTE Advanced功能:Small cell與CA(2UL+3DL)與Massive MIMO
Release 13	2016	4G	LTE-U (LTE in unlicensed spectrum), Cat-NB1, Cat-M1
Release 14	2017	4G	Multimedia Broadcast Supplement for Public Warning System (MBSP), Cat-NB2
Release 15	2018	5G	NR(New Radio) SA(Standalone) 基本架構, IP Multimedia CN Subsystem (IMS)
Release 16	2021	5G	Unlicensed Spectrum, High-precision Positioning, Advanced Power Saving
Release 17	2023	5G	Reduced Capa. Devices, NTN, mmWave Expansion, Device Enhancemwnt
Release 18	2025	5G-Adv	5G-Advanced, NR with AI(Artificial Intelligence), Network Energy Saving
Release 20	2028	6G	IMT-2030

圖 13-3　3GPP 版本演進

圖 13-4 則顯示 NB-IoT 之主要特色：

長效電池時間：由於 NB-IoT 時常運用在人類較少涉足的地方(例如屋頂水表或高山環境監測)，無法提供一般電力，因此經常要使用電池，而 NB-IoT 則啓用 PSM(Power Saving Mode 超省電模式)等機制，可大幅減少電池消耗，最省電模式下可以使用超過 10 年才需更換電池。

低成本設備：NB-IoT 時常與水表、電表、測溫計、測速計等量測設備一併運作，量測設備數量非常多而且繁雜，因此NB-IoT的傳輸元件(device kit)必須非常便宜(低於 5 美元)，才能被廣大群眾所使用。

低成本佈建：NB-IoT使用 4G的專屬授權頻道(band)，也使用 4G原有基地台作爲訊號收發的節點，不須額外架設收發器，因此可節省大量經費。

覆蓋更廣：一般 2G/4G 的 MCL(Max Coupling Loss 最大耦合損失)大約爲 144dB(可視爲基地台與手機之間最大允許的空中訊號衰減，參考圖 2-19)，而 NB-IoT 因爲頻寬甚窄(僅 180kHz)，能接收較低的訊號能量，且運用重複傳送等技術，因此 MCL 可達 164dB，大大擴展了涵蓋範圍，若無特殊遮蔽，涵蓋距離最大可達到 35 公里。

巨量設備支援：NB-IoT與巨量的量測設備相結合，每平方公里可達 100 萬個量測設備(devices)，例如每戶家中的冰箱、電扇、冷氣、瓦斯等。

-長效電池時間(電池使用超過10年)
-低成本設備(每設備小於5美元)
-低成本佈建(架構於原4G網路)
-覆蓋更廣(比傳統2G/4G網路多20dB涵蓋)
-巨量設備支援(每平方公里支援100萬個設備)

圖 13-4　NB-IoT 之特色

13-4-1　NB-IoT 特色 1：頻道配置

NB-IoT 不需要強大的傳送速度，因此不需要太多的頻寬，僅需 180kHz 頻寬即可，圖 13-5 顯示 NB-IoT 頻道配置的 3 種方法：

配置方法 1：

2G-GSM 的傳統頻道，每一頻道的頻寬(Bandwidth)是 200kHz，因此可放置 NB-IoT 的 180kHz 頻寬。此種配置法稱爲獨立配置法(Stand Alone)，使用於 2G-GSM 的網路。台灣於 2017 年 6 月已將 2G 頻段解除釋出，因此無法使用此法。而世界某些區域若仍存在 2G 網路，則可連帶啓用 NB-IoT。

配置方法 2：

圖 12-12a 顯示 4G-LTE 的頻道配置，每個 RB(Resource Block 資源區塊=12 個子載波)頻寬 180kHz，在頻道的最兩旁有數個沒有使用的空頻寬(稱爲保護頻帶 Guard Band)，NB-IoT 便可以使用此處的 1 個 RB 頻寬。此種配置方法，優點是不佔用原本 4G 的 RB 數量；缺點則是 RB 位於總頻寬的外側，可能會受到較多的不正常干擾。

配置方法 3：

NB-IoT 直接使用 4G-LTE 頻帶內的 1 個 RB(Resource Block 資源區塊=12 個子載波)頻寬 180kHz，此種配置法稱爲頻帶內配置法(InBand)，通訊業者可直接指配某一個 RB 專屬給 NB-IoT 使用。此種配置方法，優點是 RB 位於頻段之內，干擾較少；缺點則是占用原本 4G 的 RB，4G 的速度會稍微變慢。

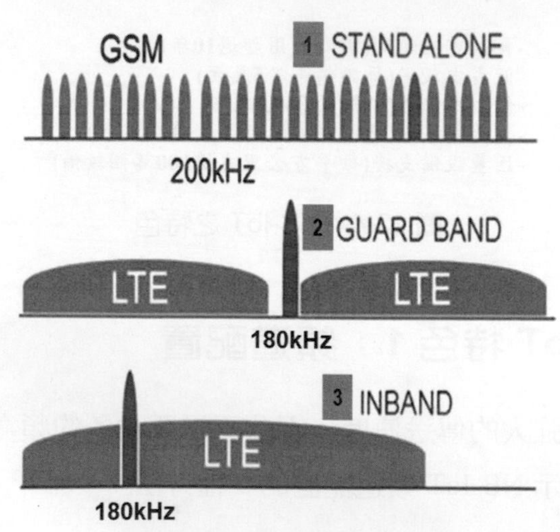

圖 13-5　NB-IoT 頻道配置

如圖 13-6 爲 NB-IoT(Inband)與 4G 結合的頻道配置，無論 NB-IoT 數量非常多或非常少，NB-IoT 使用專屬的一個 RB(Resource Block)，其餘 RB 就依一般 4G-LTE 的配置方式運行。

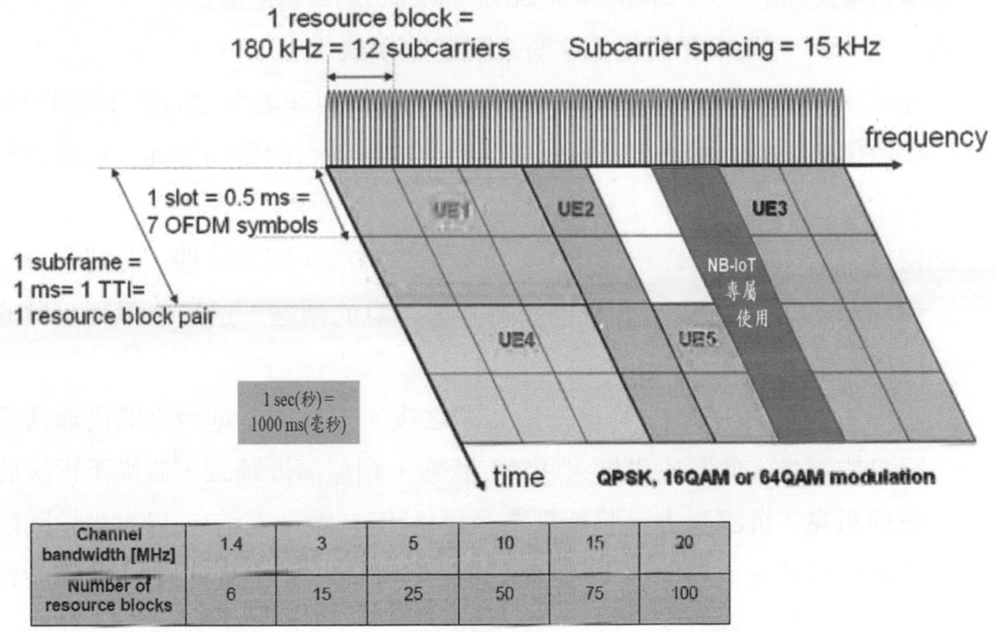

Channel bandwidth [MHz]	1.4	3	5	10	15	20
Number of resource blocks	6	15	25	50	75	100

圖 13-6　Inband 與 LTE 下行頻道使用方式

13-4-2　NB-IoT 特色 2：特殊省電技術

NB-IoT設備(device)一般架設於水表、電表、量測設備等偏僻特殊的地方，無法使用一般電源，因此多會使用鋰電池作爲電力的來源。另外，NB-IoT 的標準是期望每個設備能正常運作超過 10 年，因此NB-IoT有兩大省電技術，讓設備在省電模式下，消耗電流僅有數奈安培(～nA，10^{-9}安培)，進而達到使用 10 年的目標。

特殊省電技術之一：PSM(Power Saving Mode)功率省電模式

請見圖 13-7，NB-IoT 設備總共有三種狀態模式：

⑴連結模式(Connected Mode)，在此模式下設備與基地台之間做發射(Tx)與接收(Rx)的雙向連通，這類似平時手機與基地台的雙向連通。可做資料的下行(Down Link)與上行(Up Link)的雙向傳送。

⑵待機模式(Idle Mode)，NB-IoT 已資料傳送完成，回到待機，此時它會靜靜聆聽基地台是否有呼叫(Paging)其他訊息的傳送，這類似平時手機的待機狀態。

⑶功率省電模式(PSM)，待機一段時間之後，設備與基地台之間仍無傳遞訊息的需求，此時設備進入 PSM 狀態，類似深度睡眠，設備不再接收任何訊息，沉沉睡去，將耗電降至最低(僅有數奈安培)，只有設備臨時需要資料傳送或週期性 TAU(Tracking Area Update 位置更新)才會重新甦醒再與基地台聯繫。

圖 13-7 顯示的 PSM 時間(T3412)可從 6 分鐘到 310 小時(約 13 天)，代表 NB-IoT 設備最長可沉睡 13 天才重新甦醒，醒來之後先做 TAU，再將基本資料(水表數值或電表數值或其他)傳送(Tx)給基地台(一般數秒鐘內即可完成)，然後再繼續深睡，每 13 天一次，因此可以非常省電，電池可使用超過 10 年。

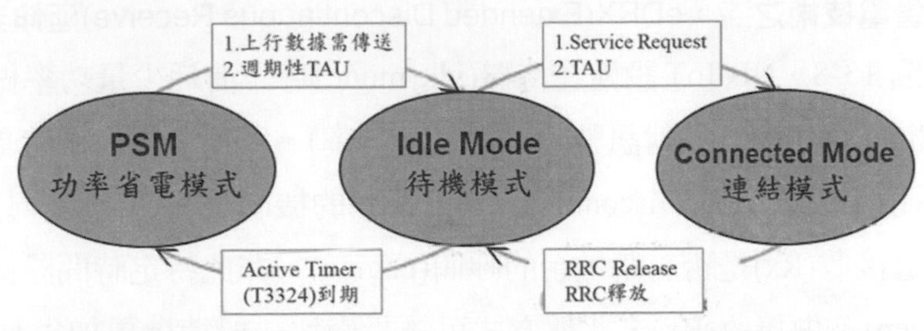

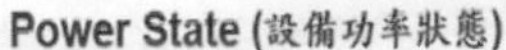

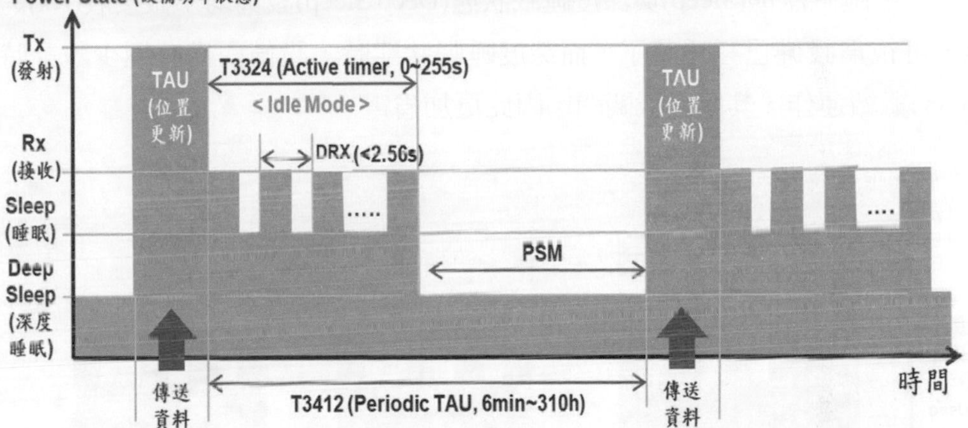

圖 13-7 NB-IoT 省電技術 1：PSM

特殊省電技術之二：eDRX(Extended Discontinuous Receive)**延伸非連續接收**

請見圖 13-8，NB-IoT 設備在待機(idle mode)時需消耗少量功率做接收訊號(Receive Signal)的動作(發射訊號時消耗最多功率)，而爲了在待機時更加省電，因此有非連續接收(DRX/Discontinuous Receive)的機制，在待機時，只有特定時間設備才會接收(Rx)是否有基地台的呼叫(paging)，非此特定時間設備會進入睡眠狀態(sleep)不做接收(Rx)，此種方式可讓設備比一般待機更加省電。

一般睡眠狀態(Sleep)與深度睡眠狀態(Deep Sleep)設備均不做接收(Rx)的動作，可視爲設備已經睡著了，而深度睡眠狀態時，設備內僅有極少數計時器(timer)繼續運作，其餘全數關閉，因此更加省電。

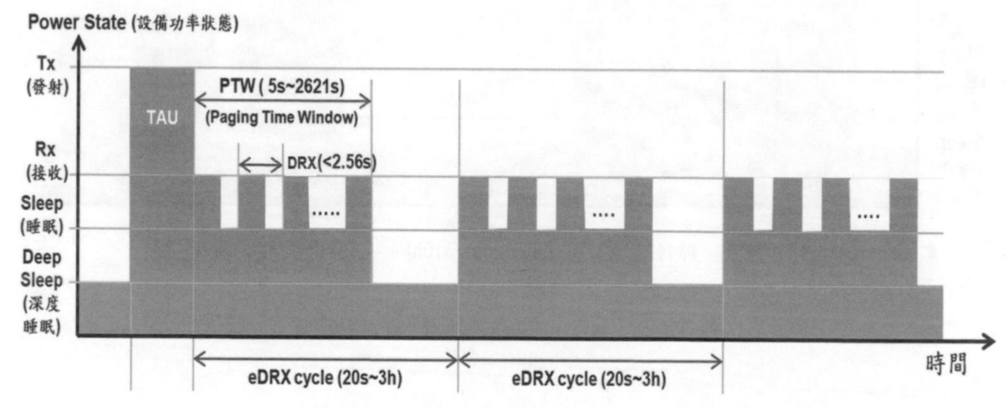

圖 13-8　NB-IoT 省電技術 2：eDRX

13-4-3　NB-IoT 特色 3：增強功率/增大涵蓋

NB-IoT 不強調傳送大量資料，但需要傳送極遠(數十公里)的資料，因此若能讓 NB-IoT 的功率增加便可以傳送更遠。

圖 13-9 爲目前下行增強功率(Power Boosting)的實例，一般 4G-LTE 總輸出功率約 20 瓦～40 瓦，其功率是平均分配到每一個 RB，例如 10M 頻寬共有 50 個 RB，因此 20 瓦的功率是平均分配給 50 個 RB，但 NB-IoT 爲了增大涵蓋，

於是將 NB-IoT(占用 1 個 RB)前後的各一個 RB 取消輸出，將多餘能量轉移給 NB-IoT 使用，因此 NB-IoT 可以比其他 4G RB 增多 6dB 的能量輸出，進而增大涵蓋範圍。

圖 13-9 的能量配置法，增強了 NB-IoT 的涵蓋，但原本 4G 的 RB 數量由 50 個(10M 頻寬)減少爲 47 個(減少 3 個 RB)，因此 4G 速度會稍微減慢。

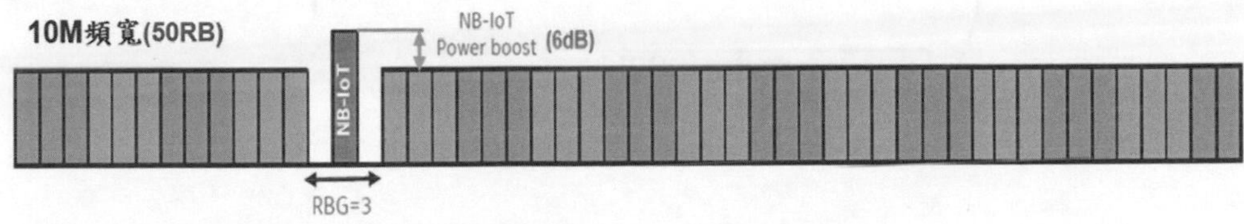

圖 13-9　NB-IoT 下行增強功率實例

NB-IoT 增大涵蓋的方式，除了上述增加功率的技術，另外亦引用重複傳送(repetition)的技術，例如將一筆資料重複傳送 4 次，大約有 6dB(−10 log 4)的增益效果。

13-4-4　NB-IoT 特色 4：資料傳送流程

NB-IoT 的資料上行流程(Up Link)請見圖 13-10，初始階段基地台經由 NPDCCH (NB-IoT Physical Downlink Control Channel 實體下行控制通道)通知 NB-IoT 設備(device)準備做資料上傳的動作，經過 8ms(毫秒)後設備便將水表數值(或電表數值)在 32ms 時間內經由 NPUSCH(NB-IoT Physical Uplink Shared Channel 實體上行共享通道)傳給基地台(內含 680 位元的資料)，總共經過 45ms 之後，基地台再次經由 NPDCCH 傳送控制資訊，若之前上行資料正確，基地台會送出 ACK(acknowledged)訊息，NB-IoT 設備便可傳送下一筆新資料。若之前上行資料有錯誤，基地台會送出 NACK(Non-acknowledged)訊息，NB-IoT 設備便會將上筆資料重新傳送一次(Re-transmit)，直到正確爲止。

NB-IoT 的資料量不大，所以傳送流程單純且直接。

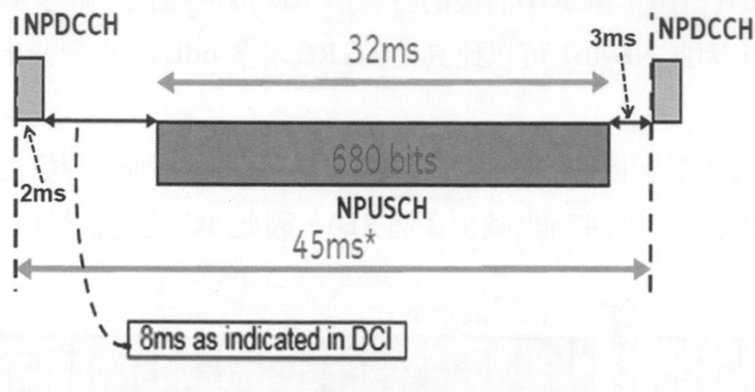

圖 13-10　NB-IoT 資料上行流程

13-5 Cat-M1/LTE-M 高速物聯網

請見圖 13-2 及圖 13-3，3GPP 在 2016 年公布 NB-IoT 與 Cat-M1 的規格標準，NB-IoT 屬於定點、少量資料的物聯應用；而 Cat-M1(或稱為 LTE-M)則屬於移動或較大量資料的物聯應用。

圖 13-9 顯示 NB-IoT 占用原 4G-LTE 的 1 個 RB。圖 13-11 顯示 Cat-M1 占用原 4G-LTE 的 6 個 RB，NB-IoT 與 Cat-M1 的主要差異如下：

⑴NB-IoT 占用 1 個 RB，Cat-M1 占用 6 個 RB，因此 Cat-M1 傳輸速度較快，可達 1Mbps。

⑵NB-IoT 占用的 1 個 RB 是專屬使用，就算短時間基地台完全無 NB-IoT 的使用，此專屬 RB 不會釋放出來。Cat-M1 則是暫時性使用傳統 4G-LTE 的 6 個 RB，有需要則占用，沒需要則釋放出來讓 4G 使用，因此對 4G 的影響是暫時性的。

⑶Cat-M1 占用傳統 4G 的 6 個 RB，因此傳統 4G 的基本機制：移動交遞(Handover)、VoLTE(語音服務)等均有支援，因此設備可以移動。而 NB-IoT 屬於定點傳送，不支援上述功能。

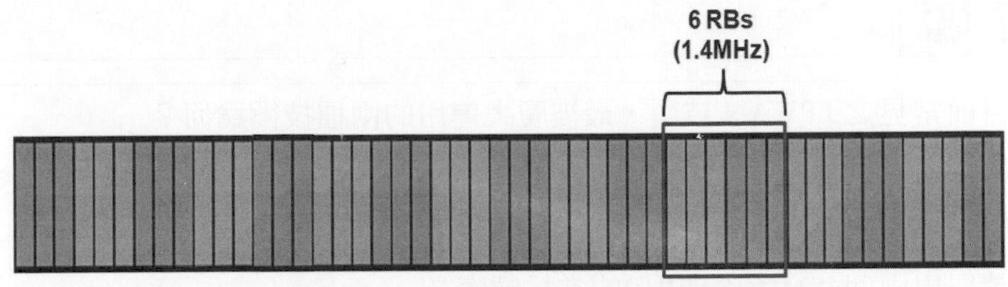

圖 13-11 Cat-M1 下行頻段 RB 配置

13-6 物聯網的演進

請見圖 13-3，3GPP 在 2016 年公布初版的 R13： NB-IoT(Cut NB1)與 Cat-M1 的規格標準；3GPP 在 2017 年公布更新的 R14： Cat-NB2(NB-IoT2)與 Cat-M2 的規格標準。

圖 13-12，NB-IoT2 的傳送速度更快，上傳速度可達 159kbps，隨著業界的需求變化及 5G 的多方應用。

2023 年 3GPP 在R17 版本中定義了 5G NR-Light的規格標準(可見圖 14-21)，將 5G 之 RB(Resource Block 資源塊)之頻寬架構(20MHz)可跟 4G NB-IoT 的 RB 架構雷同，便可在 5G 的設備下進行類似 NB-IoT 或 eMTC 的執行運作。

	Cat-NB1 (Rel-13)	Cat-NB2 (Rel-14)
Maximum DL TBS	680 bits	2536 bits
Maximum DL data rate 下行極速	26 kbps	127 kbps
Maximum UL TBS	1000 bits	2536 bits
Maximum UL data rate 上行極速	56 kbps	159 kbps
Number of HARQ processes	1	1 or 2

圖 13-12 Cat-NB1 vs.Cat-NB2

習題

1. 目前常見之 LPWAN 技術，最被廣大運用的兩種技術爲何？
2. NB-IoT 的兩大省電技術爲何？
3. NB-IoT 與 Cat-M1 分別占用多少的 RB 數？
4. 請舉出兩個 ISM(免費頻段)的常見頻率？
5. NB-IoT 期望每個設備的電池可使用多少年？
6. NB-IoT 的設備在 PSM 狀態時，耗電大約多少安培？
7. NB-IoT設備傳送資料後，若基地台接收後認爲有誤，會發送ACK或NACK訊息？
8. 某人登山時，健康中心欲對此人做血壓與心跳監控，請問此人需使用 NB-IoT 或是 LTE-M 的相關設備？爲什麼？

CHAPTER 14

5G NR

14-1 簡介

西元 2012 年開始，4G 網路在世界各國逐步商用運轉，由於上網及資料傳送速度遠遠優於 3G網路，所以 4G服務一推出就獲得使用者的諸多稱讚。

在此同時，某些通訊專家已經在思考是否有其他革命性的通訊技術可以更超越 4G 而傳遞更高速、更穩定、更多樣的網路服務，自此之後全球諸多研發機構都在創新自己的通訊技術，例如三星(韓)、華爲(中)等實驗室均積極展開測試，希望其技術可被採納成爲未來 5G 通訊的規範標準(standards)。

在百家爭鳴的狀況下，終於 2018 年 6 月，3GPP 正式公布 5G-NR(New Radio)的初始版本 R15(Release 15)，請見圖 14-1，R15 所公布之內容特別強調 eMBB(高速寬頻)及 uRLLC(極短延遲)的新技術標準，而 2020 年公布的 R16 則做修訂及技術新增。

圖 14-1a 則顯示世界數位通訊的主要多工技術：1G_AMPS 採用 FDMA 技術，不同通話者使用不同頻率(frequency)；2G_GSM採用FDMA+TDMA技術，不同通話者使用不同頻率(frequency)及不同時間(time)；3G_WCDMA採用CDMA技術，不同通話者使用不同正交碼(orthogonal code)；4G_LTE及 5G_NR則採用OFDMA 技術，不同通訊者使用不同的正交頻率(orthogonal frequency)，可達到頻譜更高的使用效率。

3GPP研發標準(standards)之演進			
釋出之版本	時間(西元)	主階段	重要特色
Phase 1	1992	2G	GSM基本架構: FDMA+TDMA
Release 97	1998	2G	加入GPRS功能:下行封包資料傳送
Release 99	2000	3G	WCDMA(UMTS)基本架構: CDMA
Release 5	2002	3G	加入HSDPA功能:加速下行封包速度
Release 6	2004	3G	加入HSUPA功能:加速上行封包速度
Release 7	2007	3G	HSPA+: MIMO, 64QAM DL, 16QAM UL
Release 8	2008	4G	LTE基本架構: OFDMA與IP core network與MIMO(4x4)與FDD/TDD模式
Release 9	2009	4G	LTE新增功能:MBMS與Beam forming(波束成型)
Release 10	2011	4G	LTE Advanced功能:Carrier Aggregation(載波聚合)與Relaying與MIMO(8x8)
Release 11	2012	4G	LTE Advanced功能:CoMP與IDC與HetNet.
Release 12	2015	4G	LTE Advanced功能:Small cell與CA(2UL+3DL)與Massive MIMO
Release 13	2016	4G	LTE-U (LTE in unlicensed spectrum), Cat-NB1, Cat-M1
Release 14	2017	4G	Multimedia Broadcast Supplement for Public Warning System (MBSP), Cat-NB2
Release 15	2018	5G	NR(New Radio) SA(Standalone) 基本架構, IP Multimedia CN Subsystem (IMS)
Release 16	2021	5G	Unlicensed Spectrum, High-precision Positioning, Advanced Power Saving
Release 17	2023	5G	Reduced Capa. Devices, NTN, mmWave Expansion, Device Enhancemwnt
Release 18	2025	5G-Adv	5G-Advanced, NR with AI(Artificial Intelligence), Network Energy Saving
Release 20	2028	6G	IMT-2030

圖 14-1　3GPP 公布之版本演進

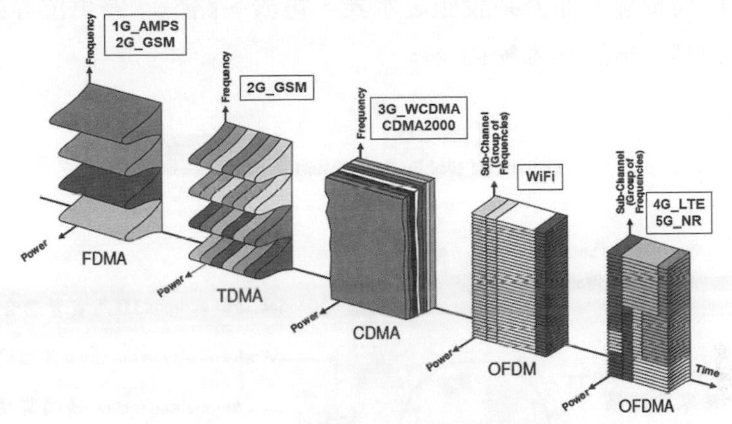

圖 14-1a 主要無線通訊之多工技術

14-2 5G 之三大領域

國際電信聯盟 ITU(International Telecommunication Union)於 2015 年首先公布了 5G 技術標準時間表，提出 IMT-2020 計畫，於西元 2020 年完成 5G 初步完整規格。

請見圖 14-2，IMT-2020 包含三大領域：

(1)eMBB(Enhanced Mobile Broadband 加強行動寬頻)，此部分之技術特別強調更快的傳送速度與更大的頻寬，它可使用在需要極快傳輸的生活或商業上應用，例如高畫質影音傳送、雲端運用、擴充實境傳送(AR)等。

(2)uRLLC(Ultra Reliable and Low Latency Communication 超可靠與低延遲通訊)，此部分之技術特別強調低延遲(小於 1 毫秒)的特性，它可使用在需要立即反應的生活或商業上應用，例如自動駕駛、遠端即時遙控手術等。

(3)mMTC(Massive Machine Type Communication 巨量設備物聯通訊)，此部分之技術特別強調超大數量的物物相聯，它可使用在家庭中冷氣、冰箱、瓦斯等設備之物物相聯，亦可使用在工廠中機具、馬達、水塔等設備之物物相聯，而公共設施之水表、電表、路燈、停車位等亦可使用，這是智慧城市的基本配備。。

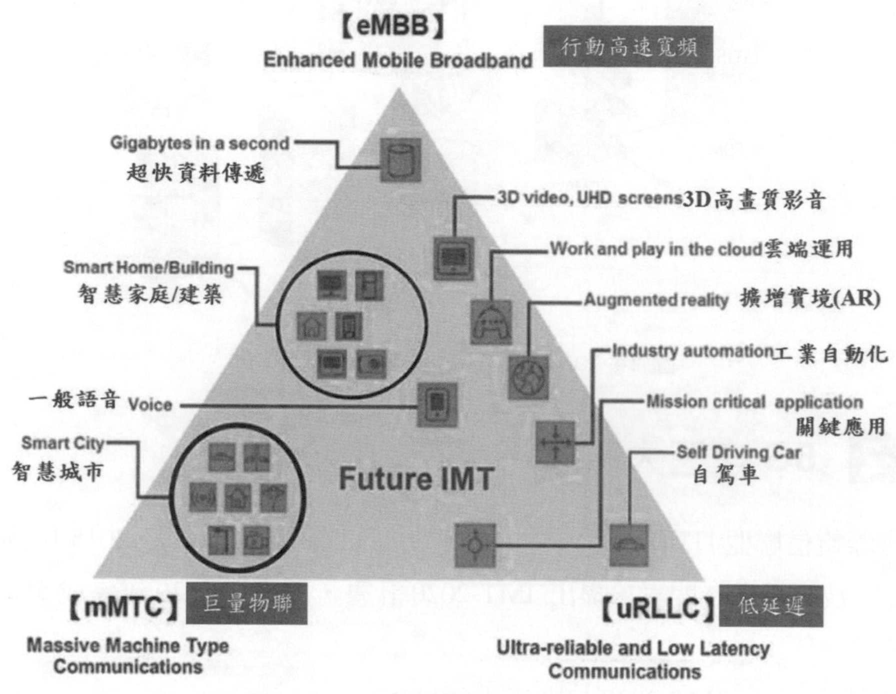

圖 14-2　5G IMT-2020 三大領域與應用

14-3　5G 三大領域之特色表現

請見圖 14-3，5G 三大領域分別包含了各自的特色表現：

(1)eMBB(Enhanced Mobile Broadband 加強行動寬頻)強調快速的傳送速度，但對於低延遲(Low Latency)與巨量物聯(IoT)的特色則要求不高，它期望能表現出下行傳送峰值(Peak Rate)可高達 20Gbps，使用者的傳送均值可達 100Mbps 以上，頻譜效率(Spectrum Efficiency)是傳統的 3 倍，並能支援時速 500 公里(高鐵)的移動通訊。

⑵uRLLC(Ultra Reliable and Low Latency Communication 超可靠與低延遲通訊)強調低延遲(或稱超快反應)的特性，但對於傳送速度與巨量物聯(IoT)的特色則要求不高，它期望能表現出延遲時間(資料送出到回應的時間差)低於 1ms(1 毫秒等於千分之 1 秒)的即時通訊，傳統 4G的延遲時間大約是 10ms 以上。

⑶mMTC(Massive Machine Type Communication 巨量設備物聯通訊)強調巨量物聯(物物相聯)的特性，但對於傳送速度與低延遲的特色則要求不高，它期望能做到 1 平方公里內可支援 100 萬個設備(devices)的物物相聯。

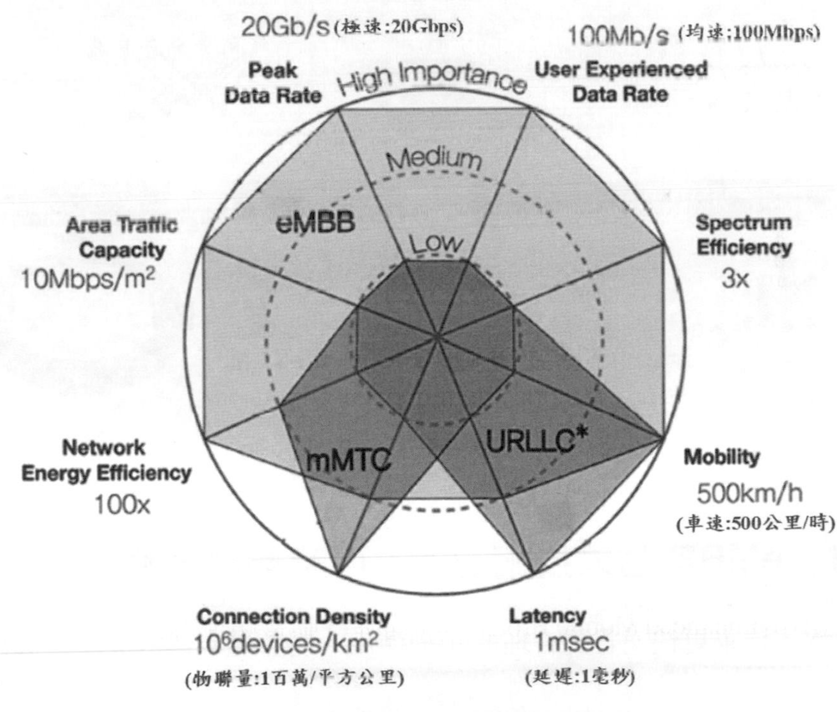

圖 14-3　5G 三大領域之技術特色

14-4 eMBB 之七大技術

相對於 4G，5G-eMBB 強調更快速更大量的傳輸量，圖 14-4 顯示 eMBB 的七大技術，其中包含：(1)可變頻譜(Scalable OFDM)的運用，(2)彈性時槽(Flexible Slot)的變化，(3)新進編碼(Coding)技術，(4)巨量 MIMO (Massive MIMO)運用，(5)毫米波(mmWave)運用，(6)頻譜聚合(Spectrum Aggregation)，(7)網路演進(Core Network)。細部內容將於下列章節分述。

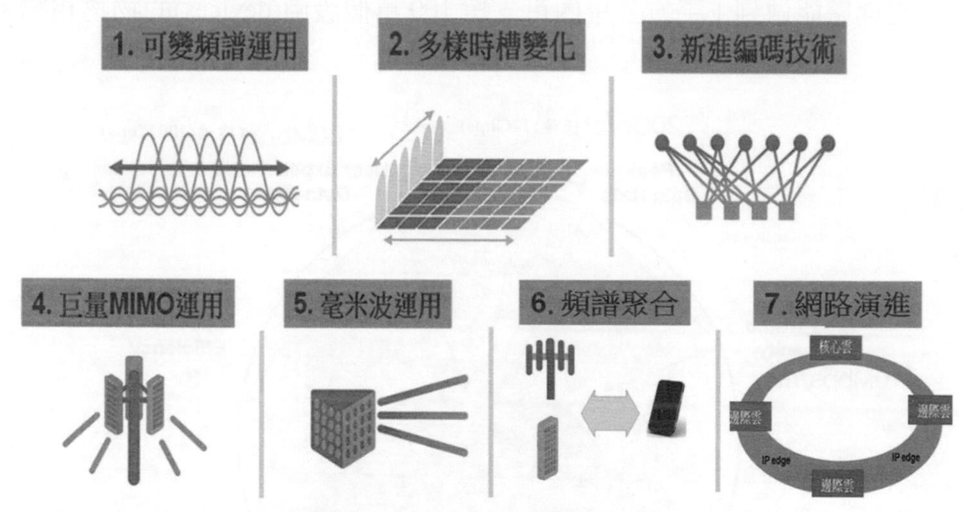

圖 14-4　5G-eMBB 之七大技術

14-4-1　eMBB 七大技術之 1：可變頻譜運用

5G 爲了追求更快速且更合理的頻譜運用，將整體頻段分成了三大部分，請見圖 14-5：

⑴低頻頻段(頻率小於 3GHz，3GHz=3000MHz)：此頻段波長約 10～50 公分，在空氣中訊號較不易衰減，且折射、散射效果大，因此非常有利於涵蓋荒野遠處及室內小角落，但 MIMO(高速多通道)及波束成型(Beam

Forming)效果較差，因此適用 FDD (Frequency Division Duplexing 頻率分割上下行)的傳送方式，將上行與下行的頻率分別獨立但同時間收發。4G-LTE 及 3G-UMTS 亦多位於此頻段。

⑵高頻頻段(頻率大於 24GHz，24GHz=24000MHz)：因爲 30GHz 的電波波長爲 1 公分(1 公分=1 釐米 cm=10 毫米 mm)，因此此頻段波長約僅有數毫米(小於 1 公分)，故稱爲毫米波(mmWave)，電波類似直線波(亦似光波)，看的到天線就收的到訊號，看不到天線就幾乎收不到訊號，在空氣中訊號極易衰減，因此不利涵蓋，但 MIMO(高速多通道)及波束成型(Beam Forming)效果佳，因此適用 TDD(Time Division Duplexing 時間分割上下行)的傳送方式，使用相同頻率，但將上行與下行的時間分開。

⑶中頻頻段(頻率介於 3GHz 至 6GHz 之間)：此頻段波長約 5~10 公分，波長數公分(1 公分=1 釐米 cm=10 毫米 mm)因此亦稱爲釐米波(cmWave)，電波特性則介於低頻與高頻之間，適用 TDD 的傳送方式。

頻率範圍	波長範圍	電波特性	使用之系統
低頻 (小於3G Hz)	10~50公分	-有利於涵蓋 -有利於FDD -不利於MIMO -不利於波束成型	-3G: 2100M -4G: 700/900M -4G: 1800M -4G: 2600M -5G: 600/700M
中頻 (3G~6G Hz)	5~10公分 (釐米波)	-介於低頻於高頻之間 -有利於TDD	-5G: 3.5G Hz -5G: 5.8G Hz
高頻 (大於24G Hz)	小於1公分 (毫米波)	-不利於涵蓋 -有利於TDD -有利於MIMO -有利於波束成型	-5G: 28G Hz -5G: 38G Hz -5G: 68G Hz

圖 14-5　不同頻段之電波特性

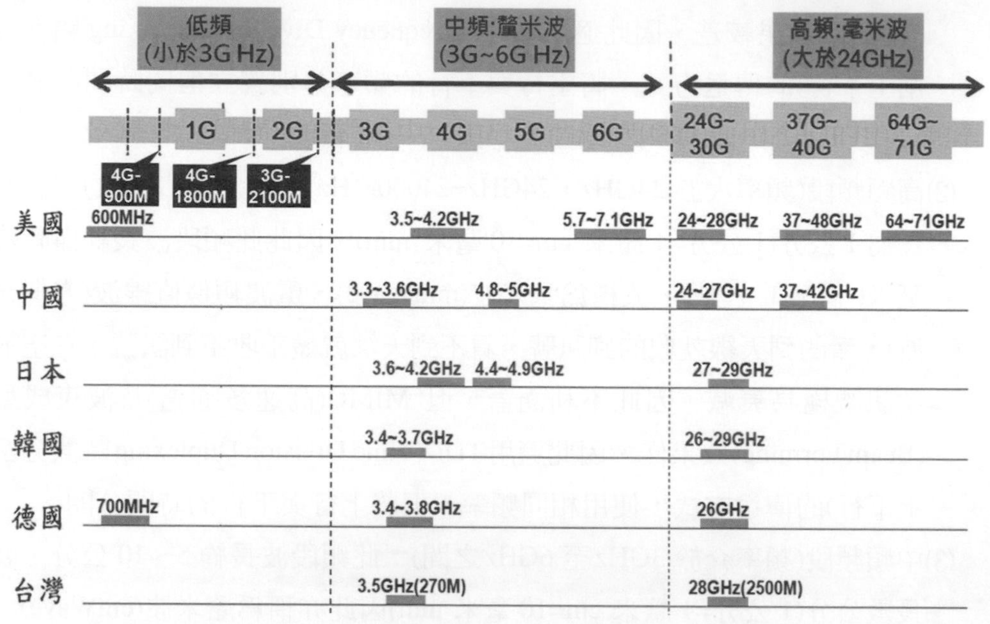

圖 14-6　各國 5G 頻段使用

由於 5G NR 於 2018 年 6 月正式公布，世界各國 5G 頻段的使用及標售便如火如荼展開，圖 14-6 顯示世界各國的 5G 頻段使用狀況：

⑴低頻部分，只要少數基地台就可以有優異的涵蓋效果，節省成本，因此有諸多通信公司將 3G/4G閒置的低頻頻段轉爲 5G使用。但低頻的MIMO及 Beam forming 效果較差，所以速度亦較慢。一般以 FDD 的方式分爲上行(UL)與下行(DL)各自獨立頻寬。

⑵中頻部分，因爲涵蓋範圍遠大於高頻的毫米波，所以中頻可作爲 5G 的基本涵蓋，各國均有，其頻率大略位於 3.5GHz 或 5.8GHz，以TDD的方式運作。

⑶高頻部分，5G 若要傳輸速度高於 10G bps 就必須使用毫米波(mmWave)的特性，因此各國均有，其頻率大略位於 28GHz 或 38GHz，以 TDD 的方式運作。

台灣的通訊傳播委員會(NCC)於 2020 年標售台灣的 5G 頻段，主要分布於中頻 3.5GHz 頻段編號 n78(總頻寬 270MHz)及高頻 28GHz 頻段編號 n257(總頻寬 2500MHz)。

如圖 14-6a 為目前 3GPP 對 5G 的頻道編號。5G 頻率大致分為兩部份：⑴ FR1(Frequency Range 1)頻率範圍小於 6GHz，⑵ FR2(Frequency Range 2)屬於毫米波，頻率範圍在 24G 至 53GHz 之間。台灣電信業者在 3.5GHz 範圍是使用 n78 頻段，在 28GHz 範圍則使用 n257 頻段。

另外，NCC 亦核配 4.8-4.9GHz(共 100MHz 頻寬)作為 5G 專網(行動寬頻專用電信網路)，大型企業或醫院等可申請使用，不使用一般電信公司訊號，需自建基地台等小區域通訊設備。

至於「電信事業之 5G 企業網路」係指使用 5G 商用頻段(3.5GHz 及 28GHz)，各企業依需求透過既有電信公司之網路切片功能(Network Slicing)使特殊使用者使用特殊通訊服務、混合式布建模式或獨立組網模式布建各企業專屬的通信網路。

NR Band in FR1

NR 運作頻段	上行頻率	下行頻率	多工模式
n1	1920-1980 MHz	2110-2170 MHz	FDD
n2	1850-1910 MHz	1930-1990 MHz	FDD
n3	1710-1785 MHz	1805-1880 MHz	FDD
n5	824-849 MHz	869-894 MHz	FDD
n7	2500-2570 MHz	2620-2690 MHz	FDD
n8	880-915 MHz	925-960 MHz	FDD
n12	699-716 MHz	729-746 MHz	FDD
n20	832-862 MHz	791-821 MHz	FDD
n25	1850-1915 MHz	1930-1995 MHz	FDD
n28	703-748 MHz	758-803 MHz	FDD
n34	2010-2025 MHz	2010-2025 MHz	TDD
n38	2570-2620 MHz	2570-2620 MHz	TDD
n39	1880-1920 MHz	1880-1920 MHz	TDD
n40	2300-2400 MHz	2300-2400 MHz	TDD
n41	2469-2690 MHz	2469-2690 MHz	TDD
n51	1427-1432 MHz	1427-1432 MHz	TDD
n66	1710-1780 MHz	2110-2200 MHz	FDD
n70	1695-1710 MHz	1995-2020 MHz	FDD
n71	663-698 MHz	617-652 MHz	FDD
n75	n/a	1432-1517 MHz	SDL
n76	n/a	1427-1432 MHz	SDL
n77	3300-4200 MHz	3300-4200 MHz	TDD
n78	3300-3800 MHz	3300-3800 MHz	TDD
n79	4400-5000 MHz	4400-5000 MHz	TDD
n80	1710-1785 MHz		SUL
n81	880-915 MHz		SUL
n82	832-862 MHz		SUL
n83	703-748 MHz		SUL
n84	1920-1980 MHz		SUL
n86	1710-1780 MHz		SUL

NR Band in FR2

NR 運作頻段	上行頻率與下行頻率	多工模式
n257	26500-29500 MHz	TDD
n258	24250-27500 MHz	TDD
n260	37000-40000 MHz	TDD
n261	27500-28350 MHz	TDD

圖 14-6a 5G 頻道編號

5G 承續 4G-OFDM(Orthogonal Frequency Division Multiplexing 正交頻率分割多工)依低頻到高頻不同頻段特性，將頻譜的使用方式大致分為四種模式，請見圖 14-7：

(1)室外大涵蓋(荒野、高山等)，頻率範圍：

低頻 FDD，OFDM 的子載波間距(Subcarrier spacing)為 15kHz，頻道之最大頻寬為 50MHz，此部分特性與 4G-LTE 相同(可見圖 12-9)，因此可作為 4G 之延伸，最快下行速度約可到 0.7G bps (= 700M bps)。

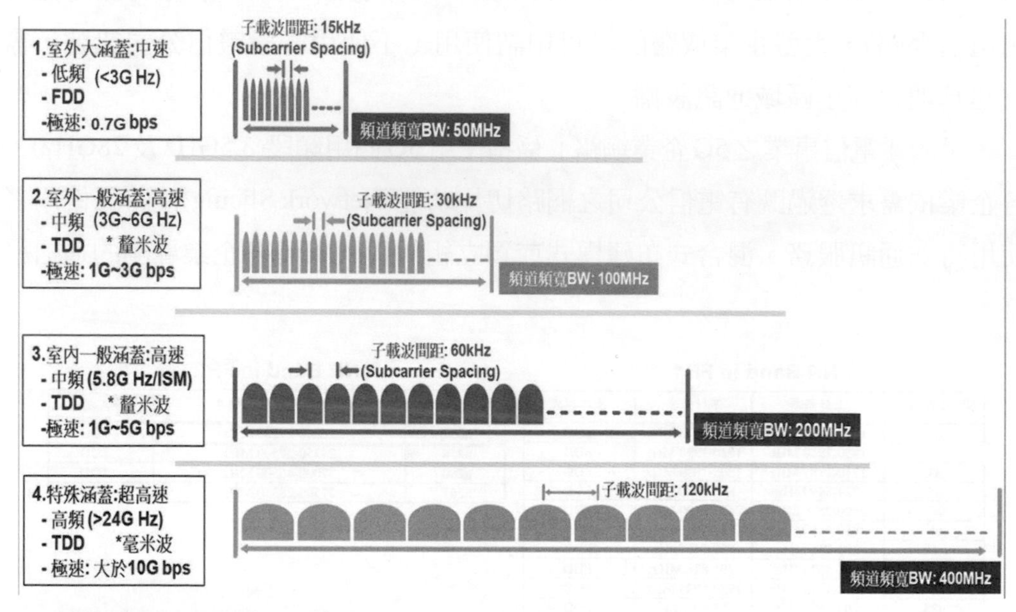

圖 14-7　5G 依需求之可變頻段

(2)室外一般涵蓋(鄉村、城市等)，頻率範圍：

中頻 TDD，OFDM 的子載波間距(Subcarrier spacing)為 30kHz，頻道之最大頻寬為 100MHz，由於頻寬較寬，因此最快下行速度大約可到 1G bps～3G bps。這是全球 5G 業者最常見的設定。

⑶室內一般涵蓋(辦公室、量販店等)，頻率範圍：

中頻 TDD，OFDM 的子載波間距(Subcarrier spacing)為 60kHz，頻道之最大頻寬為 200MHz，室內訊號較無干擾的問題，因此使用 5.8GHz 的 ISM 免費頻段，頻寬更寬，最快下行速度大約可到 1G～5G bps。

⑷特殊小涵蓋(熱點、超密集區等)，頻率範圍：

高頻 TDD，屬於毫米波 (mmWave)，可運用 MIMO 及波束成型(Beam Forming)提升速度，OFDM 的子載波間距(Subcarrier spacing)為 120kHz，頻道之最大頻寬為 400MHz，頻寬最寬，因此最快下行速度可超過 10G bps。

5G 在 OFDM(正交頻率分割多工)訊號下，每個頻寬會有非常多個子載波(subcarriers)，為了便於管理會將每 12 個連續子載波合稱為一個 RB (Resource Block 資源塊)，此方式與 4G-LTE 相同，基地台給每位使用者的頻率資源是以 RB 為最小單位，例如使用者 A 資料量很少，基地台便可能分配 1 個 RB 給此使用者。使用者 B 資料量非常多，基地台便可能分配 100 個 RB 給此使用者。

請見圖 14-7a，5G 的 RB 數量與子載波間距(subcarrier spacing)及總頻寬(Bandwidth)均有關係，例如子載波間距為 30kHz 情況下，若總頻寬為 50MHz，最大 RB 數為 133。若總頻寬為 100MHz，最大 RB 數則增為 273，代表在最大極限下，某使用者可能獲得 273 個 RB 配置而達到最快的傳輸速度。如果在尖峰時間基地台有很多人在使用，則此 273 個 RB 必須分配給全部的使用者，每位使用者得到 RB 數減少，使用者的平均傳輸速度就會降低。

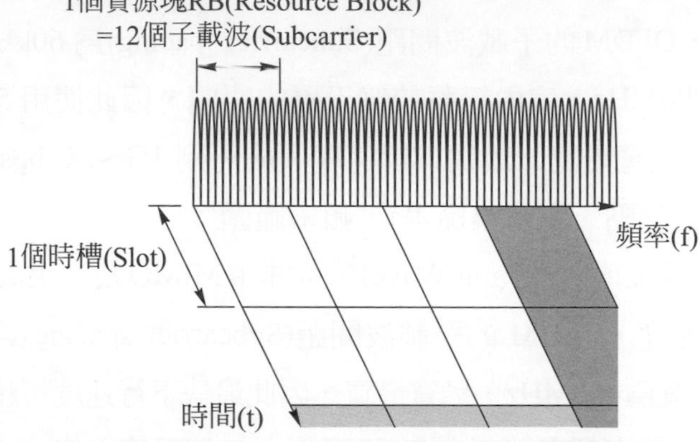

系統	子載波間距	總頻寬→	10 MHz	15 MHz	20 MHz	30 MHz	40 MHz	50 MHz	60 MHz	80 MHz	90 MHz	100 MHz	200 MHz	400 MHz
4G	15kHz	RB 數量(1RB含12子載波)	50	75	100	x	x	x	x	x	x	x	x	x
5G	15kHz	RB 數量(1RB含12子載波)	52	79	106	160	216	270	x	x	x	x	x	x
	30kHz	RB 數量(1RB含12子載波)	24	38	51	78	106	133	162	217	245	273	x	x
	60kHz	RB 數量(1RB含12子載波)	11	18	24	38	51	65	79	107	121	135	264	x
	120kHz	RB 數量(1RB含12子載波)	x	x	x	x	x	32	x	x	x	66	132	264

圖 14-7a　5G 之 RB 數量

14-4-2　eMBB 七大技術之 2：多樣時槽變化

5G 在頻率領域(Frequency Domain)依電波特性做不同的 OFDM 子載波變化(上一節介紹)，相對應到時間領域(Time Domain)的時槽(slot)配置，亦可依不同需求而有多樣變化。圖 14-8 顯示 eMBB 的時槽(slot)變化，有三個特點：

(1)時槽的時間可多樣變化。

(2)同一個時槽內含有下行(DL)上行(UL)資料(一般的設定方式)，其上行與下行的資料比例可依需要而快速變化。

(3)需要超快反應的 uRLLC 有對應的迷你時槽(Mini Slot)，可隨時插入既有時槽格式，做最快的資料傳送。

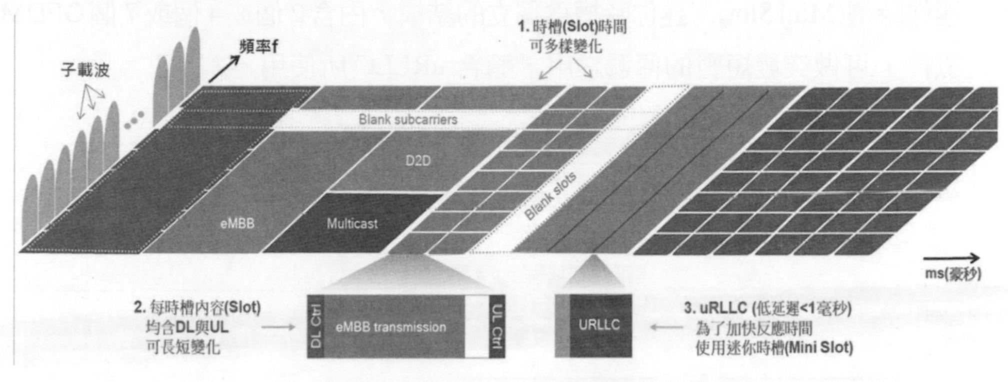

圖 14-8 5G 可變時槽

5G 的 1 個時框(Frame)為時 10 毫秒(ms)，內含 10 個子時框(subframe)。而時槽(slot)與子載波間距(subcarrier spacing)之關係請見圖 14-9：

* 子載波間距(subcarrier spacing)為 15kHz：延續 4G-LTE 的類似方式(圖 12-11)，每時槽持續 1 毫秒(1ms)，內含 14 個 OFDM 訊符(symbols)，每個訊符(Symbol)依不同調變方式(modulation)而含有不同資料量，例如若用 16QAM 調變，每個訊符含有 4 位元的資料(2**4=16)。若用 256QAM 調變，每個訊符含有 8 位元的資料(2**8=256)，傳送速度大增，不過此時訊號品質必須非常乾淨，空氣中幾乎不能有任何雜訊的存在。
* 子載波間距(subcarrier spacing)為 30kHz：每時槽持續 0.5 毫秒(=500μs 微秒)，內含 14 個 OFDM 訊符(symbols)，每個訊符(Symbol)依不同調變方式(modulation)而含有不同資料量，這是 5G 最常見的時槽格式。
* 子載波間距(subcarrier spacing)為 60kHz：每時槽持續 0.25 毫秒(=250μs 微秒)，內含 14 個 OFDM 訊符(symbols)，每個訊符(per Symbol)依不同調變方式而含有不同資料量。
* 子載波間距(subcarrier spacing)為 120kHz：每時槽持續 0.125 毫秒(=125μs 微秒)，內含 14 個 OFDM 訊符(symbols)，此種時槽適用於毫米波(mmWave)，由於時間短，可非常快速傳遞資料。

* 迷你時槽(Mini Slot)：迷你時槽為獨立的結構，內含 2 個或 4 個或 7 個 OFDM 訊符，可做突發短暫的傳遞之用，適合 uRLLC 所使用。

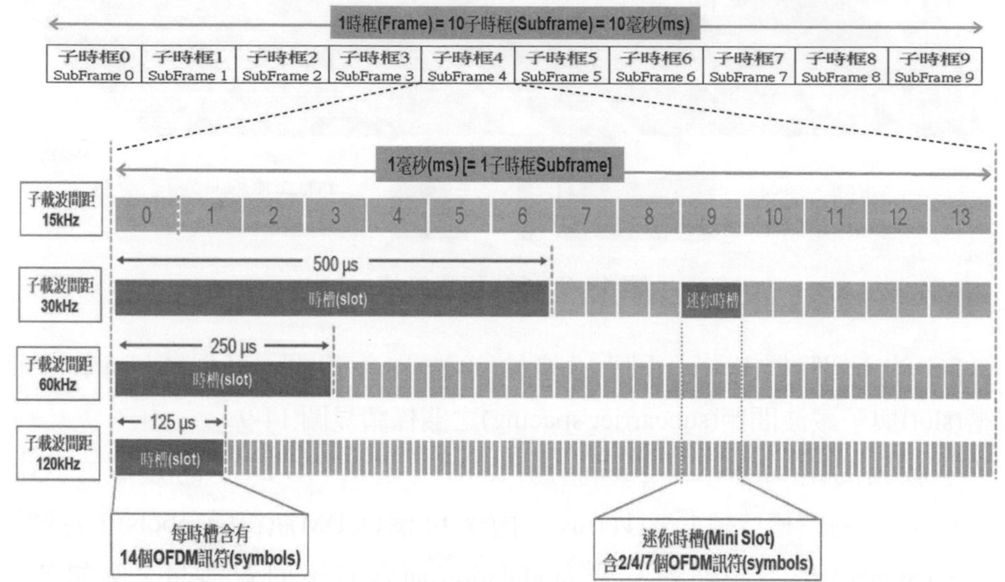

圖 14-9　時槽與子載波間距之關係

時槽之種類請見圖 14-10：

種類 1：

每個時槽內含 14 個訊符(symbols)，包含了下行(DL)與上行(UL)資料，此些資料可為一般訊務(data)或做控制(Control)之用。下行與上行傳送之間會有保護間隔(GT，Guard Time)，對於室內訊號(indoor)，傳遞距離近，此 GT 可以小一點。對於室外訊號(outdoor)，傳遞距離較遠，此 GT 可以大一點。由於一個時槽的時間內便有上行下行的資料傳遞，整體的反應會加快(相對於 4G-FDD)。

種類 2：

每個時槽內含 14 個訊符(symbols)，單純做全部的下行(DL)或全部的上行(UL)，適合定向全速傳送，傳送速度更快，可與種類 1 的時槽相互搭配。而 FDD(下行與上行分別為不同頻率)便屬於此類。

種類 3：

此爲特殊迷你時槽(Mini Slot)，內含 2 個或 4 個或 7 個 OFDM 訊符，專屬作爲資料量不大但需要即時傳遞的 uRLLC 之用，即時有需要便即時占用訊務通道，可有最快反應，適合行動車或遠端視訊手術等，下行上行總延遲時間可小於 1 毫秒(ms)。

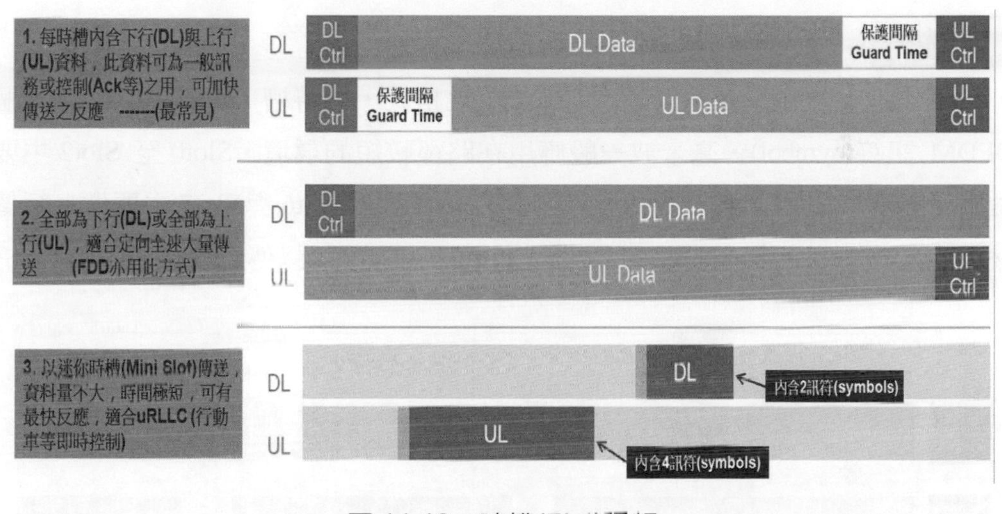

圖 14-10 時槽(Slot)種類

結合上述的時槽結構，時槽配置方式之案例請見圖 14-11：

案例一

室內型：採用子載波間距爲 30kHz 之格式，每時槽 500 微秒(μs)含 14 個 OFDM 訊符(symbols)，由於室內訊號路徑較短，下行與上行之間只要 1 個保護間隔(Guard Time)。Slot0 至 Slot2 主要做下行傳送及少量上行，Slot3 主要做上行傳送。

案例二

室外型：採用子載波間距爲 30kHz 之格式，每時槽 500 微秒(μs)含 14 個 OFDM訊符(symbols)，由於室外訊號路徑較長，下行與上行之間需要 3 個保護間隔(Guard Time)。Slot0 與 Slot2 主要做下行傳送，Slot3 主要做上行傳送。

案例三

毫米波：採用子載波間距爲 120kHz 之格式，每時槽 125 微秒(μs)含 14 個 OFDM 訊符(symbol)，毫米波一般應用在路徑較短的環境，Slot0 至 Slot2 主要做下行傳送，Slot3 的上下行之間有 3 個保護間隔。Slot6 與Slot7 主要做上行傳送。由於毫米波的每個 OFDM 訊符時間極短，因此可以傳送大量的資料。

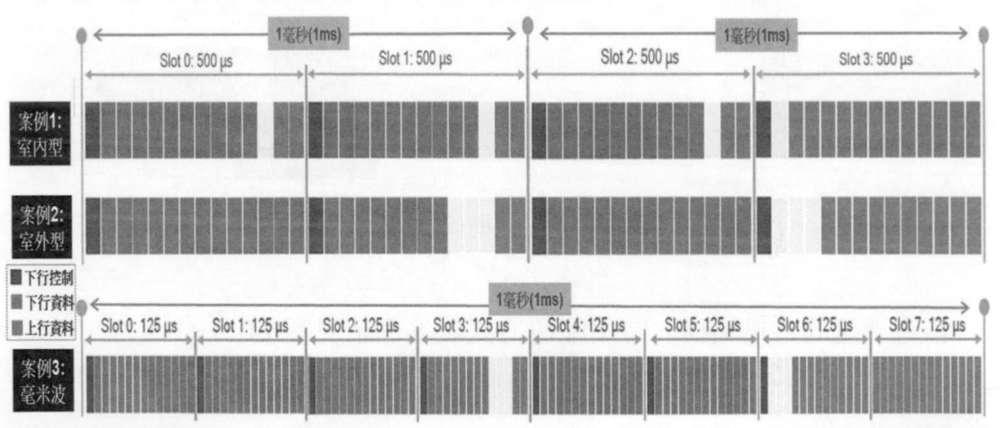

圖 14-11　時槽配置方式之案例

圖 14-11a 爲電信業者常用之 TDD 時槽配置方式：

[**第 1 型**] DDDSU

下行 DL 與上行 UL 之時間比例約爲 4:1，10 個時槽(slots)爲時 5 毫秒(ms)，D 表示下行時槽(每時槽有 14 個訊符 symbols)，U 表示上行時槽，其中 S 代表特殊時槽(Special Slot)，10 個訊符(symbols)做下行，2 個訊符做上行，中間的 2 個爲保護時間(Guard Time)，此時基地台與手機不做任何的收發動作，這是因爲基地台與手機之間的距離所必需的時間空白。此種配置方式的特色則爲下行速度較快，上行速度較慢。

[第 2 型] DDDSUDDSUU

下行 DL 與上行 UL 之時間比例約爲 7:3，此種配置方式對於下行/上行採取較平衡的速度分配，下行速度比較[第 1 型]稍慢一些，但上行速度則較快。

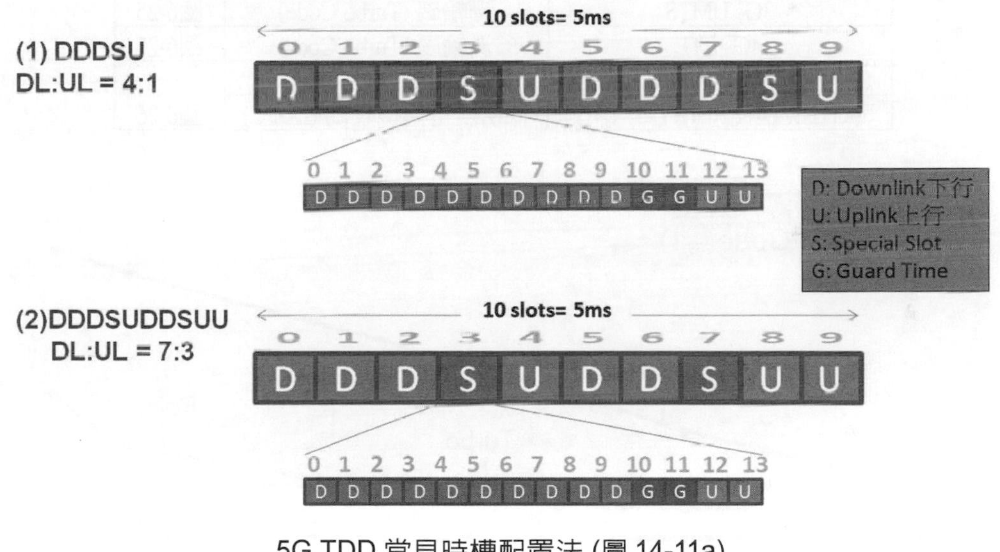

5G TDD 常見時槽配置法 (圖 14-11a)

14-4-3 eMBB 七大技術之 3：新進編碼技術

請參考圖 6-4，數位通訊於處理資料時加入了編碼技術(Coding)，可以將空氣中傳送的訊號在接收後，經過解碼技巧(decode)將錯誤修正爲正確。

相對於 4G，5G 需要在很短的時間內傳送更即時、更大量的資料，因此編碼技術(Coding)的突破是 5G 得以推出的一大功臣。

圖 14-12 顯示通訊系統上重要的編碼技術，從 2G的卷積碼、3G4G的渦輪碼(Turbo Code)，5G的編碼技術分爲兩大方向：(1)屬於控制的資料，資料量不大，但需要較高的準確度，故採用由中國主推的極性碼(Polar Code)。(2)屬於使用者的眞正內容，資料量非常大，採用最新的低密度奇偶檢查碼 LDPC (Low Density Parity Check Code)，其特性爲高效率(High Efficiency)、低複雜度(Low Complexity)、低延遲(Low Latency)等，細部內容可參考圖 6-26。

通訊系統	主要編碼(Coding)技術	參考圖
2G- GSM	卷積碼(Convolution Code)	圖6-11
3G- UMTS	渦輪碼 (Turbo Code)	圖6-25
4G- LTE	渦輪碼 (Turbo Code)	圖6-25
5G- NR Control Plane(控制用)	極性碼 (Polar Code)	
5G- NR User Plane (資料用)	低密度奇偶檢查碼 (LDPC)	圖6-26

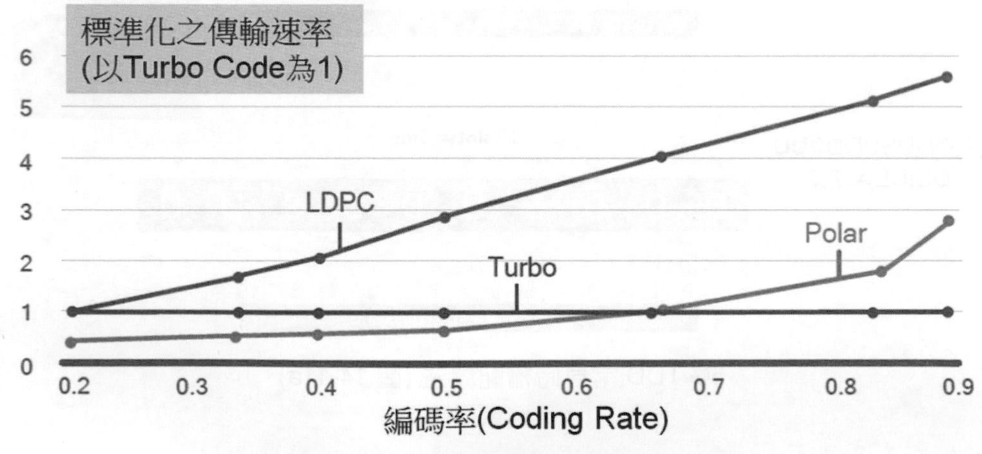

圖 14-12　編碼(Coding)技術之比較

在實際的模擬測試下，圖 14-12 顯示 LDPC 整體傳輸效果優於 4G 的渦輪碼(Turbo Code)，於高編碼率時(high Coding Rate)效果更好。

14-4-4 eMBB七大技術之4：巨量MIMO運用(Massive MIMO)

數位通訊中有4大基本技巧提升傳送速度：

⑴頻寬越大，傳送速度越快：如圖 14-7 顯示，一般 5G 室外型頻寬為100MHz，速度會遠快於4G的20MHz頻寬。而毫米波的400MHz頻寬，速度更快。

⑵調變方式的變化：每個時槽中內含14個 OFDM 訊符(symbols)，每個訊符若用 16QAM 調變，每訊符攜帶4位元(bit)的資料。在雜訊極少的環境(訊號乾淨)，訊符可改為256QAM 調變，每個訊符攜帶8位元(bit)的資料，傳送速度更快。

⑶MIMO 的運用：MIMO(Multiple-In Multiple-Out 多進多出/高速多通道)可同時傳送數個資料通道，增快速度。例如 NxN 的 MIMO 架構，傳送速度可為原來的N倍。

⑷Beamforming 的運用：波束成型(Beamforming)可將基地台的發射電波集中到需要的方向(可能在天線的右下方或左上方等)，而在TDD的運作下只對需要的手機方向發射訊號，不需要的手機便幾乎收不到訊號，如此運作方式可大幅減少整體訊號的干擾，手機通訊品質提升，傳送速度便會增快。下一章節將細部介紹。

圖 14-13 顯示 5G 頻率與 MIMO/波束成型之實務運用，由於低頻的波長很長，天線體積很大，要做到高值 NxN 的 MIMO 或波束成型，天線太大，實務上機率甚低。

<table>
<tr><th>頻率範圍</th><th>波長範圍</th><th>涵蓋範圍</th><th>MIMO之效果
(高速多通道)</th><th>波束成型之效果
(Beamforming)</th><th>多天線之
最大運用</th></tr>
<tr><td>低頻
(小於3G Hz)</td><td>10~50公分</td><td>大於1000公尺</td><td rowspan="3">NxN MIMO
傳輸速度
增為N倍</td><td rowspan="3">天線訊號
可獨立指向
單點增強
減少干擾
提升總速度</td><td>4x4</td></tr>
<tr><td>中頻
(3G~6G Hz)</td><td>5~10公分
(釐米波)</td><td>約數百公尺</td><td>8x8</td></tr>
<tr><td>高頻
(大於24G Hz)</td><td>小於1公分
(毫米波)</td><td>約100公尺</td><td>64x64</td></tr>
</table>

圖 14-13　MIMO 與 Beamforming 之實務運用

圖 14-13a 顯示波束成型(Beamforming)的設定方式，5G 在每 20ms 的時間內，前 5ms 會執行 beamforming 功能，將一支基地台天線的射向分成 N 個各別方向(N=1~8，此例為 8)，依序時間分別射出，每個波束有專屬的編號(SSB#0、SSB#1、SSB#2…SSB#7)。SSB 是為同步訊號塊(Synchronization Signal Block)。

圖中的手機 1 接收全部的 SSB 後，偵測出 SSB#1 訊號最強，手機 1 將此結果回報給基地台，基地台若要傳送訊號給手機 1，便會集中能量在 SSB#1 的方向發射，另外的 SSB#0 與 SSB#2 與 SSB#3 與 SSB#4…SSB#7 方向都不會發射能量。如此方式可讓手機 1 的區域接受較強的基地台訊號，而非此區域則幾乎無基地台訊號，整體的環境干擾可以變小，訊號相對更乾淨，傳送速度便能提升。

圖中的手機 2 接收全部的 SSB 後，偵測出 SSB#7 訊號最強，手機 2 將此結果回報給基地台，基地台若要傳送訊號給手機 2，便會集中能量在 SSB#7 的方向發射，另外的 SSB#0 與 SSB#1 與 SSB#2 與 SSB#3…SSB#6 方向都不會發射能量。如此方式可讓手機 2 的區域接受較強的基地台訊號，而非此區域則幾乎無基地台訊號，整體的環境干擾可以變小，訊號相對更乾淨，傳送速度便能提升。

由於 5G 是 TDD 的傳送方式，不同通訊者使用不同的時間，手機 1 要送收訊號時，基地台的 SSB#1 方向亦收送訊號；另一時間當手機 2 要送收訊號時，基地台的 SSB#7 方向亦收送訊號。

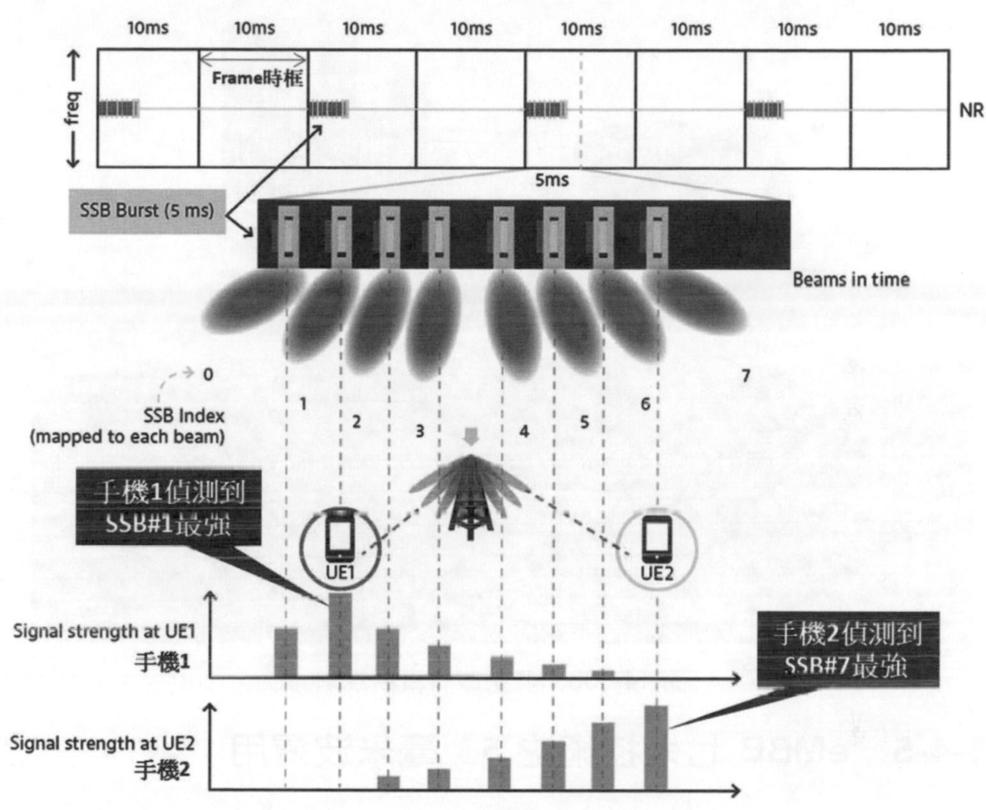

圖 14-13a 波束成型配置方式

圖 14-13a 顯示共有 8 個水平的 SSB 配置，而實務上 SSB#0~SSB#7 的數量及排列方式，會依不同的天線及人爲的規劃而有不同的組合。

圖 14-13b 顯示另一種 SSB 配置，圖中共有 6 個 SSB，不只水平方向有 SSB，在垂直方向亦有SSB做訊號區隔，此種配置方式會讓近距離的手機可有更優良的訊號涵蓋。

圖 14-13b　波束成型實務規劃

14-4-5　eMBB 七大技術之 5：毫米波運用

5G 的毫米波使用 400MHz 頻寬及 24GHz 以上的高頻率，波長在 1 公分以下，短波長的特性非常適合運用在 MIMO 及波束成型。

波束成型(Beamforming)的原理請見圖 14-14，圖中的每個天線元件(dipole 雙極子)利用發射電波的相位差(Phase shift)可造成整體天線電波的方向轉向，而天線元件之間必須相隔波長的一半，因此外觀同樣大小的天線，波長越短便可以放入越多的天線元件(dipole 雙極子)，波束成型的效果越好。

圖 14-14 中顯示的毫米波天線，由於波長夠短(小於 1 公分)，所以在手機上便可以做到 8x8 或 16x16 的波束成型。

5G 的高頻(大於 24GHz)毫米波，由於頻寬很大(最多可到 400MHz)而且有高值 NxN 的 MIMO 及波束成型等特色，所以最快的下行傳輸峰值可達到 10Gbps 以上。

由於毫米波屬於短波長，有利於 MIMO 及波束成型，但在空氣中訊號衰減快速，電波範圍很小，每個基地台的涵蓋範圍大概只有 100 公尺(中頻基地台涵蓋範圍大約數百公尺)。

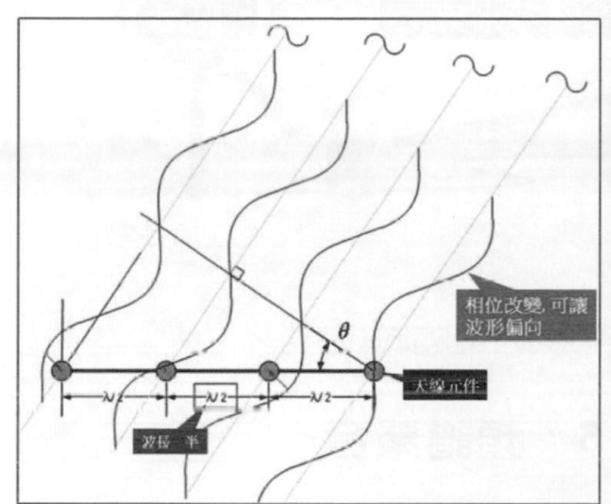

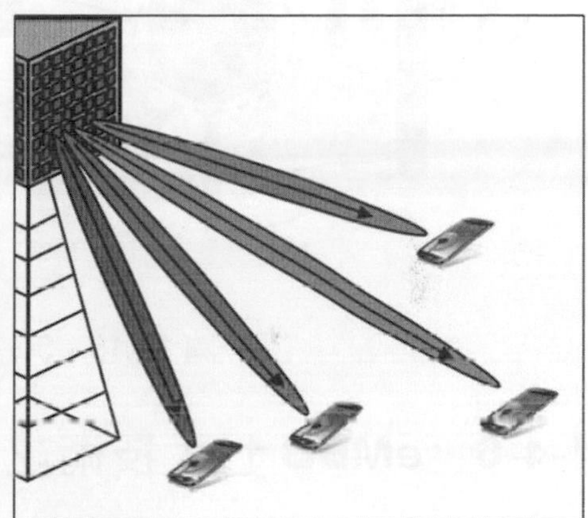

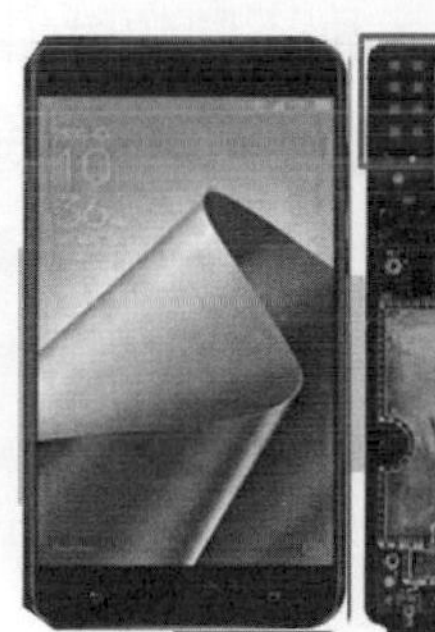

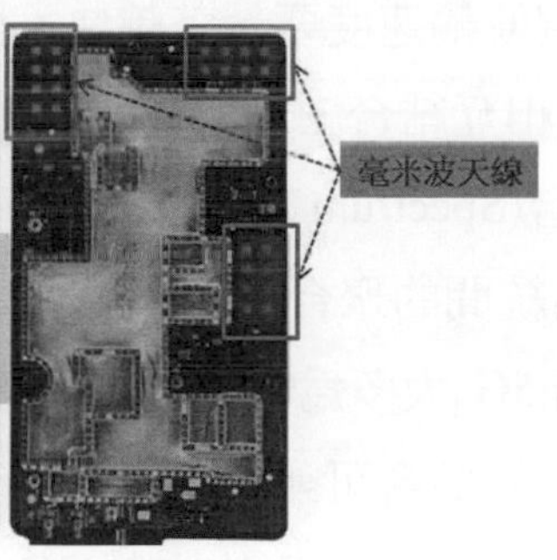

圖 14-14　波束成型原理

圖 14-15 顯示 5G網路規劃中頻與高頻基地台的搭配方式，中頻(或低頻)基地台做網路的基礎涵蓋，基地台之間的距離可以數公里(鄉村地區)或數百公尺(都會地區)。高頻的毫米波基地台則做網路的特殊小涵蓋，可能大城市的每一個路口都需要架設一個小型基地台，因此整體基地台的數量會非常多，大約是 4G基地台數量的 3～4 倍，架設經費及困難度提升，這也是通訊業者的一大挑戰。

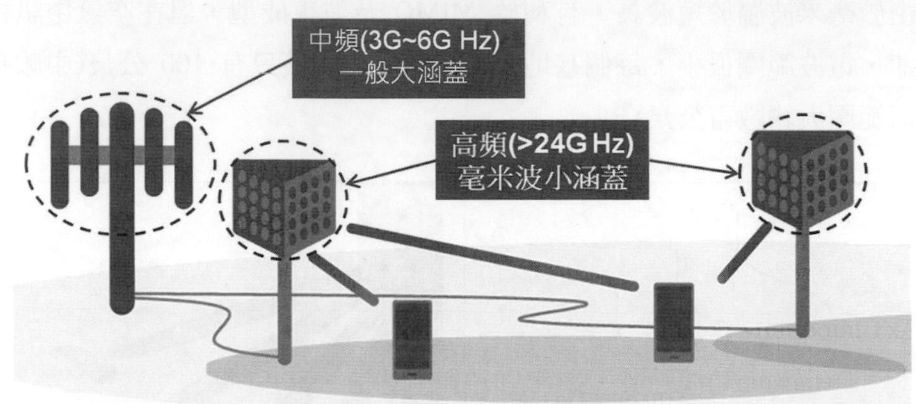

圖 14-15　5G 基地台搭配方式

14-4-6　eMBB 七大技術之 6：頻譜聚合

5G網路若強調傳輸速度要越來越快，則不同頻段(中頻、高頻)或不同通訊系統(4G)之間必須相互結合，將不同的資源一起聚合，速度就可以越來越快。

5G 的頻譜聚合(Spectrum Aggregation)可分爲 4 大部分：

(1)不同通訊系統間的聚合：傳統 4G-LTE 一般屬於中低頻的電波，涵蓋範圍較廣，而 5G 大多爲中高頻的電波，強調高速，但涵蓋可能稍小，因此 5G 與 4G 的結合可兼顧涵蓋範圍及傳輸速度。請見圖 14-16。

(2)不同頻段間的聚合：5G 的中頻(3G～6G Hz)與高頻(> 24G Hz，毫米波)可相互結合，提升整體的速度。

(3)FDD 與 TDD 的聚合：5G 的低頻(< 3G Hz，FDD)與高頻(> 24G Hz，毫米波，TDD)可相互結合，提升整體的速度。

(4)授權頻段與非授權頻段的聚合：ISM 頻段(Industrial Scientific Medical Band)是國際間給工業、科學、醫學等目的之免費頻段，此頻段一般落在 2.4GHz 與 5.8GHz(生活上常用的 WiFi 亦是使用此頻段)，5G的授權頻段(從政府標到的頻段)與 ISM 非授權頻段(免費頻段，5.8GHz)可相互結合，提升整體速度。

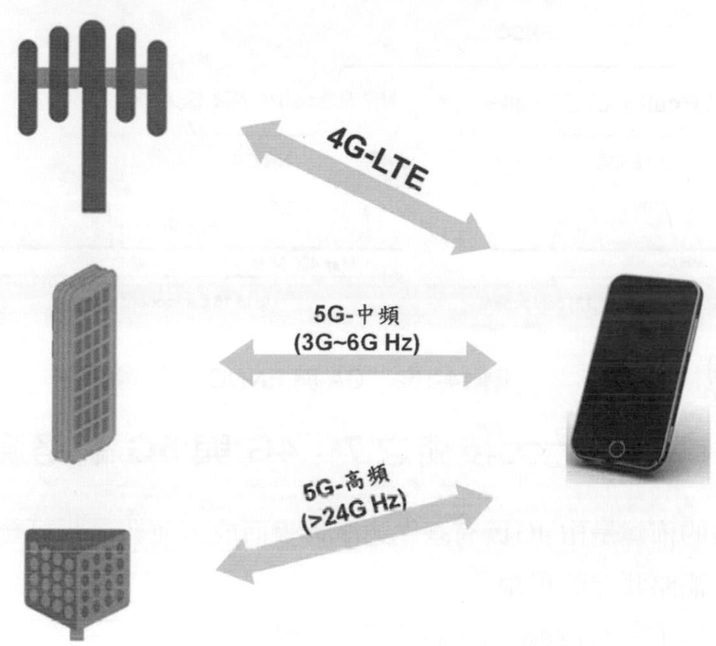

圖 14-16 5G 與 4G 之頻譜聚合

4G 與 5G 最常見的組合方式稱爲 ENDC (E-UTRAN NR Dual Connectivity4G5G 雙連)，請見圖 14-16a。

圖 12-37a 爲 4G_CA(載波聚合)的組合方式，一個 P-cell(主細胞 Primary cell) 配上數個 S-cell(次細胞 Secondary cell)，由多個細胞同時下傳資料給一支手機，所以 4G 手機可以獲得很高的下行速度。

ENDC 則是 4G_P-cell 與 5G_PS-cell 的相互組合，封包資料(data)由 4G 及 5G 同時傳送，所以下行與上行速度均可加快甚多。而控制信號(Control)則只經由 4G_P-cell 傳送。

通信業者最常見的組合方式爲 4G_CA 並啓動 ENDC，因此一支手機(支援 4G+5G 的功能)最多可以跟一個 4G_P-cell(主細胞)及 5 個 4G_S-cell(次細胞)再加上一個 5G_PS-cell，再加上 5G_Scell，下行速度可以達到 1G~3G bps(Sub 6GHz) 或更高到 10G bps(毫米波)。

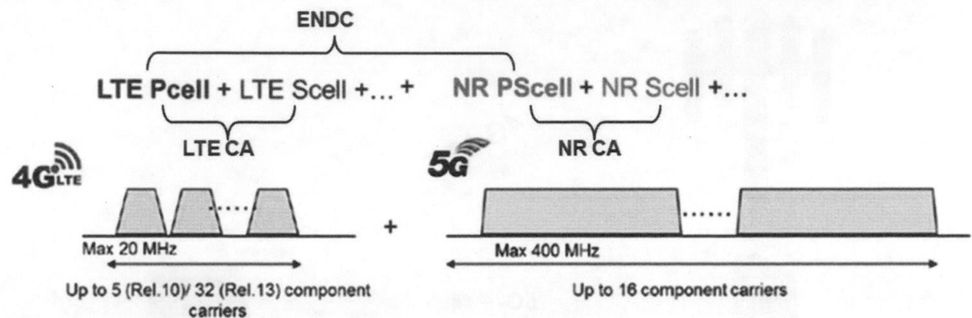

圖 14-16a CA 與 ENDC

14-4-7 eMBB 七大技術之 7：4G 與 5G 網路演進

5G網路的佈建是由 4G既有基礎逐漸轉變而成，並非一蹴可幾，所以必定有 4G 與 5G 網路共存的現象。

請見圖 14-17，5G 網路可大致分爲兩大種類：

(1)NSA 網路(Non-Standalone 非獨立存在)：5G 網路與 4G 網路並存，NSA 手機藉由 4G-LTE 網路獲得控制層(Control Plane)與使用者層(User Plane)資料，同時間亦由 5G-NR 網路獲得使用者層(User Plane)資料(資料量很大)，而 5G 的控制資料(資料量不多)則由 4G 網路一併傳送。

(2)SA 網路(Standalone 獨立存在)：5G 網路獨立存在，SA 手機由 5G-NR 網路獲得全部控制層(Control Plane)與使用者層(User Plane)資料，手機完全不接收 4G 訊號。

圖 14-17a 顯示 NSA 的常見架構(NSA 3X type)，5G 基地台與 4G 基地台均連結至 4G 的核心網路(CN：Core Network)，5G 核心網路並不存在，必須到純 5G_SA 網路時才有 5G_CN 的存在。

4G 的核網架構(EPC)可參考圖 12-6。

SA 純 5G 的網路架構請見圖 14-17b。

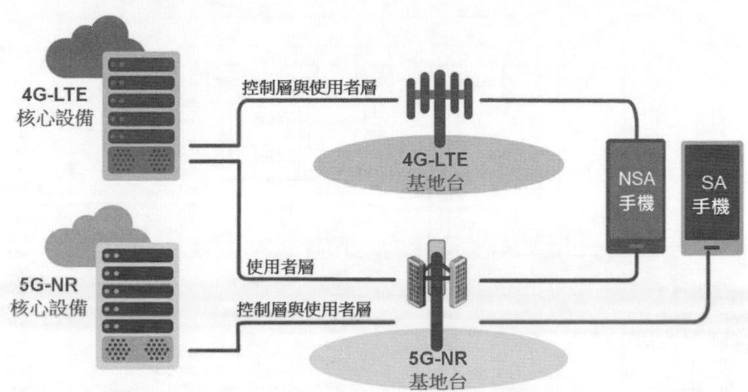

圖 14-17 5G NSA 與 SA 網路

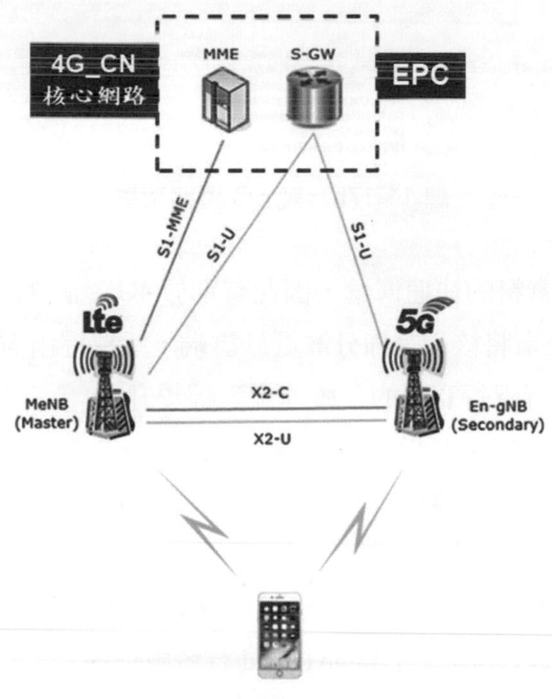

圖 14-17a 常見的 NSA 3X 網路架構

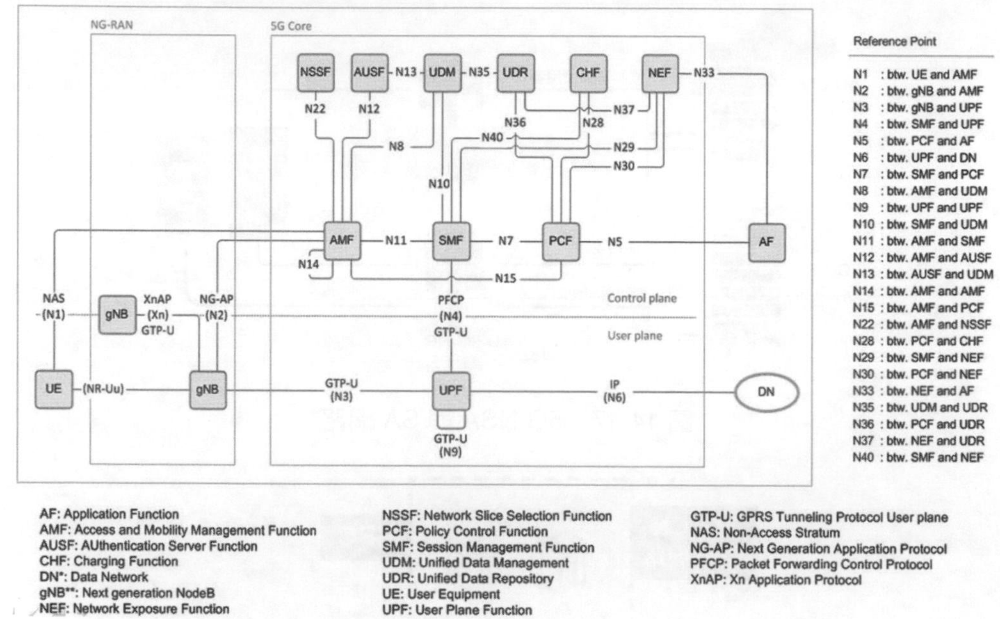

圖 14-17b　純 5G 網路架構

由於 5G 強調資料的快速傳遞，因此有別於 4G 網路的核心設備僅置於一處，5G利用雲端技術將核心設備分散置於雲端，手機經由 5G基地台可快速連至雲端核心，讓上行下行資料的反應速度大幅提升。

請見圖 14-18，4G 網路採單一式核心，核心設備僅置於一處，4G 手機的資料經由 4G基地台、IP網路，再傳至核心設備(Core，含交換機及 App 伺服器等)。

5G 網路採分散式核心，核心設備置於雲端多處，核心設備又分爲核心雲(Central Cloud 僅一處)及邊際雲(Edge Cloud 有多處)，5G 手機的信息經由 5G 基地台，快速連結至邊際雲做資料的交換及處理，整體反應快速。核心雲除了有邊際雲相同功能，另外連結至 4G 核心設備，可做 5G 與 4G 的相互連通。

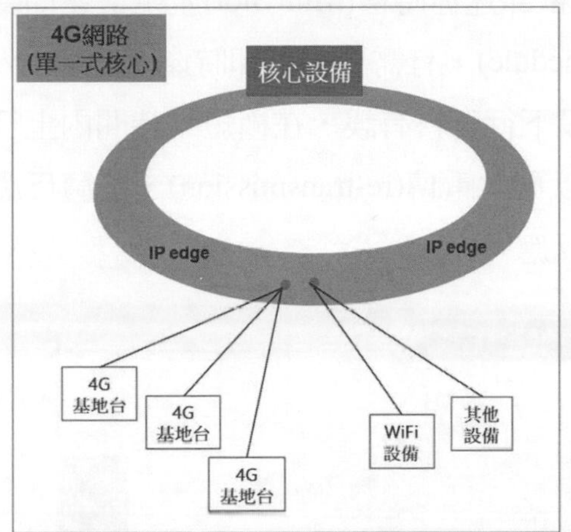

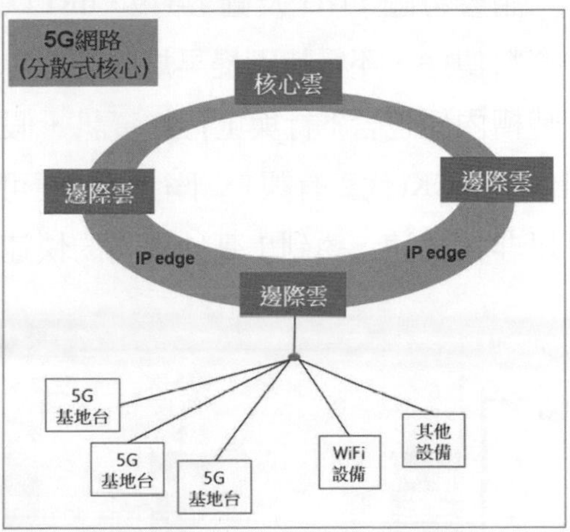

圖 14-18　4G 與 5G 核心網路差異

14-5 uRLLC 介紹

5G-NR 三大領域之其二：uRLLC (Ultra Reliable and Low Latency Communication 超高可靠及超低延遲通訊)它與 eMBB 不同，eMBB 強調的是高速傳輸，期待的傳輸峰值可達 10Gbps(bits per second)以上。而 uRLLC 不強調傳輸速度，它特別強調超高可靠度(超低錯誤率)及超低延遲(超快反應)，此特性可應用於自駕車、遠端手術等需要即時、高精密的資料傳送。

uRLLC 有兩大特點：

⑴超低延遲：上行下行的反應時間需小於 1 毫秒(ms)

⑵超高可靠度：資料的區塊錯誤率 BLER(Block Error Rate)必須小於10^{-5}，代表每 100000 個資料區塊(Data Block)傳送，僅允許 1 個區塊有誤。

請參考圖 14-11 及圖 14-19，uRLLC 依靠迷你時槽(Mini Slot)產生快速即時的資料傳送，不需特別提早規劃時程(schedule)，有需要便可即時產生，由於 1 個時槽內便包含下行與上行的資訊，假設下行資料有誤，在極短的時間內上行回傳 NACK(代表有誤)，下行資料便可以再次重傳(re-transmission)，整體反應可以非常快速，達到 1 毫秒之內的快速反應。

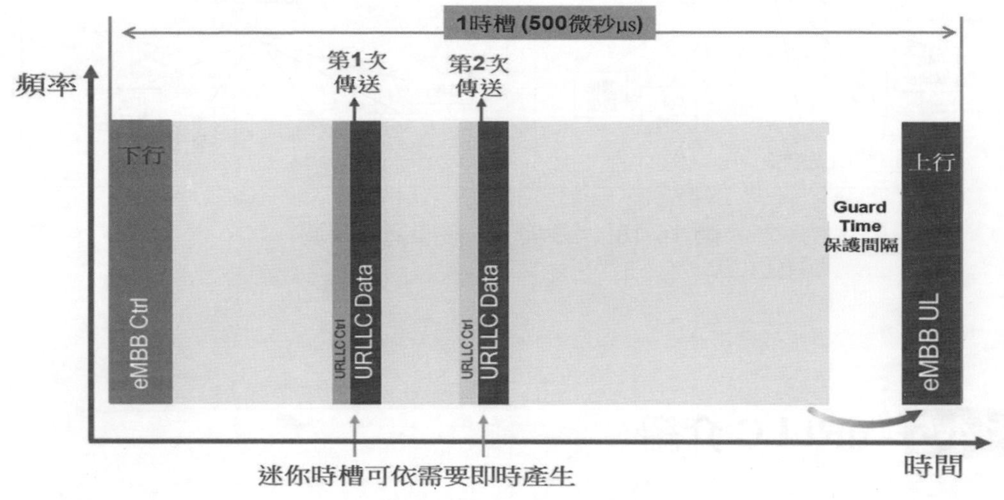

圖 14-19　迷你時槽之運用

14-6 mMTC 介紹

5G-NR 三大領域之其三：mMTC (Massive Machine Type Communication 巨量物聯通訊)它與 uRLLC 不同，uRLLC 強調的是 1 毫秒之內的超低延遲。而 mMTC 不強調高速傳輸及超低延遲，它特別強調巨大數量的物物相聯(物聯網)，家庭用的冷氣、瓦斯，公共設施的路燈、水表，工廠用的馬達、電表等，全部可以用此技術將所有的資訊予以管理及分析，期望在 1 平方公里之內可以達到 100 萬設備(device)的物物相聯。

請見圖 14-20，5G 的 mMTC 沿用 3GPP 於 2016 年 R13 初始公布的 NB-IoT (窄頻物聯網)及 eMTC 規格，3GPP 於 2017 年 R14 公布更新修訂的 NB-IoT 內容，隨著物聯網的實務運作，2019 年 R16 的更新及往後的修訂均一直持續。

NB-IoT 之主要特色如下：

-長效電池時間(電池使用超過 10 年)

-低成本設備(每設備小於 5 美元)

-低成本佈建(架構於原 4G 網路)

-覆蓋更廣(比傳統 2G/4G 網路多 20dB 涵蓋)

-巨量設備支援(每平方公里支援 100 萬個設備)

細部內容可見第 13 章物聯網(IoT)之介紹。

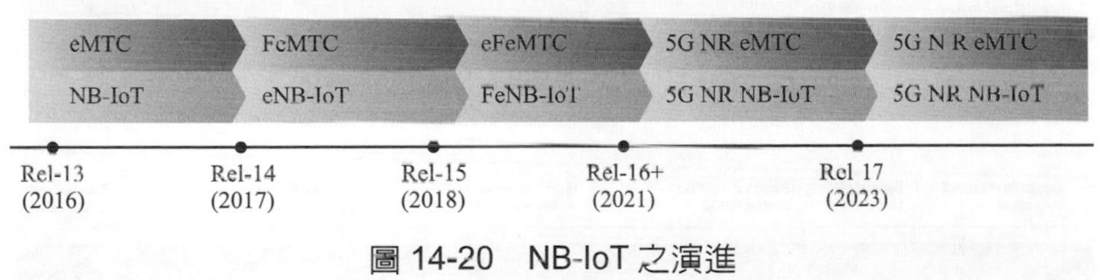

圖 14-20　NB-IoT 之演進

14-7 R17 之新規格—邁向 6G 衛星通訊

4G-LTE的通訊規格，一般以人與人相互連通爲主要目的。但 5G-NR的通訊規格，則大幅擴大了此範圍，將物與物相連或人與物相連均納入應用範疇，因此複雜度更高、不確定性也更高。

圖 14-1 顯示 3GPP訂定演進的通訊規格標準，3GPP的R15 在 2018 年揭開了 5G的序幕，隨著實體網路架設後逐步新增功能，在 2023 年則確定了 R17 版本的 5 項新特色(圖 14-21)，分別敘述如下：

(1)mmWave Expansion 毫米波頻譜擴展：

請見圖 14-22，R17 定義了新頻段 FR2-2： 52.6GHz to 71GHz，此頻率範圍剛好包含全球免費頻段 ISM_60G(57GHz~71GHz)，可提供公共網網路或企業專網所使用。

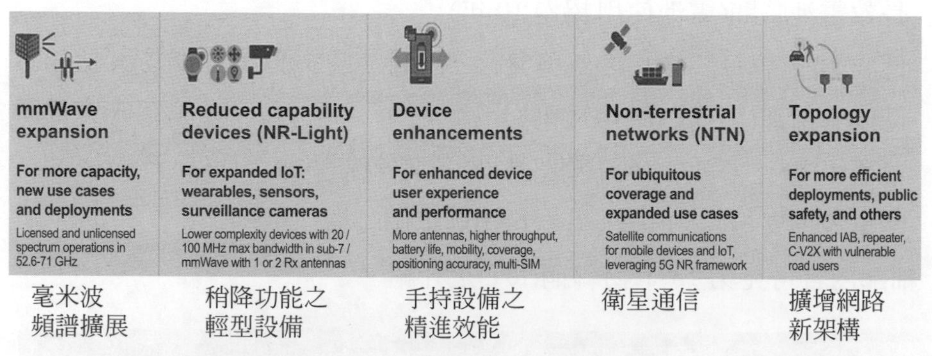

圖 14-21　R17 版本之新規格特色

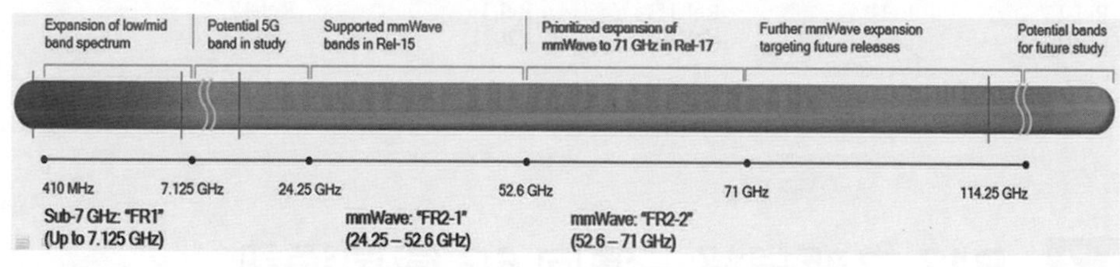

圖 14-22　R17 版本之擴充頻段

(2)Reduced Capability Devices(NR Light)稍降功能之輕型設備：

物聯網(IoT, Internet of Thing)是物物相連的網路，其特色是聯網的設備數量非常多，但不須傳輸速度非常快，設備是越小越省電越好，所以物聯網所需的通訊設備，只要維持該有的通訊基本功能，就能達到物聯網的效果。

R17 則在 Sub-7G 頻段下(<7GHz)，定義 20MHz 頻寬的規格。也在毫米波頻段下(>28GHz)，定義 100MHz 頻寬的規格。此規格簡稱爲 5G NR-Light (5G 輕裝備) 或 5G RedCap(5G Reduced Capability)5G 紅帽。

NR-Light 降低了技術複雜度，例如單接收(single RX)或半雙工(Half Duplex)或更低的消耗功率，因此它使低複雜度的設備得以實現，例如：工業感測器(Sensors)、穿戴設備(AR/VR)、監控攝影機等。

NR-Light 規格與 4G 的 NB-IoT(窄頻物聯網)或 eMTC 雷同，因此可作爲物聯網技術從 4G 到 5G 的持續延伸。

NR-Light(Redcap)與 4G 的 NB-IoT(窄頻物聯網)或 eMTC 的峰值傳送速度比較，請見圖 14-23。

Technology	Category	BW (頻寬)	DL peak 下行速度	UL peak 上行速度
NB-IoT	Cat-NB1	200KHz	62.5kbps	25.3kbps
LTE-M (eMTC)	Cat-M1	1.4MHz	0.8Mbps	1Mbps
Redcap	-	20MHz	2-150Mbps	2-50Mbps

圖 14-23 Redcap 與 NB-IoT 之峰值傳送速度

(3)Device Enhancements 手持設備之精進效能：

R17 新增了手機設備等之更高效能，主要規格特色如下(規格先定義出來，手機廠商不一定能製造出來)：

* 最多支援 8 支天線，在 8x8 MIMO 條件下，讓傳送速度更快。
* 更精確之定位技術(positioning accuracy)，改善定位精度及延遲。
* 多 SIM 卡待機(Multi-SIM)，可提升使用者之方便度。

(4)NTN 衛星通訊：

R17 新增了非常重要的新規範 NTN(Non-Terrestrial Networks 非地面網路)做爲未來衛星通訊的新起步。

始架構可分為兩大類(圖 14-24)：

* 第一類：IoT for NTN

簡易之規範，在既有 4G NB-IoT 或 eMTC 在 4G 核網 EPC 架構下，經由衛星做小資料量(small datas)的訊息傳遞。2023 年的商用產品，約可做到 100Bytes 資料傳遞，延遲約 3 秒鐘。

* 第二類：NR for NTN

完整之規範，請見圖 14-25，於地球表面無基地台訊號的區域(沙漠、荒野、大海、深山等)，手機連結至衛星(低層的地表衛星或高層的同步衛星)，衛星將所收到手機的訊號再完整(不做額外處理)傳遞至衛星閘道(gateway)再轉至 5G 基地台(gNB)，然後連至 5G 核心網路(CN, Core Network)做進一步資料處理。

更細部的規範標準，3GPP 於 R18(5G-Advanced)做更深入的增訂。

第一類

5G loT for NTN
Expanding addressable market
for the 5G massive loT
LEO,GEO,PC3/PC5
with intermittent access link

第二類

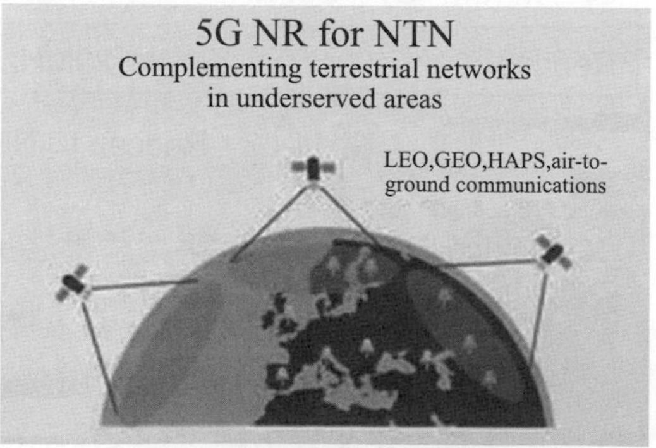

圖 14-24 NTN 分類

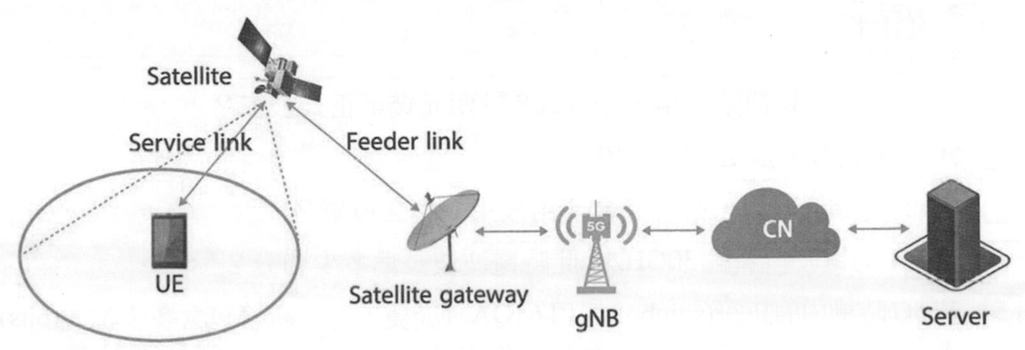

圖 14-25 NR for NTN

(5)擴增網路新架構：

請見圖 14-26，R17 新增了網路變化的可能性，由於 5G 毫米波(mmWave)傳送速度非常快速(10Gbps 以上)，因此除了可做成一般毫米波基地台(圖 14-26-1)之外，亦可作爲強波器(repeater)的傳輸中繼(圖 14-26-2)，基地台與強波器之間不須拉線，直接靠 mmWave 做傳輸中繼，可節省經費及時間。強波器則可將訊號延伸涵蓋至較特殊的遠方小區域。

圖 14-26-3 則顯示毫米波的諸多應用，既可作爲中繼傳輸之用，亦可作爲基站涵蓋之用，因此整個 5G 網路可以產生多種的架構變化。

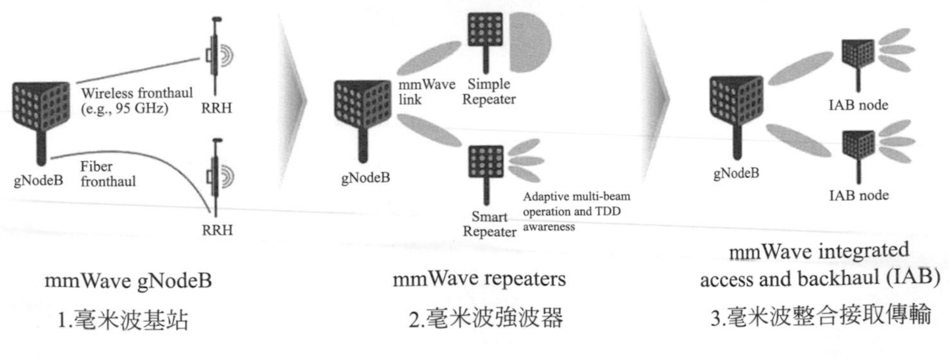

圖 14-26 NR for NTN

習 題

1. 眞正的 5G-NR 初始規格，是 3GPP 於西元幾年正式公佈？
2. 5G-NR 包含了哪三大領域？
3. 5G 的低頻與高頻，何者適合使用波束成型之技術？
4. 若 5G 的電波頻率爲 30GHz，此時電波波長爲多少公分？
5. 若 5G時槽內的訊符(symbol)採用 64QAM 調變，每一訊符包含多少位元(bits)的資料量？
6. 最常見的 5G 中頻，子載波間距爲 30kHz，其頻寬最大爲多少？
7. 5G 時槽種類中，何種時槽支援 uRLLC 之即時傳送特色？
8. NSA 手機與 SA 手機有何不同？
9. 5G 若使用非授權的 ISM 免費頻段，其使用一般在哪兩個頻率？

附錄

- 數位系統總整理表（一）
- 數位系統總整理表（二）
- 參考書籍
- 參考網址

數位系統總整理表（一）

Technology	GSM/GPRS/EDGE/EDGE Evolution	W-CDMA FDD(UMTS)	HSDPA/HSUPA(FDD) (HSPA)/HSPA Evolution	WLAN IEEE 802.11a/b/g/h/j/n(MIMO)
Description	Global system for mobile communications/ General packet radio service/ Enhanced data rates for GSM evolution/ Enhancement to GSM/GPRS/EDGE	Windeband code division multiple access (Frequency division duplex)	High-speed downlink packet access/High-speed uplink packet access(Enhancements to W-CDMA) High-speed packet access evolution	Wireless local area network (LAN)
Geography	Worldwide, except Japan and Korea	Worldwide	Korea, U.S. Europe, and Japan initially	Worldwide
First commercial deploy ment	GSM：1992 GPRS：2001 EDGE：2002 EDGE evloution：2009	Japan(FOMA version)：2002 Europe：2004	HSDPA：2006 HSUPA：2007 HSUPA evolution：2008	b：1999 a/g：2002 to 2003 h：2003 to 2004 i：2004 n：2007
Frequency range (UL/RL)=uplink/ reverse (dl/fl)=downlink/ forward (BS)=base station (MS)=mobile station	T-GSM 380：380.2 to 389.8MHz(UL) 390.2 to 399.8MHz(DL) T-GSM 410：410.2 to 419.8MHz(UL) 420.2 to 429.8MHz(DL) GSM 450：450.4 to 457.6MHz(UL) 460.4 to 467.6MHz(DL) GSM 480：478.8 to 486MHz(UL) 488.8 to 496MHz(DL) GSM 750：747 to 762MHz(UL) 777 to 792MHz(DL) GSM 850：824 to 894MHz(UL) 869 to 894MHz(DL) P-GSM 900：890 to 915MHz(UL) 935 to 960MHz(DL) E-GSM 900：880 to 915MHz(UL) 925 to 960MHz(DL) R-GSM 900：876 to 915MHz(UL) 921 to 960 MHz(UL) T-GSM 900：870.4 to 876MHz(UL) 915.4 to 921MHz(DL) DCS 1800：1710 to 1785MHz(UL) 1805 to 1880MHz(DL) PCS 1900：1850 to 1910MHz(UL) 1930 to 1990MHz(DL)	Band I： 1920 to 1980MHz(UL) 2100 to 2170MHz(DL) Band II： 1850 to 1910MHz(UL) 1930 to 1990MHz(DL) Band III：1710 to 1785MHz(UL) 1850 to 1880MHz(DL) Band IV：1770 to 1755MHz(UL) 2110 to 2155MHz(DL) Band V： 824 to 849MHz(UL) 869 to 894MHz(DL) Band VI：830 to 840MHz(UL) 875 to 885MHz(DL)	Band VII： 2500 to 2570MHz(UL) 2620 to 2690MHz(DL) Band VIII： 880 to 915MHz(UL) 925 to 960MHz(DL) Band IX： 1749.9 to 1784.9MHz(UL) 1844.9 to 1879.9MHz(DL) Band X： 1710.1770MHz(UL) 2110.2170MHz(DL) Band II is the same as PCS 1900 Band III is the same as DCS 1800 Band VIII is the same as E-GSM	b/g： 2.4 to 2.4835GHz(ISM) a/h/j：4.9 to 5GHz(Japan) 5.03 to 5.091GHz (Japan) 5.15 to 5.35GHz(UNII) 5.47 to 5.725GHz 5.725 to 5.825GHz (ISM.UNII) n：2.4 to 2.4835GHz(ISM) 5.15 to 5.35GHz(UNII) 5.725 to 5.825GHz (ISM.UNII)
Multiple access technology	TDMA	CDMA	TDMA/CDMA	CSMA.CA
Modulation and filter type (R→T)= Interrogator-to-Tag (T→R)=Tag-to-Interrogator (RFID only)	0.3 GMSK, 1 bit/symbol EGPRS only：3π/8 rotating 8PSK 3bit/symbol EDGE evolution：π/4-shift 160AM, π/4-shift 320AM, π/2-shift GMSK, 3π/8-shift 8PSK, AMC, MIMO, with trubocoding	HPSK with RRC filter(α=0.22), 1 bit/symbol(UL) QPSK with RRC filter(α=0.22), 2 bit/symbol(DL)	HSUPA：HPSK, and 160AM with RRC filter(α=0.22)(UL)HSDPA：QPSK, 160AM, and 640AM with RRC filter(α=0.22)(DL) HSPA evolution：aslo MIMO(UL)	b：Gaussion or vendor specific a/g/h/j/n：Rectangular or vendor specific b：Dificerential BPSK/QPSK (DBPSK/DQPSK) for 1 and 2 Mbps data rates:CCK with DQPSK modulation
Channel spacing	200 kHz	5 MHz	5 MHz	b：25MHz(non-overlapping) 10MHz(non-overlapping) in North America 30MHz(non-overlapping) 10MHz(non-overlapping) in Europe g：25MHz a/h：20MHz j：20MHz. 10MHz option n：20 or 40MHz(based on region)
Symbol rate/chip rate	270.833 kbps EDGE evolution：325 kbps	3.84 Mcps	3.84 Mcps	b：11Mcps a/g/h：250ksps i：125ksps n：250ksps
Peak single user data rate	GSM：9.6 or 14.4kbps(single slot) GPRS：Up to 171.2kbps(21.4kbps with 8slots) EDGE：Up to 473.6kbps(59.2kbps with 8slots) EDGE evolution：Up to 652.8kbps/carrier(81.6kbps with 8slots)	384kbps(single code)	HSDPA(DL)： Up to 14.4Mbps HSDPA(UL)： Up to 5.76Mbps Up to 42Mbps(DL) (2 × 2MIMO, 640AM) Up to 11 Mbps(UL)	b：11Mbps a/g/h/j：54Mbps n：100Mbps

數位系統總整理表（二）

Technology	E-UTRA (FDD & TDD)-(LTE)	cdmaOne (TIA / EIA-95A / B / C)	cdma2000R (1 × RTT) 1 × EV-DO	IEEE 802.16-2004 and 802.16e
Description	Enhanced UMTS terrestrial radio access — (long term evolution)	cdmaOne system	cdma 2000: 1× radio transmission technology 1× EV-DO: 1× evolution data optimized high rate packet data	Wireless metropolitan area network (MAN)
Geography	Worldwide	North America, Korea other Asian countries	Same as IS-95 (cdmaOne) plus S, America, Australia India, China, Russia, some Africa (both), and some Europe (cdma2000 only)	Worldwide
First commercial deploy ment	2010 or later	1995 to 1997	cdma 2000: 2001 1×EV-DO: Rev 0: 2004, Rev A: 2007, Rev B:2008 or later	Fixed access:2006 Mobile access:2007
Frequency range (UL/RL)=uplink/ reverse (DL/FL)=downlink/ forward (BS)=base station (MS)=mobile station	As per W CDMA：Bands I.X	824 to 849 MHz (MS Tx: US, Korea) 869 to 894 MHz (BS Tx: US, Korea) 887 to 925 MHz (MS Tx: Japan) 832 to 870 MHz (BS Tx: Japan) 1850 to 1910 MHz (MS Tx: US) 1930 to 1990 MHz (BS Tx: US) 1750 to 1780 MHz (MS Tx: Korea) 1840 to 1870 MHz (BS Tx: Korea)	Numerous bands covered IS-95 bands NMT 450 band: 411 to 483 MHz (MS Tx) 421 to 493 MHz (BS Tx) 800 MHz band IMT 2000 band: 1920 to 1980 MHz (MS Tx) 2110 to 2170 MHz (BS Tx) Based upon C.S0057	Licensed /unlicensed bands 2.11 GHz (Typical : 2.3, 2.5, 3.5 GHz)
Multiple access technology	OFDMA	CDMA	cdma 2000: CDMA 1×EV.DO: TDMA	Fixed access:FDD, TDD Mobile access:FDD, TDD, OFDMA
Modulation and filter type (R→T)= Interrogator-to-Tag (T→R)=Tag-to-Interrogator (RFID only)	QPSK, 16 QAM, 64 QAM, 256 QAM	Chebyehev low pass (FIR) OQPSK 1 bit/symbol (RL) QPSK 1 bit/symbol (FL)	cdma 2000 Chebychev low pass (FIR) QPSK/HPSK, 2 bits/ symbol (RL) QPSK, 2 bits/ symbol (FL)	Fixed access:OFDMA with BPSK, QPSK, 16QAM, 64QAM Mobile access:OFDMA with BPSK, QPSK, 16QAM, 64QAM
Channel spacing	1.25 MHz, 1.6 MHz, 2.5 MHz 5 MHz, 10 MHz, 15 MHz, 20 MHz	1.23 MHz (U.S. cellutar band) 1.25 MHz (other bands)	1.23 MHz (U.S. cellutar band) 1.25 MHz (other bands)	1.25 to 20 MHz (Typical: 5, 7, 8.75, 10 MHz)
Symbol rate/chip rate	12 kHz / 14 kHz per 15 kHz carrier (6 or 7 symbols per 0.5 ms slot)	1.2288 Mcps	1.2288 Mcps	Fixed access: 5.5-87 ksps Mobile access: 7.0-14 ksps
Peak single user data rate	SISO 100 Mbps (DL) 50 Mbps (UL) 2×2 MIMO 172.8 Mbps (DL) 57.6 Mbps (UL) 4×4 MIMO 326.4 Mbps (DL) 86.4 Mbps (UL)	95A : 9.6 or 14.4 kbps 95B : Up to 115 kbps	cdma 2000 Rev 0: Up to 153.6 kbps Up to 307.2 kbps 1×EV-DO Rev 0: Up to 2.4 Mbps (FL) Up to 153.6 kbps (RL) Rev A: Up to 3.1 Mbps (FL) Up to 1.8 Mbps (RL) Rev B: Up to 4.9 Mbps (1×EV. DO) or up to 73.5 Mbps (15×EV.DO in 20 MHz) (FL) Up to 1.8 Mbps (1×EV.DO) or up to 27.6 Mbps	Up to 75 Mbps

參考書籍

- Leon W. Couch II , "Digital and Analog CommunicationSystems", MAXWELL MACMILLAN
- Peyton Z. Peebles, JR., "Digital Communication Systems", PrenticeHall
- ManYoungRhee,"CDMACelluarMobileCommunicationsNetwork&Security",PrenticeHall
- Juha Heiskala, John Terry, Ph.D., "OFDM Wireless LANs：ATheoretical and Practical Guide", SAMS
- LAIHO, WACKER, NOVOSAD, "Radio Network Planning and Optimisationfor UMTS", WILEY
- Jennifer Bray and Charles F Sturman, "Bluetooth1.1, Connect Without Cables", Prentice Hall
- Jona than P.Castro, "The UMTS Network and Radio Access Technology, Air Interface Tcheniques for Future Mobile Systems", WILEY
- Vijay K. Grag, Kenneth Smolik, Joseph E. Wilkes,"Applications of CDMA in Wireless/Personal Communications", Prentice Hall
- Ferrel G. Stremler, "Introduction to Communication Systems", Addison Wesley
- Harold Davis, Richard Mansfield, "The Wi-Fi Experience", QUE
- Ahmed El-Rabbany, "Introduction to GPS, The Global Positioning System", Artech House Publishers
- Michel MOULY, Marie-Bernadette PAUTET, "The GSM System for Mobile Communications",Michel MOULY, Marie-Bernadette PAUTET
- William C. Y. Lee, "Mobile Cellular Telecommunications Analog and Digital Systems", McGRAW-HILL
- Harri Holma, Antti Toskala, "WCDMA for UMTS, Radio Access for Third Generation Mobile Communications", WILEY
- NOKIA Training Team, "GPRS System Course", NOKIA

- Lucent Training Team, "DCS 1800 Introduction", Lucent
- Andrews, Ghosh, Muhamed, "Fundamentals of WiMAX", PRENTICE HALL
- Agilent Technologies, "Understanding of LTE"
- Ayman ElNashar, Mohemed A. El-saidny,

  "Design, Deployment and Performance of 4G LTE Networks", WILEY

參考網址

- https://www.eventhelix.com/lte/lte-tutorials.htm#.Vmko3jYVE5s
- http://www.element14.com/community/groups/wireless/blog/2014/11/10/5g-will-use-mimo-and-millimeter-wave-frequencies
- http://www.slideshare.net/whaien/the-way-to-5g-52037421
- http://www.netmanias.com/en/? m=view&id=blog&no=7335&vm=pdf

國家圖書館出版品預行編目資料

數位通訊系統演進之理論與應用：4G/5G/pre6G/IoT 物聯網 / 程懷遠, 程子陽編著. -- 六版 . -- 新北市：全華圖書股份有限公司, 2023.09
面 ； 公分
ISBN 978-626-328-711-2(平裝)
1.CST: 無線電通訊
448.82 112015364

數位通訊系統演進之理論與應用－4G/5G/pre6G/IoT 物聯網

作者 / 程懷遠、程子陽
發行人 / 陳本源
執行編輯 / 葉書瑋
出版者 / 全華圖書股份有限公司
郵政帳號 / 0100836-1 號
印刷者 / 宏懋打字印刷股份有限公司
圖書編號 / 0610005
六版一刷 / 2023 年 09 月
定價 / 新台幣 450 元
ISBN / 978-626-328-711-2 (平裝)
全華圖書 / www.chwa.com.tw
全華網路書店 Open Tech / www.opentech.com.tw
若您對本書有任何問題，歡迎來信指導 book@chwa.com.tw

臺北總公司(北區營業處)
地址：23671 新北市土城區忠義路 21 號
電話：(02) 2262-5666
傳真：(02) 6637-3695、6637-3696

南區營業處
地址：80769 高雄市三民區應安街 12 號
電話：(07) 381-1377
傳真：(07) 862-5562

中區營業處
地址：40256 臺中市南區樹義一巷 26 號
電話：(04) 2261-8485
傳真：(04) 3600-9806(高中職)
(04) 3601-8600(大專)

讀者回函卡

掃 QRcode 線上填寫 ▶▶▶

姓名：＿＿＿＿＿＿ 生日：西元＿＿＿年＿＿月＿＿日 性別：□男 □女

電話：（ ）＿＿＿＿＿ 手機：＿＿＿＿＿＿

e-mail：（必填）＿＿＿＿＿＿＿＿＿＿＿＿＿＿＿＿

註：數字零，請用 Φ 表示，數字 1 與英文 L 請另註明並書寫端正，謝謝。

通訊處：□□□□□＿＿＿＿＿＿＿＿＿＿＿＿＿＿＿＿

學歷：□高中・職 □專科 □大學 □碩士 □博士

職業：□工程師 □教師 □學生 □軍・公 □其他

學校／公司：＿＿＿＿＿＿＿＿＿ 科系／部門：＿＿＿＿＿＿

・需求書類：

□A. 電子 □B. 電機 □C. 資訊 □D. 機械 □E. 汽車 □F. 工管 □G. 土木 □H. 化工

□I. 設計 □J. 商管 □K. 日文 □L. 美容 □M. 休閒 □N. 餐飲 □O. 其他

・本次購買圖書為：＿＿＿＿＿＿＿＿＿ 書號：＿＿＿＿＿＿＿

・您對本書的評價：

封面設計：□非常滿意 □滿意 □尚可 □需改善，請說明＿＿＿＿＿＿

內容表達：□非常滿意 □滿意 □尚可 □需改善，請說明＿＿＿＿＿＿

版面編排：□非常滿意 □滿意 □尚可 □需改善，請說明＿＿＿＿＿＿

印刷品質：□非常滿意 □滿意 □尚可 □需改善，請說明＿＿＿＿＿＿

書籍定價：□非常滿意 □滿意 □尚可 □需改善，請說明＿＿＿＿＿＿

整體評價：請說明＿＿＿＿＿＿＿＿＿＿＿＿＿＿＿＿

・您在何處購買本書？

□書局 □網路書店 □書展 □團購 □其他＿＿＿＿＿＿＿＿

・您購買本書的原因？（可複選）

□個人需要 □公司採購 □親友推薦 □老師指定用書 □其他＿＿＿＿＿

・您希望全華以何種方式提供出版訊息及特惠活動？

□電子報 □DM □廣告（媒體名稱＿＿＿＿＿＿＿＿＿＿＿＿）

・您是否上過全華網路書店？（www.opentech.com.tw）

□是 □否 您的建議＿＿＿＿＿＿＿＿＿＿＿＿＿＿＿＿

・您希望全華出版哪方面書籍？＿＿＿＿＿＿＿＿＿＿＿＿＿

・您希望全華加強哪些服務？＿＿＿＿＿＿＿＿＿＿＿＿＿＿

感謝您提供寶貴意見，全華將秉持服務的熱忱，出版更多好書，以饗讀者。

填寫日期： / /

2020.09 修訂

親愛的讀者：

感謝您對全華圖書的支持與愛護，雖然我們很慎重的處理每一本書，但恐仍有疏漏之處，若您發現本書有任何錯誤，請填寫於勘誤表內寄回，我們將於再版時修正，您的批評與指教是我們進步的原動力，謝謝！

全華圖書 敬上

勘誤表

書號		書名		作者	
頁數	行數	錯誤或不當之詞句		建議修改之詞句	

我有話要說：（其它之批評與建議，如封面、編排、內容、印刷品質等・・・）